普通高等教育"十三五"规划教材

普通高等院校物理精品教材

大学物理（下册）

主　编　唐世洪

副主编　叶伏秋　邬云雯　王小云
　　　　杨　红　王立吾

编　委　赵鹤平　邓　科　廖文虎　黄永刚
　　　　韩海强　邓　燕　曹广涛

华中科技大学出版社

中国·武汉

内 容 提 要

本套书是作者在多年讲授大学物理课程的基础上，根据教育部颁布的非物理类理工学科大学物理课程教学基本要求编写而成的。本套书内容精炼、概念清晰，力图在有限的课时内清晰、准确地讲授大学物理的基本内容及物理学在现代技术中的应用。本套书将能力培养与知识传授有机地融为一体，在内容的选取上涵盖了大学物理最基本、最重要的知识点，在保留经典物理基本框架的同时，对近代物理部分（相对论和量子物理），以及新技术的基本物理原理和应用进行了加强和拓展。本套书共分《大学物理（上、下册）》和《大学物理学习指导》。《大学物理（上册）》包括力学、热学、机械振动与机械波；《大学物理（下册）》包括电磁学、光学和量子物理；《大学物理学习指导》对《大学物理（上、下册）》中的知识点进行了归纳和总结，并对各章中习题进行了详细解答。

本套书可作为高等院校非物理类专业大学物理课程的教材或参考书，也可供其他专业和社会读者阅读。

图书在版编目（CIP）数据

大学物理. 下册/唐世洪主编. 一武汉：华中科技大学出版社，2015.12
普通高等教育"十三五"规划教材　普通高等院校物理精品教材
ISBN 978-7-5680-1487-8

Ⅰ.①大… Ⅱ.①唐… Ⅲ.①物理学-高等学校-教材 Ⅳ.①O4

中国版本图书馆 CIP 数据核字（2015）第 305440 号

大学物理（下册）
Daxue Wuli(Xiace)

唐世洪　主编

策划编辑：周芬娜　王汉江
责任编辑：周芬娜
封面设计：刘　卉
责任校对：张会军
责任监印：周治超
出版发行：华中科技大学出版社（中国·武汉）
　　　　　武昌喻家山　邮编：430074　电话：(027)81321913
录　　排：武汉正风天下文化发展有限公司
印　　刷：武汉科源印刷设计有限公司
开　　本：710 mm×1 000 mm　1/16
印　　张：19.5
字　　数：390 千字
版　　次：2016 年 1 月第 1 版第 1 次印刷
定　　价：42.00 元

前　　言

　　物理学是研究并阐述物质的组成、性质、运动规律和相互作用的学科。它所描述的基本概念、基本规律和研究方法，已被广泛应用到其他各类学科领域中，是自然科学中最基本、最重要的基础学科之一。

　　新时代大学生的培养对大学物理课程教学提出了新的要求，教师在传授物理理论知识的同时，应特别注重向学生传授有关物理学的研究方法和思维方式及物理学的应用，为培养社会需要的创新型人才打下坚实的基础。

　　物理学内容广泛，知识点难度有不同层次。因此，选择一套好的教材使学生在较短的时间内掌握必要的物理知识并尽可能多地了解物理学在当今社会前沿的一些应用，是尤为重要的。

　　为适应"高等教育面向21世纪教学内容和课程体系改革计划"的需要，本套教材总结了作者30多年的大学物理教学和实践经验，并吸收了国内外众多优秀教材的优点。教材深入浅出地讲述了物理学基本概念、基本理论，也适时地介绍了物理学在其他学科和技术领域的应用。

　　全套教材分为《大学物理（上、下册）》和《大学物理学习指导》，总共三册。

　　全套教材集吉首大学"基础物理学"优秀教学团队全体成员的共同智慧，由唐世洪教授执笔编写而成；参与本套教材编写工作的教师多年来一直从事大学物理教学，他们在物理教学方面积累的丰富经验和许多独到的见解已经融入教材。

　　由于编者水平有限，加之时间仓促，疏漏和不妥之处在所难免，恳请广大读者批评指正。

编　者
2015 年 11 月

目　　录

第四篇　电　磁　学

第六篇　近代物理学

第四篇

电磁学

电磁学是物理学的重要组成部分,是研究电磁运动的基本规律及其应用的科学,具有广泛的应用价值。可以毫不夸张地说,如果没有电磁学就不可能有现代的先进科学技术,也不可能有现代的文明。电磁运动也是物质运动的基本形式,掌握其运动规律对我们认识物质世界有着重要的意义。本篇较系统地讨论了电磁学的基本规律,从基本的电磁现象到麦克斯韦电磁场理论,当然不会忘记介绍它在现代工业、农业生产及日常生活中的应用。

第四篇

电磁学

第9章 真空中的静电场

本章主要研究真空中静电场的基本性质和规律。本章的一些基本概念和规律及处理问题的方法,学习者应很好钻研,它们是学习本篇其他各章内容的基础。另外,在学习本章内容时,必须经常联系第一篇力学中的有关概念,这将有助于对问题的理解。从本章开始,在电磁学整篇内容中,都会经常用到高等数学和有关矢量方面的知识,建议学习者事先复习相关知识。

9.1 电荷 库仑定律

9.1.1 电荷、电量、带电体

1. 带电体、电荷

两种不同的物体(如钢笔的塑料部分与头发)相互摩擦后,有吸引轻微物体的特性,说明这两个物体经过摩擦后进入了一种特殊状态。把处于这种特殊状态的物体称为带电体,它们带有电荷。

大量的实验表明:自然界的电荷只有两种,即正电荷与负电荷;电荷间的相互作用规律是同性相斥、异性相吸。

从电荷间或带电体之间能相互吸引或相互排斥的现象,可以判断它们之间存在一种力的作用。由于这种力是物体带电后出现的,故称为电性力(电力)。两物体带的电荷越多,相互作用力也越大,为了表示物体所带电荷的多少,引入了电量这个物理量。电量是表示物体所带电荷多少的物理量。

按通常的理解,带电物体是指处于带电状态的物体;电荷是指带电体的一种属性,而电量则是电荷多少的定量量度,但是通常不把两者严格区别。

2. 摩擦为什么会使物体带电

摩擦为什么会使原来不带电的物体变为带电体呢? 带电体的电荷是怎样产生的? 要解决这些问题,还需要联系物质本身的电结构。原子的组成如下所示。

$$原子\begin{cases}原子核\begin{cases}质子(带正电)\\中子(不带电)\end{cases}\\核外电子(带负电)\end{cases}$$

一个原子通常是呈电中性的,即质子所带的正电荷与电子所带的负电荷的电量值相等。如果原子获得电子就会对外界呈负电性,失去电子就会对外界呈正电性。

而两种不同材料的物体相互摩擦时,就会产生热,使原子中的部分电子获得较高的能量,逃出原子核的束缚,进入另一种与之相接触的材料中去,从而使一种材料的原子获得多余的电子而呈负电性,另一种失去电子的材料呈正电性。

9.1.2　电荷守恒定律

上述摩擦起电的成因分析说明摩擦的结果只是使电荷在两个物体之间重新分布,总的电荷数量没有改变。

除摩擦起电外,还可以用其他的方法使物体带电,如图 9-1 所示就展示了利用静电感应使金属带电的方法。

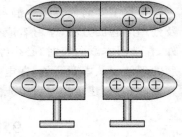

大量的实验表明,电荷只能从一个物体转移到另外一个物体,或从物体的一部分转移到另外一部分,但电荷既不能被创造,也不能被消灭。这个结论就称为电荷守恒定律。

图 9-1　静电感应使金属带电

9.1.3　电荷具有量子性

任何带电体所带的电荷都只能是某一基本单位的整数倍,这个基本单位就是一个电子所带电荷量,称电子电荷,也称元电荷,记为 e,$e = 1.602 \times 10^{-19}$ C。

近代物理从理论上预言,有一种电量为 $\pm \frac{1}{3} e$ 或 $\pm e$ 的基本粒子(中国人称为层子,外国人称为夸克),这种粒子目前还处在研究阶段。

9.1.4　库仑定律

1. 点电荷

点电荷是指这样的带电体,它本身的线度比起它到其他带电体的距离来说小得多,可以看成是只有电荷而无大小的几何点。它类似于质点概念,也只是一种理想模型。

2. 库仑定律

在真空中,q_1 和 q_2 两个点电荷之间的作用力的方向,沿着两者的连线,同号相斥,异号相吸(见图 9-2),作用力的大小与 q_1、q_2 的乘积成正比,与两个点电荷间的距离的平方成反比,即

$$F = \frac{1}{4\pi\varepsilon_0} \frac{q_1 q_2}{r^2} r_0 \qquad (9-1)$$

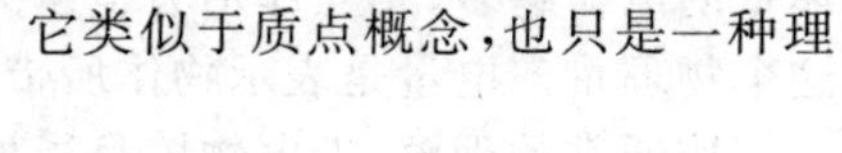

引入比例系数 k,$k = \dfrac{1}{4\pi\varepsilon_0} = 9.0 \times 10^9$

N·m²/C²。其中,ε_0 称为真空介电常数,

图 9-2　两点电荷间的作用力

$\varepsilon_0 = 8.85 \times 10^{-12}$ $C^2/(N \cdot m^2)$，r_0 为单位矢量。当 $q_1 q_2 > 0$ 时，F 为斥力；当 $q_1 q_2 < 0$ 时，F 为引力。

库仑定律大家很熟悉，这里就不多讲了，现介绍这个定律的发现过程，希望为学习者日后的科学研究提供一种可借鉴的方法。

3. 库仑定律的发现

库仑定律是法国科学家库仑于 1785 年确立的，库仑首先注意到电荷间的静电力与万有引力有很多相似之处（$F \propto Mm/r^2$），于是他大胆地设想静电力的规律与万有引力的规律有类似的形式，即 $f = kq_1 q_2/r^2$，然后再通过库仑扭秤实验，证明了 q_1、q_2 之间的相互作用力确实满足该式，由此发现了电荷间静电力的规律，这就是物理学研究中常用的类比法。

注意：万有引力和库仑力有如下的区别。

（1）只存在万有引力而无万有斥力，但是库仑力却既有引力，也有斥力；

（2）从大小来看，在原子内部或两个通常的带电体之间的库仑力都比同线度的万有引力大很多倍。

例 9-1 如图 9-3 所示，试计算处于基态的氢原子内部，原子核和电子的库仑力 F_e 与万有引力 $F_引$ 之比。

解 处于基态时原子核（质子）与核外电子之间的距离 $r = 0.53 \times 10^{-10}$ m，质子的质量为 $m_p = 1.67 \times 10^{-27}$ kg，电子质量 $m_e = 9.11 \times 10^{-31}$ kg。

库仑力 $\qquad F_e = \dfrac{1}{4\pi\varepsilon_0} \dfrac{q_1 q_2}{r^2} = \dfrac{1}{4\pi\varepsilon_0} \dfrac{e^2}{r^2}$

万有引力 $\qquad F_引 = G \dfrac{m_1 m_2}{r^2} = G \dfrac{m_p m_e}{r^2}$

$$\frac{F_e}{F_引} = \frac{1}{4\pi\varepsilon_0} \frac{e^2}{G m_p m_e} = 2.26 \times 10^{39}$$

图 9-3 氢原子简图

可见，原子核与电子之间的库仑力是万有引力的 2.26×10^{39} 倍，所以，在以后尤其在微观领域，除特别说明之外，一般不考虑万有引力。

9.2 电场强度 电场线

9.2.1 电场

用手推桌子是通过手把力直接作用在桌子上，马拉车是通过绳子和车直接接触，把力作用在车上。这些例子都说明，力可以存在于直接接触的物体之间，这种作用力称为接触力，力的这种作用称为接触作用或近距作用。但是，重力、电力、磁力等可以发生在相距一定距离的物体之间，其间并不需要由原子、分子组成的物质作媒介。那么，这种力究竟是怎样传递的呢？围绕这个问题，历史上有过长期争论。一种观点认为这类作用不需要任何媒介，也不需要时间就能够由一个物体作用到另一个相距一定距离的物体之上，这种观点称为超距作用观点；另一种观点认为，这类力也是近距作用的，它是通过一种称为场的物质传递的。近代物理支持后一种观点。

　　电荷周围存在着由该电荷产生的场称为电场，电荷之间的相互作用就是通过这种场传递的。电场最基本的特征就是能对位于其中的带电体施以力的作用。

9.2.2　电场强度

　　为了研究电场中各点的性质，可以用一个点电荷 q_0 做实验，这个点电荷称为试探电荷。

　　试探电荷应该满足下列两个条件。

　　(1) 它的线度必须小到可以看成点电荷，以便确定场中每一点的性质。

　　(2) 其电量要足够小，小到它的置入不至于影响原来产生场的电荷分布，否则测出来的将是重新分布后的电荷激发的场。

　　先讨论点电荷 Q 在周围空间激发的静电场，把电场中要研究的点称为场点，在电场中放一个静止的试探电荷 q_0，按照库仑定律，q_0 所受的电场力可表示为

$$\boldsymbol{F}=\frac{1}{4\pi\varepsilon_0}\frac{Qq_0}{r^2}\boldsymbol{r}_0$$

式中，r 为场点与点电荷 Q 的距离；$\boldsymbol{r}_0$ 为 Q 指向 q_0 的单位矢量。能不能用 $\boldsymbol{F}$ 表示场点的性质呢？不能，因为 $\boldsymbol{F}$ 不仅与场点有关，而且与试探电荷 q_0 的电量有关，q_0 的电量越大，$\boldsymbol{F}$ 越大，但由上式可见，比值 $\boldsymbol{F}/q_0$ 与 q_0 无关。把

$$\boldsymbol{E}=\boldsymbol{F}/q_0 \qquad\qquad\qquad (9\text{-}2)$$

称为电场强度，简称场强。电场强度是一个矢量，其大小等于单位电荷在该点所受电场力的大小，其方向与正电荷在该点的受力方向相同，单位：1 牛顿/库仑＝1 伏特/米，即

$$1\ \text{N/C}=1\ \text{V/m}$$

注意以下几点。

　　(1) 并非只有单位正电荷才能检验电场强度的大小，如 5 个任意电荷也是可以的，只要测出这 5 个单位电荷所受电场力，再与 5 个单位电荷相比，就可以得出电场强度的大小。但检验电荷不能大到影响原来电场的分布，否则就不再是原电荷分布的带电体在该点产生的电场了。

　　(2) 当 q_0 为正时，$\boldsymbol{E}$ 的方向与 $\boldsymbol{F}$ 的方向相同；q_0 为负时，$\boldsymbol{E}$ 的方向与 $\boldsymbol{F}$ 的方向相反。

　　(3) 空间某点的电场并不依赖于试探电荷的存在而存在，即如果空间有电场，放入试探电荷，只是通过你自己的手段去验证它的存在而已；你不去试，该点的电

场还是客观存在的。

9.2.3　场强叠加原理

若空间有多个电荷存在,则每个电荷都将在空间激发自己的电场,那么空间任一点的场强等于多少呢? 在电场中放入试探电荷 q_0 就知道了。显然 q_0 受力为各个产生场的电荷对它作用力的矢量和,即

$$E = F/q_0 = F_1/q_0 + F_2/q_0 + \cdots + F_i/q_0 + \cdots + F_n/q_0$$
$$= E_1 + E_2 + \cdots + E_i + \cdots + E_n$$

上式说明:电场中任一点处的电场强度等于各个电荷单独在该点产生电场强度的矢量和,这个结论称为场强叠加原理。

利用这个原理,可以计算任意复杂的带电体在空间产生的电场强度。因为对任意带电体来说,总可以将它们看成是由很多个小的带电单元组成的,每一部分小到可以看成点电荷,则这些点电荷系在空间某点产生的场强就是该带电体在该点产生的电场强度。

9.2.4　电场强度的计算(已知电荷分布)

1. 点电荷电场中的场强

设在真空中有一个点电荷 q,求距 q 为 r 处 P 点的场强。

若将一试探电荷 q_0 放在 P 点,则 q_0 受 q 作用的电场力为

$$F = \frac{1}{4\pi\varepsilon_0}\frac{qq_0}{r^2}r_0$$

由定义,有

$$E = \frac{F}{q_0} = \frac{1}{4\pi\varepsilon_0}\frac{q}{r^2}r_0 \tag{9-3}$$

2. 点电荷系电场中的场强

由场强叠加原理知,n 个点电荷组成的电荷系统在空间某点产生的电场强度为

$$E = E_1 + E_2 + \cdots + E_i + \cdots + E_n = \sum_{i=1}^{n} E_i = \sum_{i=1}^{n}\frac{q_i}{4\pi\varepsilon_0 r_i^2}r_0 \tag{9-4}$$

3. 任意带电体的电场

在实际问题中所遇到的电场,常由电荷连续分布的带电体形成,要计算任意带电体附近所产生的场强,不能把带电体看作点电荷,用点电荷场强公式来计算。但任何带电体均可划分为无限多个电荷元 dq,可以把它们看作点电荷系,整个带电体产生的场强,就可看作无限多个电荷元产生的场强的矢量和。

因此计算带电体的场强时,首先任取电荷元 dq,然后求电荷元 dq 在电场中某

个给定点产生的场强 dE，按点电荷的场强公式，可写为

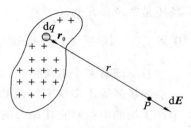

$$\mathrm{d}\boldsymbol{E}=\frac{1}{4\pi\varepsilon_0}\frac{\mathrm{d}q}{r^2}\boldsymbol{r}_0$$

式中，$\boldsymbol{r}_0$ 为从 dq 所在点指向给定点的单位矢量；r 是电荷元 dq 到给定点的距离，如图 9-4 所示。

图 9-4　任意带电体的场强

最后，求整个带电体在给定点产生的场强，利用场强叠加原理，得

$$\boldsymbol{E}=\int\mathrm{d}\boldsymbol{E}=\int\frac{1}{4\pi\varepsilon_0}\frac{\mathrm{d}q}{r^2}\boldsymbol{r}_0 \tag{9-5}$$

必须强调指出，式(9-5)是一个矢量积分，一般不能直接计算，可先将 dE 在 x、y、z 三坐标轴方向上的分量 dE_x、dE_y、dE_z 写出，然后分别对它们进行积分，求得 E 的三个分量，即

$$E_x=\int\mathrm{d}E_x,\quad E_y=\int\mathrm{d}E_y,\quad E_z=\int\mathrm{d}E_z$$

最后，再由这三个分量确定场强 E 的大小和方向。

(1) 当电荷为体分布时，在带电体上任取一带电单元，其带电量为 dq，dq 到给定点的位置矢量为 $\boldsymbol{r}$，体积为 dV，它在 r 处产生的电场为 dE，则

$$\mathrm{d}\boldsymbol{E}=\frac{1}{4\pi\varepsilon_0}\frac{\mathrm{d}q}{r^2}\boldsymbol{r}_0=\frac{1}{4\pi\varepsilon_0}\frac{\rho\mathrm{d}V}{r^3}\boldsymbol{r}$$

$$\boldsymbol{E}=\int\mathrm{d}\boldsymbol{E}=\frac{1}{4\pi\varepsilon_0}\int\frac{\mathrm{d}q}{r^3}\boldsymbol{r}=\frac{1}{4\pi\varepsilon_0}\iiint\rho\frac{\mathrm{d}V}{r^3}\boldsymbol{r} \tag{9-6}$$

(2) 当电荷为面分布时，则 d$q=\sigma\mathrm{d}S$

$$\boldsymbol{E}=\int\mathrm{d}\boldsymbol{E}=\frac{1}{4\pi\varepsilon_0}\iint\frac{\sigma\mathrm{d}S}{r^3}\boldsymbol{r} \tag{9-7}$$

(3) 若电荷为线分布时，则 d$q=\lambda\mathrm{d}l$

$$\boldsymbol{E}=\int\mathrm{d}\boldsymbol{E}=\frac{1}{4\pi\varepsilon_0}\int\frac{\mathrm{d}q}{r^3}\boldsymbol{r}=\frac{1}{4\pi\varepsilon_0}\int\lambda\frac{\mathrm{d}l}{r^3}\boldsymbol{r} \tag{9-8}$$

9.2.5　电场线

为了形象地描绘空间某点的电场分布，这里人为地引入电场线的概念。

1. 电场线的作图规定

(1) 电场线上各点的切线方向就是该点的 E 的方向(这样就把电场线与场强的方向联系起来了)。

(2) 通过垂直于场强方向单位面积的电场线数目等于 E(这样就把电场线的疏密与场强的大小联系起来了，密处 E 大，疏处 E 小，即 $E\propto\Delta N/\Delta S$)。

2. 电场线性质

图 9-5 画出了几种电荷分布周围空间的电场线图，由图可见，电场线具有以下

性质。

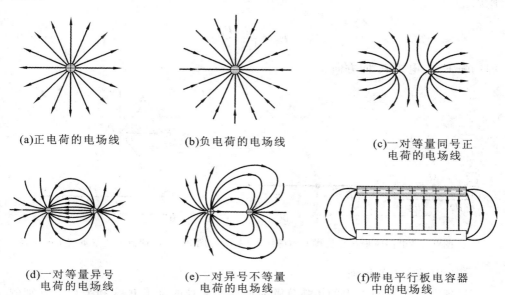

(a)正电荷的电场线　　　　　(b)负电荷的电场线　　　　(c)一对等量同号正
　　　　　　　　　　　　　　　　　　　　　　　　　　　　电荷的电场线

(d)一对等量异号　　　　(e)一对异号不等量　　　　(f)带电平行板电容器
　电荷的电场线　　　　　　电荷的电场线　　　　　　　中的电场线

图 9-5　常见电荷分布产生的电场线

（1）两条或两条以上的电场线不能相交，这是因为空间一点的场强方向是唯一的。

（2）电场线发自正电荷，终于负电荷，无电荷处不中断。

（3）静电场的电场线不是闭合曲线。

还需指出，电场线仅是描述电场分布的一种人为方法，而不是静电场中真有这样的电场线存在。另外，电场线一般并不代表引入电场中的点电荷的运动轨迹。

9.2.6　应用举例

例 9-2　求电偶极子在其延长线上和中垂线上的场强。

解　电偶极子：由两个等量异号，相距为 l，带电量分别为 $+q$、$-q$ 的点电荷构成的系统称为电偶极子。

从 $-q$ 到 $+q$ 作一矢径 $\boldsymbol{l}$，则 $q\boldsymbol{l}=\boldsymbol{P}_e$ 称为电偶极矩，也称电矩。

电偶极子是一个很重要的概念，在研究电介质的极化、电磁波的发射和吸收以及中性分子之间的相互作用等问题时都要用到它。

（1）电偶延长线上的场强。

设 $OA=r$，因为 $r_{+qA}<r_{-qA}$，所以 $|\boldsymbol{E}_+|>|\boldsymbol{E}_-|$，即 A 点的合场强 $\boldsymbol{E}$ 的方向向右，与 $\boldsymbol{P}_e$ 的方向相同（见图 9-6）。

$$E_p=E_++E_-=\frac{1}{4\pi\varepsilon_0}\frac{q}{\left(r-\dfrac{l}{2}\right)^2}-\frac{1}{4\pi\varepsilon_0}\frac{q}{\left(r+\dfrac{l}{2}\right)^2}=\frac{qlr}{2\pi\varepsilon_0}\frac{1}{\left[r^2-\left(\dfrac{l}{2}\right)^2\right]^2}$$

所以
$$E_{\mathrm{p}}=\frac{2lr}{4\pi\varepsilon_0}\frac{q}{r^4}$$

$$\boldsymbol{E}_{\mathrm{p}}=\frac{2}{4\pi\varepsilon_0}\frac{\boldsymbol{P}_{\mathrm{e}}}{r^3} \tag{9-9}$$

即场强 $\boldsymbol{E}_{\mathrm{p}}$ 与电矩 $\boldsymbol{P}_{\mathrm{e}}$ 同方向。

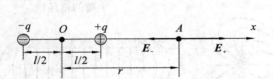

图 9-6　电偶极子在延长线上的场强

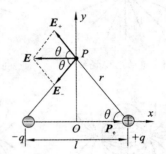

图 9-7　电偶极子在中垂线上的场强

（2）中垂线上的场强。

将各电荷在 P 点产生的场强分解为垂直于 y 轴的分量 $E_{垂直}$ 和平行于 y 轴的分量 $E_{平行}$，由图 9-7 可见，$E_{平行}$ 分量相互抵消，所以

$$E_{合}=E_{垂直}=\frac{2q}{4\pi\varepsilon_0\left[y^2+\left(\dfrac{l}{2}\right)^2\right]}\cos\theta$$

因为
$$\cos\theta=\frac{\dfrac{l}{2}}{\left[y^2+\left(\dfrac{l}{2}\right)^2\right]^{1/2}}$$

所以
$$\boldsymbol{E}=\frac{lq}{4\pi\varepsilon_0\left[y^2+\left(\dfrac{l}{2}\right)^2\right]^{3/2}}=\frac{\boldsymbol{P}_{\mathrm{e}}}{4\pi\varepsilon_0\left[y^2+\left(\dfrac{l}{2}\right)^2\right]^{3/2}}$$

当 $r\gg l$ 时，有

$$E=E_{垂直}=\frac{P_{\mathrm{e}}}{4\pi\varepsilon_0 y^3}=\frac{E_{延长}}{2} \tag{9-10}$$

其方向与 $\boldsymbol{P}_{\mathrm{e}}$ 反向。

从以上计算结果可知，电偶极子产生场强 $\boldsymbol{E}$ 的大小与电矩 $\boldsymbol{P}_{\mathrm{e}}$ 成正比，与电偶极子到观察点的距离的立方成反比。

例 9-3　真空中有一均匀带电直线，长为 L，总电量为 q，线外有一点 P 到直线的垂直距离为 a，P 点和直线两端的连线与 x 轴之间的夹角分别为 θ_1 和 θ_2，如图 9-8 所示。求 P 点的场强。

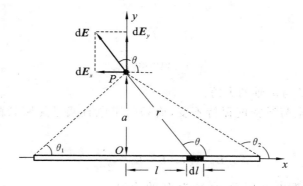

图 9-8　均匀带电直线的电场

解　这里产生电场的电荷是连续分布的,求场强时,一般按下列步骤进行。

(1) 取电荷元 dq。

在带电直线上任取一线段元 dl,dl 上的电量为 dq,$dq = \dfrac{q}{l}dl = \lambda dl$,$\lambda = \dfrac{q}{l}$ 为直线上每单位长度所带的电量,称 λ 为电荷线密度。

(2) 求电荷元 dq 在 P 点产生的场强 $d\boldsymbol{E}$。$d\boldsymbol{E}$ 的大小为

$$dE = \frac{dq}{4\pi\varepsilon_0 r^2} = \frac{\lambda dl}{4\pi\varepsilon_0 r^2}$$

r 为电荷元 dq 到 P 点的距离,$d\boldsymbol{E}$ 的方向如图所示,这里必须注意要选取方位适当的坐标系,以便求出 $d\boldsymbol{E}$ 沿 x 轴和 y 轴的分量 $dE_x = -dE\cos\theta$,$dE_y = dE\sin\theta$。

(3) 求带电直线在 P 点的场强。

$$E_x = \int dE_x = -\int dE\cos\theta = -\int \frac{\lambda\cos\theta}{4\pi\varepsilon_0 r^2}dl$$

$$E_y = \int dE_y = \int dE\sin\theta = \int \frac{\lambda\sin\theta}{4\pi\varepsilon_0 r^2}dl$$

式中,θ 为 $d\boldsymbol{E}$ 与 x 轴之间的夹角。对不同的 dq,r、θ、l 都为变量,积分时要先统一变量,由图 9-8 可知

$$l = a\tan\left(\theta - \frac{\pi}{2}\right) = -a\cot\theta$$

$$dl = a\csc^2\theta d\theta$$

$$r^2 = a^2 + l^2 = a^2\csc^2\theta$$

将上述三式代入 E_x、E_y 表达式,得

$$E_x = -\int_{\theta_1}^{\theta_2} \frac{\lambda}{4\pi\varepsilon_0}\frac{\cos\theta}{a^2\csc^2\theta}a\csc^2\theta d\theta = \frac{\lambda}{4\pi\varepsilon_0 a}(\sin\theta_1 - \sin\theta_2) \tag{9-11}$$

$$E_y = \int_{\theta_1}^{\theta_2} \frac{\lambda}{4\pi\varepsilon_0}\frac{\sin\theta}{a^2\csc^2\theta}a\csc^2\theta d\theta = \frac{\lambda}{4\pi\varepsilon_0 a}(\cos\theta_1 - \cos\theta_2) \tag{9-12}$$

可见,P 点处的场强 $\boldsymbol{E}$ 的大小与该点离带电直线的距离 a 成反比,$\boldsymbol{E}$ 的大小和方向

由下式确定，即

$$E=\sqrt{E_x^2+E_y^2} \tag{9-13}$$

$$\alpha=\arctan\frac{E_y}{E_x} \tag{9-14}$$

式中，α 为矢量 E 与 x 轴的夹角。

讨论：如果电荷线密度保持不变，而均匀带电直线是无限长的，亦即 $\theta_1=0$，$\theta_2=\pi$，则

$$E_x=0,\quad E=E_y=\frac{\lambda}{2\pi\varepsilon_0 a} \tag{9-15}$$

例 9-4　如图 9-9 所示，半径为 R 的均匀带电圆环的电量为 q，试求通过环心且垂直于环面的轴线上 P 点的场强，设 P 点到环心的距离为 x。

解　（1）取电荷元 $\mathrm{d}q$。

在圆环上取线段元 $\mathrm{d}l$，它带的电荷为

$$\mathrm{d}q=\frac{q}{2\pi R}\mathrm{d}l=\lambda\mathrm{d}l$$

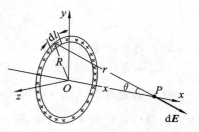

图 9-9　均匀带电圆环轴线上的电场

（2）求电荷元 $\mathrm{d}q$ 在 P 点的场强。

$\mathrm{d}E$ 的大小为 $\mathrm{d}E=\dfrac{\mathrm{d}q}{4\pi\varepsilon_0 r^2}=\dfrac{\lambda\mathrm{d}l}{4\pi\varepsilon_0 r^2}$，方向如图 9-9 所示。

由于对称性，各电荷元的场强在垂直于 x 轴的方向上的分量互相抵消，而沿 x 轴的分量则增强，可见，P 点的场强 $\mathrm{d}E$ 沿 x 轴方向，如图 9-9 所示，$\mathrm{d}E$ 沿 x 轴的分量为

$$\mathrm{d}E_x=\mathrm{d}E\cos\theta$$

（3）求带电圆环在 P 点的场强。

$$E=E_x=\int\mathrm{d}E_x=\int\mathrm{d}E\cos\theta=\int\frac{\lambda\mathrm{d}l}{4\pi\varepsilon_0 r^2}\frac{x}{r}=\int\frac{\lambda x}{4\pi\varepsilon_0(R^2+x^2)^{3/2}}\mathrm{d}l$$

考虑到对于圆环上的不同线段元，R、x 不变，所以积分结果为

$$E=\frac{\lambda x}{4\pi\varepsilon_0(R^2+x^2)^{3/2}}\int_0^{2\pi R}\mathrm{d}l=\frac{qx}{4\pi\varepsilon_0(R^2+x^2)^{3/2}} \tag{9-16}$$

讨论：当 $x\gg R$ 时，$(R^2+x^2)^{3/2}\approx x^3$，这时有 $E\approx\dfrac{q}{4\pi\varepsilon_0 x^2}$，这说明当圆环的线度远小于它中心到场点的距离（自身限度）时，可以把带电圆环作为电荷 q 集中在环心的点电荷来处理。

例 9-5　设有一均匀带电薄圆盘，半径为 R，单位面积所带电量为 σ，如图 9-10 所示。试计算圆盘轴线上场强的分布。

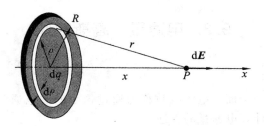

图 9-10　均匀带电圆盘轴线上的电场

解　建立如图 9-10 所示的坐标系,在轴上任取一点 P。将圆盘分成许多半径连续变化的同心带电细圆环,求它们在 P 点产生的场强的矢量和。

任取半径为 ρ、宽度为 $\mathrm{d}\rho$ 的细圆环,其电荷元为 $\mathrm{d}q$,$\mathrm{d}q=\sigma\mathrm{d}S=\sigma2\pi\rho\mathrm{d}\rho$。

$\mathrm{d}q$ 在 P 点产生的场强 $\mathrm{d}E$ 的大小为

$$\mathrm{d}E=\frac{1}{4\pi\varepsilon_0}\frac{x\mathrm{d}q}{(x^2+\rho^2)^{3/2}}=\frac{1}{4\pi\varepsilon_0}\frac{x\sigma2\pi\rho\mathrm{d}\rho}{(x^2+\rho^2)^{3/2}}$$

各细环在 P 点的场强 $\mathrm{d}\boldsymbol{E}$ 的方向相同,均沿 x 轴线,所以合场强为

$$E=\int\mathrm{d}E=\frac{1}{4\pi\varepsilon_0}\int_0^R\frac{x\sigma2\pi\rho\mathrm{d}\rho}{(x^2+\rho^2)^{3/2}}=\frac{\sigma}{2\varepsilon_0}\left[1-\frac{x}{(R^2+x^2)^{1/2}}\right]$$

讨论:

(1) 当 $x\ll R$ 时,$\dfrac{x}{\sqrt{R^2+x^2}}\Rightarrow0$,则 $E=\dfrac{\sigma}{2\varepsilon_0}$ 为无限大均匀带电平板附近的电场分布,且为匀强电场,方向如图 9-11 所示。

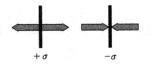

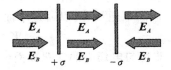

图 9-11　无限大均匀带电平面的电场　　图 9-12　两平行正对的均匀带电平面的电场

如果将两块无限大平板平行放置,板间距离远小于板面线度,则当两板带等量异号电荷,面密度为 σ 时,如图 9-12 所示,两板内侧场强为

$$E=E_A+E_B=\frac{\sigma}{2\varepsilon_0}+\frac{\sigma}{2\varepsilon_0}=\frac{\sigma}{\varepsilon_0}$$

两板外侧场强为　　　　　　　　　$E=E_A-E_B=0$

(2) 当 $x\gg R$ 时,$\dfrac{1}{\sqrt{1+R^2/x^2}}\approx1-\dfrac{1}{2}\dfrac{R^2}{x^2}$,于是有

$$E=\frac{\sigma}{2\varepsilon_0}\left[1-\left(1-\frac{R^2}{2x^2}\right)\right]=\frac{q}{4\pi\varepsilon_0x^2} \tag{9-17}$$

式中,$q=\sigma\pi R^2$ 为圆盘面所带总电量。式(9-17)表明,在远离带电平板处的电场相当于电荷集中于盘心的点电荷在该处产生的电场。

9.3　电通量　高斯定理

9.3.1　电通量

通过电场中某一个面的电场线数称为通过这个面的电通量，用 Ψ 表示，下面分几种情况来说明计算电通量的方法。

1. 均匀电场中，平面与场强垂直

在场强为 E 的匀强电场中，与场强 E 垂直的平面面积为 $S_\perp$（见图 9-13(a)），根据电场线的规定作图，通过与场强垂直的单位面积上的电场线数等于场强的大小，于是，通过 $S_\perp$ 面的电通量为

$$\Psi = ES_\perp \tag{9-18}$$

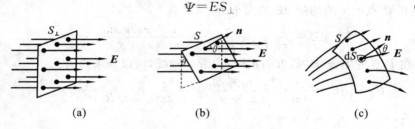

(a)　　　　　　　(b)　　　　　　　(c)

图 9-13　穿过曲面的电通量

2. 均匀电场中，平面法线与场强夹角为 θ

由图 9-13(b)可见，通过平面 S 的电通量等于通过它在垂直于 E 的平面上的投影 $S_\perp$ 面的电通量，所以通过平面 S 的电通量为

$$\Psi = ES_\perp = ES\cos\theta \tag{9-19}$$

3. 非均匀电场中的任意曲面

先把曲面 S 划分成无限多个面积元 dS（见图 9-13(c)），每个面积元都可看成为无限小平面，它上面的场强可认为是均匀的。设面积元 dS 的法线 n 与该处场强 E 成 θ 角，则通过面积元 dS 的电通量为

$$d\Psi = E\cos\theta\, dS$$

通过曲面 S 的电通量 Ψ 应等于曲面上所有面积元的电通量 $d\Psi$ 的代数和，即

$$\Psi = \int_S d\Psi = \int_S E\cos\theta\, dS \tag{9-20}$$

式中，$\int_S$ 表示对整个曲面 S 进行积分。

4. 非均匀电场中的闭合曲面

通过闭合曲面的电通量为

$$\Psi = \oint_S E\cos\theta\, dS \tag{9-21}$$

式中，$\oint_S$ 表示对整个闭合曲面进行积分。通常
规定面积元 dS 的法线方向指向曲面外侧为正
方向，这时通过闭合曲面上各面积元的电通量
可正可负，如图 9-14 所示。在面积元 dS_A 处，电
场线从曲面外穿进曲面内，由于 $\theta = \theta_1 > 90°$，
所以电通量 $d\Psi$ 为负；在面积元 dS_B 处，电场线
从曲面内穿出到曲面外，由于 $\theta = \theta_2 < 90°$，所
以电通量 $d\Psi$ 为正；在面积元 dS_C 处，电场线与
曲面相切，即 $\theta = \theta_3 = 90°$，所以电通量 $d\Psi$ 为零。

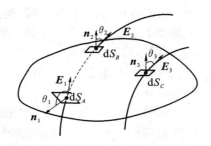

图 9-14　通过封闭曲面的电通量

　　若引入面积元矢量 d**S**（大小等于 dS，而方向是 d**S** 的正法线方向），由矢量的
标积定义可知，$E\cos\theta dS$ 为矢量 **E** 和 d**S** 的标积，即有 $E\cos\theta dS = \boldsymbol{E} \cdot d\boldsymbol{S}$，那么式
（9-20）、式（9-21）可改写成

$$\Psi = \int_S E\cos\theta\, dS = \int_S \boldsymbol{E} \cdot d\boldsymbol{S}$$

$$\Psi = \oint_S E\cos\theta\, dS = \oint_S \boldsymbol{E} \cdot d\boldsymbol{S}$$

　　对于复杂的闭合曲面，要计算电通量是很困难的，下节将看到通过任意闭合曲
面的电通量与场源电荷间存在着一个颇为简单而普遍的规律——高斯定理。

9.3.2　高斯定理

1. 表述
静电场中通过任意曲面的电通量等于该曲面内所包围的电量的代数和的 $1/\varepsilon_0$
倍，即

$$\Psi = \oint_S \boldsymbol{E} \cdot d\boldsymbol{S} = \frac{1}{\varepsilon_0} \sum_i q_i \tag{9-22}$$

2. 高斯定理的证明
高斯定理是静电学中一个重要原理，下面分几步导出高斯定理。

1）计算穿过点电荷产生的电场中闭合面的电通量

（1）以点电荷 q 为球心，以任意半径 r 作一球面，计算通过该球面的电通量。

　　由于点电荷 q 的电场具有球对称性，球面上任一点场强 **E** 的量值都是 $E = \frac{q}{4\pi\varepsilon_0 r^2}$，场强的方向都沿矢径方向，且处处与球面正交，如图 9-15 所示。根据式
（9-21）可求得通过球面的电通量为

$$\Psi = \oint_S \boldsymbol{E} \cdot d\boldsymbol{S} = \oint_S E\cos\theta\, dS = \oint_S \frac{q}{4\pi\varepsilon_0 r^2}\, dS$$

$$= \frac{q}{4\pi\varepsilon_0 r^2} \oint_S dS = \frac{q}{4\pi\varepsilon_0 r^2} 4\pi r^2 = \frac{q}{\varepsilon_0}$$

上式指出:点电荷 q 在球心时,通过任意球面的电通量都等于 q/ε_0,而与球面半径 r 的大小无关。

可见,高斯定理成立。

(2)计算通过包围点电荷 q 的任意闭合曲面 S 的电通量。

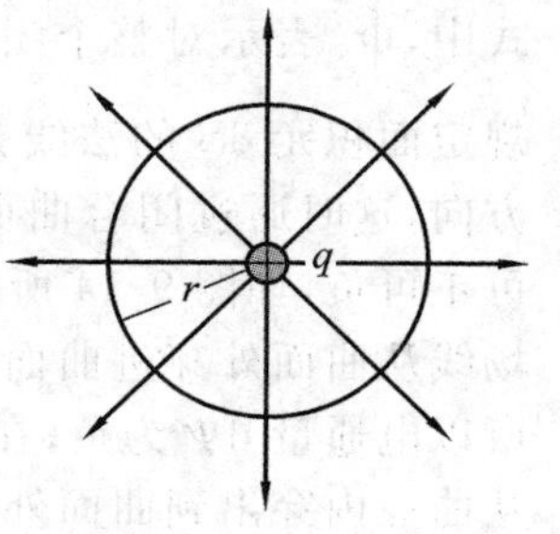

如图 9-16(a)所示,任意作闭合曲面 S',S' 与球面 S 包围同一电荷 q,根据电场线在没有电荷的地方不能中断的性质,容易看出,通过球面 S 和 S' 的电通量相等,都是 q/ε_0。由此证明了通过包围点电荷 q 的任意闭合曲面的电通量等于 q/ε_0,即

图 9-15　点电荷位于球心

$$\Psi = \oint_S \boldsymbol{E} \cdot \mathrm{d}\boldsymbol{S} = \frac{q}{\varepsilon_0}$$

可见,高斯定理成立。

(3)计算点电荷位于闭合曲面外时,通过闭合曲面的电通量。

如图 9-16(b)所示,点电荷 q 在闭合曲面外,在 S 面内没有其他电荷,由于电场线的连续性,有几条电场线穿入闭合曲面,必有几条电场线从闭合曲面内穿出,所以当点电荷 q 在闭合曲面外时,它通过该闭合曲面的电通量的代数和为零。

应当指出的是,当点电荷位于闭合曲面外时,穿过闭合曲面的电通量虽然为零,但闭合曲面上各点处的场强 $\boldsymbol{E}$ 并不为零。

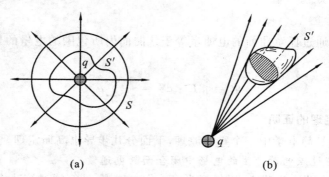

(a)　　　　　　　　　　(b)

图 9-16　通过任意闭合曲面的电通量

2)计算穿过点电荷系产生的电场中闭合曲面的电通量

若闭合曲面 S 内有点电荷 q_1,q_2,$\cdots$,q_n,闭合曲面 S 外有点电荷 q_{n+1},q_{n+2},$\cdots$,q_m。在闭合曲面 S 内的点电荷通过闭合曲面的电通量分别为

$$\Psi_1 = \frac{q_1}{\varepsilon_0}, \Psi_2 = \frac{q_2}{\varepsilon_0}, \cdots, \Psi_n = \frac{q_n}{\varepsilon_0}$$

在闭合曲面 S 外的电荷通过闭合曲面的电通量为零,通过 S 面的总电通量等于各

个电荷单独存在时电通量的代数和,即

$$\Psi = \oint_S \boldsymbol{E} \cdot \mathrm{d}\boldsymbol{S} = \frac{q_1}{\varepsilon_0} + \frac{q_2}{\varepsilon_0} + \cdots + \frac{q_n}{\varepsilon_0} = \frac{1}{\varepsilon_0} \sum_{i=1}^{n} q_i$$

可见,高斯定理成立。

3) 计算穿过任意带电体产生的电场中闭合曲面的电通量

将带电体看成由很多小的带电体积元组成,每一个小体积元所带电荷都可以看成点电荷,利用上述 2)的结论可知,高斯定理成立。

为了正确理解高斯定理,有必要指出:

(1) 高斯定理只告诉我们,穿过闭合曲面的总电通量仅由面内电荷的代数和决定,并没有说面上各点场强仅由面内电荷产生,面上各点场强仍然为所有电荷产生的电场的叠加。

(2) $\sum_{i=1}^{n} q_i$ 是代数和,即 $\sum_{i=1}^{n} q_i$ 小于或大于零并不意味着高斯面上没有正或负电荷。

(3) $\sum_{i=1}^{n} q_i = 0$,只说明穿过高斯面的净电通量等于零,不能说明高斯面上的场强是否一定为零。

(4) 当点电荷恰好位于曲面上时,它对这个曲面有无贡献呢? 此时应该知道,点电荷的模型就失去了意义,要将它视为带电体,此带电体位于曲面内的部分电荷对曲面的通量有贡献,位于曲面外的部分电荷对电通量无贡献。

(5) 高斯定理是以库仑定律为基础推出来的,反过来,由高斯定理也能推出库仑定律。从这个意义上讲,两者是等价的。但高斯定理应用的更广泛,它不但适用于点电荷,也适用于带电体;它不但适用于静电场,也可以推广到随时间变化的瞬变电场。因此,以后作为基本电磁规律写到麦克斯韦方程组中去的是高斯定理而不是库仑定律。

(6) 式(9-22)指出,当 $\sum_i q_i > 0$ 时,$\Psi > 0$,表示有电场线从闭合曲面内穿出,故称正电荷为静电场的源头;当 $\sum_i q_i < 0$ 时,$\Psi < 0$,表示有电场线穿入闭合曲面内终止,故称负电荷为静电场尾端。高斯定理表明了电场线起始于正电荷,终止于负电荷,亦即静电场是有源场。

高斯定理不仅反映了静电场的性质,对于具有对称性的电场,用高斯定理计算场强,可以避免复杂的积分运算。

9.3.3　高斯定理的应用

下面介绍应用高斯定理计算几种简单而又具有对称性的电场的方法。

1. 均匀带电球面的电场

设有一均匀带电球面,半径为 R,总带电量为 q,如图 9-17 所示,现在计算带电球面内、外任一点的场强。

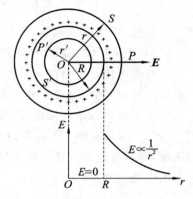

由于电荷均匀分布在球面上,这个带电体系具有球对称性,因而电场分布也应具有球对称性。也就是说,在任何与带电球面同心的球面上各点场强的大小均相等,场强的方向为径向。

为了确定均匀带电球面外任一点 P 的场强。根据电场的特点,过 P 点作一个同心球面 S 为高斯面,球面半径为 r,此球面上场强的大小处处都和 P 点的场强 E 相同,而 $\cos\theta$ 处处等于1,通过高斯面 S 的电通量为

图 9-17　均匀带电球面的电场

$$\Psi = \oint_S \boldsymbol{E} \cdot \mathrm{d}\boldsymbol{S} = \oint_S E\cos\theta \mathrm{d}S = E \oint_S \mathrm{d}S = 4\pi r^2 E$$

高斯面 S 所包围的电荷为

$$\sum_i q_i = q$$

按高斯定理,有

$$4\pi r^2 E = \frac{q}{\varepsilon_0}$$

所以

$$E = \frac{q}{4\pi\varepsilon_0 r^2} \quad (r > R)$$

由此可见,均匀带电球面外的场强与将电荷全部集中于球心的点电荷所产生的场强一样。

为确定均匀带电球面内任一点 P' 的场强 $\boldsymbol{E}$,过 P' 点作一个同心球面 S',半径为 r'。由于对称性,高斯面 S' 上各点场强 E 的值处处相等,且 $\cos\theta$ 处处等于-1,通过高斯面 S' 的电通量为

$$\Psi = \oint_{S'} \boldsymbol{E} \cdot \mathrm{d}\boldsymbol{S} = \oint_{S'} E\cos\theta \mathrm{d}S = -E \oint_{S'} \mathrm{d}S = -4\pi r'^2 E$$

而高斯面 S' 所包围的电荷 $\sum_i q_i = 0$,按高斯定理,有 $-4\pi r'^2 E = 0$,故

$$E = 0 \quad (r' < R)$$

这表明,均匀带电球面内的场强处处为零。

根据上述结果,可画出场强随距离的变化而变化的曲线,即 E-r 曲线(见图 9-17)。从 E-r 曲线中可看出场强值在球面处(电荷所在处)是不连续的。

2. 无限长均匀带电圆柱面的电场

设有无限长均匀带电圆柱面,半径为 R,电荷面密度为 σ(设 σ 为正),由于电荷分布的轴对称性,可以确定,带电圆柱面产生的电场也具有轴对称性,即离开圆柱

面轴线等距离的各点的场强大小相等,方向都垂直于圆柱面向外,如图9-18所示。

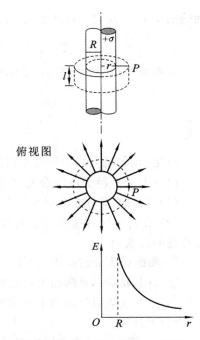

　为了确定无限长圆柱面外任一点P处的场强,过P点作一封闭圆柱面作为高斯面,柱面高为l,底面半径为r,轴线与无限长圆柱面的轴线重合。由于封闭圆柱面的侧面上各点场强E的大小相等,方向处处与侧面正交,所以通过侧面的电通量是$2\pi rlE$,通过两底面的电通量为零,通过整个高斯面的电通量为

$$\Psi = \oint_s \boldsymbol{E} \cdot \mathrm{d}\boldsymbol{S} = 2\pi rlE$$

而高斯面所包围的电荷为$\sigma 2\pi Rl$,按高斯定理,有

$$2\pi rlE = \sigma 2\pi Rl/\varepsilon_0$$

由此得出

$$E = \frac{R\sigma}{\varepsilon_0 r}$$

如果令$\lambda = 2\pi R\sigma$为圆柱面每单位长度的电量,则上式可化为

图9-18　均匀带电圆柱面产生的场强

$$E = \frac{\lambda}{2\pi\varepsilon_0 r} \tag{9-23}$$

　由此可见,无限长均匀带电圆柱面外的场强,与将所带电荷全部集中在轴上的均匀带电直线所产生的场强一样。

　不难证明,带电圆柱面内部的场强等于零,各点的场强E随带电圆柱面轴线的距离r的变化关系如图9-18所示。

3. 无限大均匀带电平面的电场

　设有无限大均匀带电平面,电荷面密度为σ,求场强分布。

　由对称性可知,在靠近平面中部而距离平面不远的区域内,电场是均匀的,场强的方向垂直于平面,如图9-19所示。根据电场分布的特点,应取一个柱体的表面作为高斯面,其轴线与带电平面垂直,两底与带电面平行,底面面积都等于ΔS,并与带电平面对称。显然,由于场强和侧面的法线垂直,所以通过侧面的电通量为零。由图9-19可见,场强与两个底

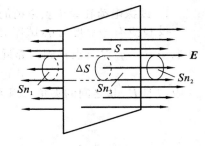

图9-19　无限大均匀带电平面的电场

面的法线平行,所以通过两个底面的电通量均为 $E\Delta S$,通过整个高斯面的电通量为

$$\Psi = \oint_S \boldsymbol{E} \cdot \mathrm{d}\boldsymbol{S} = 2E\Delta S$$

高斯面所包围的电荷为 $\sigma\Delta S$,按高斯定理,有

$$2E\Delta S = \frac{\sigma\Delta S}{\varepsilon_0}$$

所以
$$E = \frac{\sigma}{2\varepsilon_0} \tag{9-24}$$

可见,在无限大均匀带电平面的电场中,各点的场强与离开平面的距离无关。

由以上几个例子可以看出,应用高斯定理求场强的四个步骤如下。

(1) 根据电荷分布的对称性分析电场分布的对称性。

(2) 在待求区域选取合适的封闭积分曲面(称为高斯面)。什么样的曲面才算是合适的高斯面呢?

① 曲面必须通过待求场强的点,曲面要简单,易于计算面积;

② 面上或某部分曲面上各点的场强大小相等;

③ 面上或某部分曲面上各点的法线与该处 $\boldsymbol{E}$ 的方向一致或垂直或成恒定角度,以便于计算。

(3) 应用高斯定理求解出 $\boldsymbol{E}$ 的大小。

(4) 说明 $\boldsymbol{E}$ 的方向。

9.4　电场力的功　电势

我们知道,在重力场中物体受到重力作用,当物体在重力作用下移动时,重力所做的功,与物体所经历的路径无关,只与物体的起点和终点有关;在电场中带电粒子要受到电场力作用,当带电粒子在电场中运动时电场力同样要对它做功,下面就来讨论电场力对移动电荷所做的功。

9.4.1　电场力做功的特点

1. 试探电荷在单个点电荷的电场中运动

设 O 点有一点电荷 q,试探电荷 q_0 从 a 点经任意路径移到 b 点。在路径 ab 中任取一点 c,q_0 从 c 点移到其邻近一点 c',元位移为 $\mathrm{d}\boldsymbol{l}$,则

$$\mathrm{d}A = q\boldsymbol{E} \cdot \mathrm{d}\boldsymbol{l} = qE\mathrm{d}l\cos\theta$$

式中,θ 是 $\boldsymbol{E}$、$\mathrm{d}\boldsymbol{l}$ 之间的夹角。因为 $\mathrm{d}l\cos\theta = \mathrm{d}r$,故

$$E = \frac{1}{4\pi\varepsilon_0}\frac{q}{r^2}$$

$$A_{ab} = \int_a^b \mathrm{d}A = \int_a^b \boldsymbol{F} \cdot \mathrm{d}\boldsymbol{l} = \frac{q_0}{4\pi\varepsilon_0}\int_{r_a}^{r_b}\frac{q}{r^2}\mathrm{d}r = \frac{q_0 q}{4\pi\varepsilon_0}\left(\frac{1}{r_a} - \frac{1}{r_b}\right) \tag{9-25}$$

可见,在点电荷的电场中,电场力所做的功与路径无关,只与试探电荷的电量、起点和终点有关(见图 9-20)。

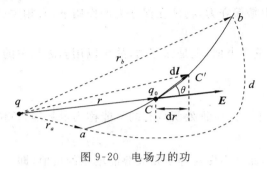

图 9-20　电场力的功

2. 试探电荷在点电荷系的电场中运动

$$\boldsymbol{E} = \boldsymbol{E}_1 + \boldsymbol{E}_2 + \cdots + \boldsymbol{E}_i + \cdots + \boldsymbol{E}_k + \cdots + \boldsymbol{E}_n$$

$$= \sum_{i=1}^{n} \boldsymbol{E}_i = \sum_{i=1}^{n} \frac{q_i}{4\pi\varepsilon_0 r_i^2} \boldsymbol{r}_0$$

$$A_{ab} = q_0 \int_a^b \boldsymbol{E} \cdot \mathrm{d}\boldsymbol{l} = q_0 \int_a^b \boldsymbol{E}_1 \cdot \mathrm{d}\boldsymbol{l} + q_0 \int_a^b \boldsymbol{E}_2 \cdot \mathrm{d}\boldsymbol{l} + \cdots + q_0 \int_a^b \boldsymbol{E}_n \cdot \mathrm{d}\boldsymbol{l}$$

$$= \frac{q_0}{4\pi\varepsilon_0} \sum_i \left(\frac{q_i}{r_{ia}} - \frac{q_i}{r_{ib}} \right) \tag{9-26}$$

可见,此做功也与路径无关。

3. 试探电荷在任意带电体的场中运动

因为带电体都可以看成由许多电荷元组成的点电荷系,而电场力所做的功也与路径无关,只与起点和终点有关。

结论:试探电荷在任意电场中移动时,电场力所做的功,仅与试探电荷的电量、起点和终点有关,与具体路径无关,故静电力是保守力。

4. 试探电荷沿闭合回路移动一周电场力所做的功

$$A_{acbda} = q_0 \oint_L \boldsymbol{E} \cdot \mathrm{d}\boldsymbol{l} = q_0 \int_{ac}^b \boldsymbol{E} \cdot \mathrm{d}\boldsymbol{l} + q_0 \int_b^{da} \boldsymbol{E} \cdot \mathrm{d}\boldsymbol{l}$$

$$= q_0 \int_{ac}^b \boldsymbol{E} \cdot \mathrm{d}\boldsymbol{l} - q_0 \int_{da}^b \boldsymbol{E} \cdot \mathrm{d}\boldsymbol{l} = q_0 \int_a^b \boldsymbol{E} \cdot \mathrm{d}\boldsymbol{l} - q_0 \int_a^b \boldsymbol{E} \cdot \mathrm{d}\boldsymbol{l} = 0$$

可见,在静电场中,试探电荷沿闭合回路移动一周电场力所做的功为零,即环路积分(也称为环流)为零,亦即

$$\oint_L \boldsymbol{E} \cdot \mathrm{d}\boldsymbol{l} = 0 \tag{9-27}$$

这是静电场中与高斯定理并列的一个重要定理,没有专用的名称,一般称之为静电场中的环路定理,它说明了静电场是无旋场。

9.4.2 电势能

前面讲过,重力是保守力,物体在保守力的作用下,有相关的势能存在,称这种势能为重力势能。

既然电场力与重力类似,也是保守力,故可以用与之相关的电势能的概念来描述静电场的性质。

1. 定义

电荷在静电场中一定位置处所具有的势能称为电势能,单位为焦耳(J)。

2. 定义式

在力学中讲过,保守力做功等于相关势能增量的负值,即

$$A = -\Delta E_p$$

若分别用 W_a、W_b 表示电荷 q_0 在电场中 a、b 两点所具有的电势能,则有

$$电场力(保守力)做的功 = -(W_b - W_a) = W_a - W_b$$

$$= q_0 \int_a^b \boldsymbol{E} \cdot \mathrm{d}\boldsymbol{l} = A_{ab} \tag{9-28}$$

可见有如下关系。

(1) 电势能也是用差值来定义的,它也是一个相对量,为了说明电场中某点的电势能的大小,必须选一个点作为参考点,这个点称为零势点。当电荷分布在有限区域内时,通常规定电荷 q_0 在无穷远处的静电势能为零;当电荷分布延伸到无限远处时,若再将无限远点选为电势能零点,将导致空间电势能为无限大,这时,只能根据具体情况,可选空间某点的电势能为零点。所以,对电荷为有限分布时,有

$$W_a = A_{a\infty} = q_0 \int_a^\infty \boldsymbol{E} \cdot \mathrm{d}\boldsymbol{l} \tag{9-29}$$

式(9-29)说明,电荷 q_0 在电场中某点 a 所具有电势能在量值上等于将 q_0 从 a 点移到无穷远处电场力所做的功 $A_{a\infty}$。

(2) 电场力做功可正可负,当电荷在电场力作用下移动,即 $A_{ab} > 0$ 时,$W_a - A_{ab} = W_b$,电势能减小;当 $A_{ab} < 0$,即电荷逆电场力运动时,$W_a + A_{ab} = W_b$,电势能增加。

9.4.3 电势

由 $W_a = A_{a\infty} = q_0 \int_a^\infty \boldsymbol{E} \cdot \mathrm{d}\boldsymbol{l}$ 知,电荷 q_0 在电场中某点 a 的电势能与 q_0 成正比,它不能反映电场本身的性质,而比值又与 q_0 无关,只取决于电场的性质以及 a 点的位置,所以这一比值就是表征静电场性质的物理量,称之为电势,用 U 表示。

1. 定义

电势是表征静电场中给定点电场性质的物理量,其大小等于置于该点处的单位电荷的电势能(即将单位电荷从该点移到无穷远处电场力所做的功),即

$$U_a = \frac{W_a}{q_0} = \int_a^\infty \boldsymbol{E} \cdot \mathrm{d}\boldsymbol{l} \qquad\qquad (9\text{-}30)$$

其单位为伏特(V),1 V＝1 J/C。

2. 电势差

静电场中任意两点 a、b 之间电势之差称为电势差(又称为电压),即

$$U_a - U_b = \int_a^\infty \boldsymbol{E} \cdot \mathrm{d}\boldsymbol{l} - \int_b^\infty \boldsymbol{E} \cdot \mathrm{d}\boldsymbol{l} = \frac{W_a}{q_0} - \frac{W_b}{q_0} = \int_a^b \boldsymbol{E} \cdot \mathrm{d}\boldsymbol{l} = \frac{A_{ab}}{q_0}$$

上式说明:a、b 两点的电势差在量值上等于将单位正电荷从 a 点沿任意路径移到 b 点时,电场力所做的功。

3. 注意事项

(1) 电势值与参考点的选择有关,而电势差则是绝对的,与参考点的选择无关。一般应用中,选大地或仪器的机壳作为零势点。

(2) 电势是标量,若选 $U_b = 0$,则当 $\int_a^\infty \boldsymbol{E} \cdot \mathrm{d}\boldsymbol{l} > 0$ 时,电场力做正功,a 点的电势为正,即高于参考点 b 的电势;当 $\int_a^\infty \boldsymbol{E} \cdot \mathrm{d}\boldsymbol{l} < 0$ 时,电场力做负功,a 点的电势为负,即低于参考点 b 的电势。

9.4.4　电势的计算

1. 点电荷电场中的电势

由定义,有

$$U_P = \frac{A_{P\infty}}{q_0} = \frac{q}{4\pi\varepsilon_0} \int_r^\infty \frac{\mathrm{d}l}{r^2}$$

取 $\mathrm{d}l$ 为 $\mathrm{d}r$,积分后则有

$$U_P = \frac{1}{4\pi\varepsilon_0} \frac{q}{r} \qquad\qquad (9\text{-}31)$$

可见,$q > 0$,$U_P > 0$,表明无穷处的 U 为最小值;$q < 0$,$U_P < 0$,表明无穷处的 U 为最大值。

2. 点电荷系电场中的电势

因为

$$A_{P\infty} = \sum_i A_{iP\infty}$$

所以

$$U_P = \frac{A_{P\infty}}{q_0} = \sum_{i=1}^n \frac{q_i}{4\pi\varepsilon_0 r_i} = U_{P1} + U_{P2} + \cdots \qquad (9\text{-}32)$$

式中,q_i、r_i 分别为第 i 个点电荷和它到 P 点的距离。

由式(9-32)可知,点电荷系电场中某点的电势等于所有电荷在该点产生的电势的代数和。式(9-32)称为电势叠加原理。

3. 任意带电体电场中的电势

若带电体所带电荷是连续分布的,则

$$U_P = \int \frac{\mathrm{d}q}{4\pi\varepsilon_0 r} \tag{9-33}$$

9.4.5　应用举例

例 9-6　有一半径为 R 的均匀带电球面,带电量为 q,求球面内、外的电势分布(见图 9-21)。

解　设 P 点至球心 O 的距离为 r,根据均匀带电球面的场强,有

$$E = \begin{cases} 0 & (r<R) \\ \dfrac{q}{4\pi\varepsilon_0 r^2} & (r>R) \end{cases}$$

由式(9-30),得 P 点的电势为

$$U_P = \int_P^\infty \boldsymbol{E} \cdot \mathrm{d}\boldsymbol{l}$$

若 P 点在球面外,这时 $r>R$,由于 P 点场强方向为矢径 $\boldsymbol{r}$ 的方向,又由于电场力做功与路径无关,因此可选择积分路径沿 $\boldsymbol{r}$ 的方向,有

$$U_P = \int_P^\infty \boldsymbol{E} \cdot \mathrm{d}\boldsymbol{l} = \int_r^\infty E\mathrm{d}r = \int_r^\infty \frac{q}{4\pi\varepsilon_0} \frac{\mathrm{d}r}{r^2}$$

$$= \frac{q}{4\pi\varepsilon_0 r} \quad (r>R) \tag{9-34}$$

当 P 点在球面上,有

$$U_P = \frac{q}{4\pi\varepsilon_0 R} \tag{9-35}$$

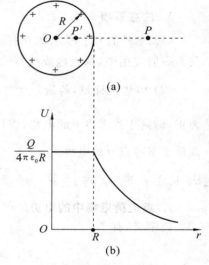

图 9-21　均匀带电球面的电势

当 P 点在球面内,即 $r<R$ 时,由于球面内的场强为零,所以分两段进行积分,即

$$U_P = \int_P^\infty \boldsymbol{E} \cdot \mathrm{d}\boldsymbol{l} = \int_r^R \boldsymbol{E} \cdot \mathrm{d}\boldsymbol{l} + \int_R^\infty \boldsymbol{E} \cdot \mathrm{d}\boldsymbol{l}$$

$$= \int_r^R 0 \cdot \mathrm{d}r + \int_R^\infty \frac{q}{4\pi\varepsilon_0} \frac{\mathrm{d}r}{r^2}$$

$$= \frac{q}{4\pi\varepsilon_0 R} \quad (r<R) \tag{9-36}$$

由此可见,均匀带电球面外任一点的电势等于球面上的电荷集中于球心的点电荷在该点的电势,而球面内任一点的电势等于球面上的电势。

例 **9-7**　如图 9-22 所示，圆环半径为 R，带电量为 q，求均匀带电圆环轴线上一点的电势。

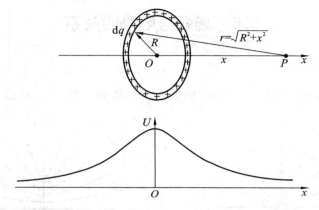

图 9-22　均匀带电圆环轴线上的电势

解　设 P 点至圆环中心 O 的距离为 x，这里电荷是连续分布的，需用式 (9-33)计算电势。一般按下列步骤进行。

(1) 取电荷元 $\mathrm{d}q$。在圆环上取一长度为 $\mathrm{d}l$ 的线元，它所带的电量为

$$\mathrm{d}q = \lambda \mathrm{d}l = \frac{q}{2\pi R}\mathrm{d}l$$

式中，λ 为电荷线密度。

(2) 求电荷元 $\mathrm{d}q$ 在 P 点产生的电势，有

$$\mathrm{d}U = \frac{\mathrm{d}q}{4\pi\varepsilon_0 r}$$

r 为线元 $\mathrm{d}l$ 至 P 点的距离

$$r = \sqrt{x^2 + R^2}$$

(3) 计算整个带电圆环在 P 点的电势，有

$$U = \int_0^U \mathrm{d}U = \int_0^q \frac{\mathrm{d}q}{4\pi\varepsilon_0 r}$$

对不同的电荷元，r 保持不变，积分结果为

$$U = \frac{1}{4\pi\varepsilon_0 r}\int_0^q \mathrm{d}q = \frac{q}{4\pi\varepsilon_0 r} = \frac{q}{4\pi\varepsilon_0 (R^2 + x^2)^{1/2}} \qquad (9\text{-}37)$$

现讨论如下：

(1) 当 P 点在圆环中心处，即 $x = 0$ 时，$U = \dfrac{q}{4\pi\varepsilon_0 R}$；

(2) 当 P 点位于轴线上离圆环中心相当远处，即 $x \gg R$ 时，$U = \dfrac{q}{4\pi\varepsilon_0 x}$。

可见,圆环轴线上足够远处某点的电势,与把电量 q 看作集中在环心的一个点电荷在该点产生的电势相同。

9.5　场强与电势的关系

9.5.1　等势面

电场中电势相等的各点连成的曲面称为等势面。图 9-23 画出了几种带电体的等势面。

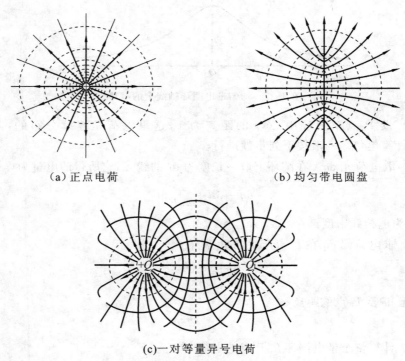

(a)正点电荷　　　　　　　　　(b)均匀带电圆盘

(c)一对等量异号电荷

图 9-23　几种电荷分布的电场线与等势面

9.5.2　等势面与场强的关系

(1)沿电场线的方向,各等势面的电势值是减小的。

证明　如图 9-24 所示,因为

$$U_a - U_b = \int_a^b \boldsymbol{E} \cdot \mathrm{d}\boldsymbol{l} > 0$$

所以

$$U_a > U_b$$

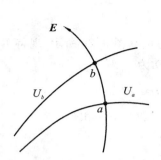 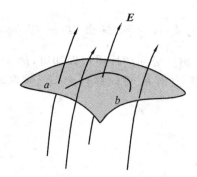

图 9-24　沿电场线方向各等势面的电势值减小　　图 9-25　电场线与等势面垂直

（2）电场线与该处的等势面垂直。

证明　如图 9-25 所示，电荷沿等势面移动时电场力的功等于零，即

$$U_a - U_b = 0 \Rightarrow \int_a^b \boldsymbol{E} \cdot \mathrm{d}\boldsymbol{l} = 0$$

这说明 $\boldsymbol{E}$ 垂直于等势面（$\boldsymbol{E} \perp \mathrm{d}\boldsymbol{l}$）。

9.5.3　电势梯度矢量

在任意静电场中，取两个相邻近的等势面 S_1 和 S_2，其电势分别为 U 和 $U+\mathrm{d}U$，并设 $\mathrm{d}U>0$，作 S_1 面上的法线 $\boldsymbol{n}_0$，并令其指向电势升高的方向，其延长线交 S_2 于 P_2 点，$\overrightarrow{P_1 P_2}$ 记为 $\mathrm{d}n$，如图 9-26 所示，则沿 $\boldsymbol{n}_0$ 方向的电势变化率为 $\dfrac{\mathrm{d}U}{\mathrm{d}n}$。

若在 S_2 上 P_2 的邻域再取一点 P_3，记 $\mathrm{d}\boldsymbol{l}$ 与 $\boldsymbol{n}_0$ 的夹角为 θ，则电势沿 $\mathrm{d}\boldsymbol{l}$ 方向的变化率为 $\dfrac{\mathrm{d}U}{\mathrm{d}l}$，因为 P_3 是 P_2 的邻域，所以 $\mathrm{d}n = \mathrm{d}l\cos\theta$，有

$$\frac{\mathrm{d}U}{\mathrm{d}n} = \frac{\mathrm{d}U}{\mathrm{d}l\cos\theta}$$

即

$$\frac{\mathrm{d}U}{\mathrm{d}n}\cos\theta = \frac{\mathrm{d}U}{\mathrm{d}l} \qquad (9\text{-}38)$$

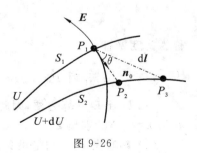

图 9-26

上式表示 $\dfrac{\mathrm{d}U}{\mathrm{d}l} \leqslant \dfrac{\mathrm{d}U}{\mathrm{d}n}$，说明沿 $\boldsymbol{n}_0$ 方向即等势面的法线方向电势的变化率最大。

将 $\dfrac{\mathrm{d}U}{\mathrm{d}n}\boldsymbol{n}_0$ 称为 P_1 点处的电势梯度矢量，记为 $\mathrm{grad}U$，可表示为

$$\mathrm{grad}U = \frac{\mathrm{d}U}{\mathrm{d}n}\boldsymbol{n}_0 \qquad (9\text{-}39)$$

可见：电势梯度是一个矢量，其方向是指向该点电势增加率最大的方向，其大小等于电势的增加率。

9.5.4　场强与电势梯度的关系

由等势面的性质可以知道,P_1 点的场强方向如图 9-26 所示,现将单位正电荷从 P_1 点沿 $\boldsymbol{n}_0$ 方向移到 P_2 点,则电场力做的功为

$$A_{P_1 \to P_2} = \int_{P_1}^{P_2} \boldsymbol{E} \cdot \mathrm{d}\boldsymbol{l} \approx E_n \mathrm{d}n$$
$$= U - (U + \mathrm{d}U) = -\mathrm{d}U$$

所以
$$E_n = -\frac{\mathrm{d}U}{\mathrm{d}n}$$

负号表示 E_n 与 $\dfrac{\mathrm{d}U}{\mathrm{d}n}$ 反号,即与 $\boldsymbol{n}_0$ 反号,所以

$$\boldsymbol{E} = -\frac{\mathrm{d}U}{\mathrm{d}n}\boldsymbol{n}_0 = \mathrm{grad}U \tag{9-40}$$

沿任意方向 $\boldsymbol{l}$ 的场强的投影

$$\boldsymbol{E}_l = -\frac{\mathrm{d}U}{\mathrm{d}n}\boldsymbol{n}_0\Big|_l = -\mathrm{grad}U\Big|_l = -\frac{\mathrm{d}U}{\mathrm{d}n}\cos\theta = -\frac{\mathrm{d}U}{\mathrm{d}l}$$

式中,θ 为 $\boldsymbol{l}$ 与 $\boldsymbol{n}_0$ 的夹角,其中用了 $\mathrm{d}n = \mathrm{d}l\cos\theta$ 关系。

若分别令 l 为 x、y、z,则有

$$E_x = -\frac{\partial U}{\partial x}, \quad E_y = -\frac{\partial U}{\partial y}, \quad E_z = -\frac{\partial U}{\partial z}$$

所以
$$\boldsymbol{E} = E_x\boldsymbol{i} + E_y\boldsymbol{j} + E_z\boldsymbol{k} = -\frac{\partial U}{\partial x}\boldsymbol{i} - \frac{\partial U}{\partial y}\boldsymbol{j} - \frac{\partial U}{\partial z}\boldsymbol{k} = -\boldsymbol{\nabla}U \tag{9-41}$$

$$\boldsymbol{\nabla} = \frac{\partial}{\partial x}\boldsymbol{i} + \frac{\partial}{\partial y}\boldsymbol{j} + \frac{\partial}{\partial z}\boldsymbol{k}$$

称为梯度算符。

9.5.5　几点讨论

(1) U 比 E 计算方便,因此对于给定电荷分布的系统,可以先求出 U,然后再利用 $\boldsymbol{E} = -\boldsymbol{\nabla}U$ 求出 $\boldsymbol{E}$。

(2) $\boldsymbol{E}$ 取决于 U 的空间变化率,与 U 本身的值无关。

(3) $\boldsymbol{E}$ 的另一单位(SI)为伏/米(V/m),1 V/m=1 N/C。

(4) 若 $\mathrm{grad}U = \boldsymbol{0}$,则 $\boldsymbol{E} = \boldsymbol{0}$,但 U 不一定为零。

9.5.6　应用举例

例 9-8　用电场强度和电势的关系,求均匀带电圆环轴线上一点的电场强度。

解　由例 9-7 已经求得轴线上一点 P 的电势为

$$U = \frac{q}{4\pi\varepsilon_0 (R^2 + x^2)^{1/2}}$$

由

$$\boldsymbol{E}=E_x\boldsymbol{i}+E_y\boldsymbol{j}+E_z\boldsymbol{k}=-\frac{\partial U}{\partial x}\boldsymbol{i}-\frac{\partial U}{\partial y}\boldsymbol{j}-\frac{\partial U}{\partial z}\boldsymbol{k}$$

可得,均匀带电圆环轴线上一点的电场强度为

$$\boldsymbol{E}=-\frac{\partial U}{\partial x}\boldsymbol{i}=\frac{qx}{4\pi\varepsilon_0(R^2+x^2)^{\frac{3}{2}}}\boldsymbol{i}$$

和前面直接积分法的结果相同。

例 9-9　利用电势梯度概念求正点电荷的电场分布。

解　由已经推出的 $U=\dfrac{q}{4\pi\varepsilon_0 r}$ 和点电荷的电场分布具有球对称性可知,电场强度的方向沿半径向外呈辐射状,若取点电荷所在处为球面的球心,则 $\boldsymbol{E}$、r 和球面的法线都相同,距球心 r 远处的场强为

$$\boldsymbol{E}=-\boldsymbol{\nabla} U=-\frac{\partial U}{\partial r}\boldsymbol{r}_0=\frac{q}{4\pi\varepsilon_0 r^2}\boldsymbol{r}_0\quad(\boldsymbol{r}_0\text{ 为 }r\text{ 方向单位矢量})$$

此结果与式(9-3)完全相同。

9.6　带电粒子在静电场中的运动

从前面讲的知道,电荷与电荷之间的相互作用是通过场来传递的,即电荷会在周围空间产生电场,而此电场又会对位于其中的电荷施以力的作用。在此之前我们详细地讨论了电荷产生电场的问题,知道了如何根据已知的电荷分布来计算场强。现在将要讨论的是另一个问题,即电场如何对位于其中的电荷施以力的作用。

如果已知电场中某点的场强为 $\boldsymbol{E}$,则一个带有电荷量为 q 的粒子处在该点时受到的电场力为

$$\boldsymbol{F}=q\boldsymbol{E} \tag{9-42}$$

式中,$\boldsymbol{E}$ 为除 q 以外所有其他电荷在粒子 q 所在处所激发的场强。不论带电粒子 q 运动速度的大小和方向如何,它通过电场中场强为 $\boldsymbol{E}$ 的点时受到的电场力总是 $q\boldsymbol{E}$。下面结合一些例子来说明带电粒子在外电场中所受的作用及其运动的情况。

例 9-10　电偶极子在均匀外电场中所受电场力的作用。

解　如图 9-27 所示,设在均匀外电场 $\boldsymbol{E}$ 中,电偶极子的电矩 $\boldsymbol{p}_e$ 的方向与场强 $\boldsymbol{E}$ 方向间的夹角为 θ,根据式(9-2),作用在电偶极子正负电荷上的力 $\boldsymbol{F}_1$ 和 $\boldsymbol{F}_2$ 的大小均为

$$F=F_1=F_2=qE$$

由于 $\boldsymbol{F}_1$ 和 $\boldsymbol{F}_2$ 的大小相等、方向相反,所以电偶极子所受的合力为零,电偶极子不会产生平动。但由于 $\boldsymbol{F}_1$ 和 $\boldsymbol{F}_2$ 不在同一直线上,所以电偶极子要受到力偶矩的作用,这个力偶矩的大小为

$$M=Fr_e\sin\theta=qEr_e\sin\theta=p_eE\sin\theta$$

式中,r_e 为两电荷间的距离,写成矢量式为

$$\boldsymbol{M}=\boldsymbol{p}_e\times\boldsymbol{E} \tag{9-43}$$

在这力偶矩的作用下,电偶极子的电偶极矩 p_e 将转向外电场 E 的方向,直到 p_e 和 E 的方向一致($\theta=0$)时,力偶矩才等于零而平衡。显然,当 p_e 和 E 的方向相反($\theta=\pi$)时,力偶矩也等于零,但这种情况是不稳定的平衡,如果电偶极子稍受扰动偏离这个位置,力偶矩的作用将使电偶极子 p_e 的方向转到与 E 的方向一致。

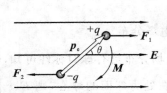
图 9-27　在均匀外电场中的电偶极子

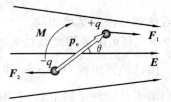
图 9-28　在不均匀外电场中的电偶极子

例 9-11　如图 9-28 所示,求电偶极子在不均匀外电场中所受电场力的作用。

解　如果把电偶极子放在不均匀电场的外电场中,如图 9-28 所示,可设电荷为 $+q$ 和 $-q$,所在处的电场强度分别为 E_1 和 E_2,它们所受到的电场力分别是 $F_1=qE_1$ 和 $F_2=-qE_2$,所以电偶极子所受的合力为

$$F=F_1+F_2=qE_1-qE_2=q(E_1-E_2)$$
$$=qr_e\left(\frac{E_1-E_2}{r_e}\right)=p_e\left(\frac{E_1-E_2}{r_e}\right)$$

式中,r_e 为两电荷间的距离;$\dfrac{E_1-E_2}{r_e}$ 表示在电偶极子所在处的小范围内沿 r_e 方向上每单位长度的场强变化,称为场强梯度。

由此可见,在不均匀的电场中,作用于电偶极子上的合力既与电矩成正比,还与 r_e 方向上电场强度的变化率 $\dfrac{E_1-E_2}{r_e}$ 成正比,电场的不均匀性愈大(即 $\dfrac{E_1-E_2}{r_e}$ 愈大),电偶极子所受的力也愈大。

另一方面,由于力 F_1 和 F_2 的作用,电偶极子所受的力矩为

$$M=F_1\frac{r_e}{2}\sin\theta+F_2\frac{r_e}{2}\sin\theta=qE_1\frac{r_e}{2}\sin\theta+qE_2\frac{r_e}{2}\sin\theta$$

因为在电偶极子所在处的小范围内 $E_1=E_2+\Delta E$,ΔE 是很小的,所以在上式中可以认为 $E_1\approx E_2=E$,于是得

$$M\approx qEr_e\sin\theta$$

写成矢量式为

$$M\approx p_e\times E$$

其结果与式(9-43)有相同的形式。可见,在不均匀外场中,电偶极子一方面受到力矩的作用,使电矩转到与电场一致的方向,同时电偶极子还受到一个合力的作用,促使它向电场较强的方向移动。

　　上面通过两个例题讨论了带电粒子在电场中受力的情况,接下来将讨论带电粒子在外电场中的运动。在低速情况下,根据牛顿第二运动定律知,质量为 m 的带电粒子仅在电场力作用下的运动方程(设重力可略去不计)为

$$q\boldsymbol{E} = m\boldsymbol{a} = m\frac{\mathrm{d}\boldsymbol{v}}{\mathrm{d}t}$$

式中,$\boldsymbol{a} = \dfrac{\mathrm{d}\boldsymbol{v}}{\mathrm{d}t}$ 表示粒子的加速度。在一般情况下,求解这一方程是比较复杂的,下面讨论几种简单而重要的情况。

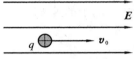

　　(1)一带电粒子,质量为 m,带有正电荷 q,以初速度 $\boldsymbol{v}_0$ 进入匀强电场中运动(忽略重力的作用),设初速度 $\boldsymbol{v}_0$ 与场强 $\boldsymbol{E}$ 同向(见图 9-29)。这时作用在带电粒子上的力为 $\boldsymbol{F} = q\boldsymbol{E}$,由于力的大小和方向都不变,所以粒子作匀加速运动,加速度的大小为

图 9-29　带电粒子以与电场
$\boldsymbol{E}$ 同相的初速度 $\boldsymbol{v}_0$
进入匀强电场中

$$a = \frac{qE}{m}$$

又由于加速度 $\boldsymbol{a}$ 的方向与 $\boldsymbol{E}$ 的方向相同,也和 $\boldsymbol{v}_0$ 的方向相同,所以带电粒子在电场中作直线运动。它通过长 s 的路程后的运动速度 v 的大小可用下式计算,即

$$v^2 - v_0^2 = 2as = 2\frac{qE}{m}s$$

　　因为 $E \cdot s$ 等于带电粒子经过程长 s 的两端点的电势差,记为 U,所以

$$\frac{1}{2}mv^2 - \frac{1}{2}mv_0^2 = qU \tag{9-44}$$

即带电粒子在静电场中行经电势差为 U 的两点后,电场力所做的功 qU 等于粒子动能的增量。这一结论虽是从均匀电场中得出的,但它对带电粒子在非均匀电场中运动也同样适用。

　　模拟显像管的根部有电子枪,如图 9-30 所示。在灯丝 F 和极板 P 间加有电势差(即加速电压)U_{PF},从灯丝发射出来的电子受电场加速,在穿过极板的小孔时具有相当大的速度,形成很窄的快速电子束。由于电子带有负电荷,要使电子得到加速,极板 P 的电势 V_P 必须高于灯丝 F 的电势 V_F,亦即 $V_P - V_F = U_{PF} > 0$。通常用 U 表示加速电压,即加速电势差的绝对值,用 e 表示电子电荷量的绝对值。一般电子离开灯丝时的初速很小,可以看作为 0,这样电子通过加速电压为 U 的区间电场力对电子所做的功为 eU,在电子速度 v 不太大时,电子穿出极板小孔时的动能为

$$E_{\mathrm{k}} = \frac{1}{2}m_0 v^2 = eU$$

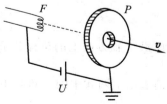

图 9-30　电子枪

由此可得电子速度为

$$v = \sqrt{\frac{2eU}{m_0}} \tag{9-45}$$

式中,m_0 为电子的静止质量。如果加速电压很高,电子的速度接近光速时,它的质量随速度的变化不可忽略,这时必须按照狭义相对论中动能公式来计算,电子的动能为

$$E_k = mc^2 - m_0 c^2 = eU$$

电子的速度

$$v = c \frac{\sqrt{(eU + 2m_0 c^2)eU}}{eU + m_0 c^2} \tag{9-46}$$

在 $m_0 c^2 \gg eU$ 的情况下,式(9-46)就归结为式(9-45)。

电子电荷量的绝对值 $e = 1.60 \times 10^{-19}$ C,是微观粒子所带电荷量的基本单位。一个电子通过加速电势差为 1 V 的区间,电场力对它做功,有

$$A = 1.60 \times 10^{-19} \text{ C} \times 1 \text{ V} = 1.60 \times 10^{-19} \text{ J}$$

从而电子获得 1.60×10^{-19} J 的能量。在近代物理中,常把这个能量值作为一种能量单位,称之为电子伏特,符号为 eV,即

$$1 \text{ eV} = 1.60 \times 10^{-19} \text{ J} \tag{9-47}$$

在近代物理学中,微观粒子的能量往往很高,常用兆电子伏(MeV),吉电子伏(GeV)等单位,它们与电子伏(eV)的关系为

$$1 \text{ MeV} = 10^6 \text{ eV}$$

$$1 \text{ GeV} = 10^9 \text{ eV}$$

(2) 一带电粒子的质量为 m,带有正电荷 q,以初速度 v_0 垂直在匀强电场中运动(忽略重力的作用),如图 9-31 所示。

这时,由于加速度垂直于初速方向,带电粒子将作抛物线运动(与重力场中的水平抛射体的运动相类似)。取坐标轴 Oxy 如图所示,x 轴沿初速 v_0 的方向,y 轴沿场强 E 的方向。带电粒子在原点 O 处进入电场,经过时间 t 后,在 y 轴方向上的位移分量为

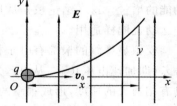

图 9-31　带电粒子垂直进入匀强电场中

$$y = \frac{1}{2}at^2 = \frac{1}{2}\frac{qE}{m}t^2$$

而沿 x 轴方向上的位移分量为

$$x = v_0 t$$

消去以上两式中的 t,得带电粒子在电场中的轨迹方程为

$$y = \frac{1}{2}\frac{q}{m}E\frac{x^2}{v_0^2} \tag{9-48}$$

在实际应用中,常用一对平行板产生匀强电场以引起电子射线的横向偏移(见

图 9-32)。

　　带电粒子进入匀强电场时,如果初速度 v_0 与场强 E 斜交,那么带电粒子的运动与物体在重力场中的斜抛运动相类似。读者可自己分析。

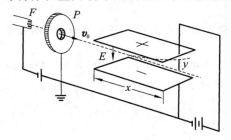

图 9-32　电子射线的横向偏移

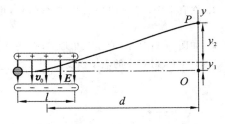

图 9-33　电子射线在电场中偏转

　　例 9-12　试从示波管内电子束受横向电场的偏折计算荧光屏上光点的位移。

　　解　如图 9-33 所示,一束电子射线以速度 v_0 进入与 v_0 垂直的横向匀强电场中,由于电子受到一个与场强 E 方向相反的作用力,所以电子通过电场后将偏离原来 v_0 方向。利用上面讨论的结果,可得电子通过长为 l 的偏转板所需的时间为

$$t_1 = \frac{l}{v_0}$$

在 t_1 时间内,由式(9-48)知电子在 y 轴方向的位移分量为

$$y_1 = \frac{1}{2}at_1^2 = \frac{1}{2}\frac{eE}{mv_0^2}l^2$$

相应的速度分量由零增加到

$$v_1 = at_1 = \frac{eEl}{mv_0}$$

　　电子通过偏转板后,不再受电场力的作用,它将以离开偏转板时的速度匀速前进,并打到荧光屏上。设偏转板中心到荧光屏的距离为 d,电子通过纵向距离 $(d-l/2)$ 所需的时间为

$$t_2 = \frac{d - l/2}{v_0}$$

在此时间内电子在 y 轴方向上的位移为

$$y_2 = v_1 t_2 = \frac{eE}{m}\left(\frac{l}{v_0}\right)\left(\frac{d - l/2}{v_0}\right)$$

于是,电子在荧光屏上产生的光点 P 离入射方向的横向位移为

$$y = y_1 + y_2 = \frac{eld}{mv_0^2}E$$

　　上述结果指出:荧光屏上光点的位移 y 与偏转板中场强 E 的大小成正比,并随 E 的方向和大小的变化而上下移动。

习　　题

一、填空题

1. 在真空中,有一均匀带电的细圆环,电荷线密度为 λ,则其圆心处的电场强度 $E_0 =$
_____。

2. 如图 9-34 所示,直角三角形 ABC 的 A 点上有电荷 $q_1 = 1.8 \times 10^{-9}$C,B 点上有电荷 $q_2 = -4.8 \times 10^{-9}$C,则 C 点的电场强度 $E =$ _____,方向 _____。

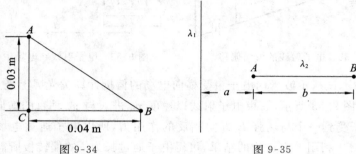

图 9-34   图 9-35

3. 如图 9-35 所示,电荷线密度为 λ_1 的无限长均匀带电直线,其旁垂直放置电荷线密度为 λ_2 的有限长均匀带电直线 AB,两者位于同一平面内,AB 所受静电力 $F =$ _____。

4. 图 9-36 中曲线表示一种球对称性静电场的场强 E 的分布,r 表示离对称中心的距离,这是由 _____产生的电场。

5. 一半径为 R 的"无限长"均匀带电圆柱面,其电荷面密度为 σ,则该圆柱面内外的场强分布 $E(r) =$ _____($r<R$),$E(r) =$ _____($r>R$)。

6. 两块无限大的带电平行平板,其电荷面密度分别为 $\sigma(\sigma>0)$、-2σ,如图 9-37 所示,试写出各区域内的电场强度 E。

Ⅰ区 E 的大小 _____,方向 _____;

Ⅱ区 E 的大小 _____,方向 _____;

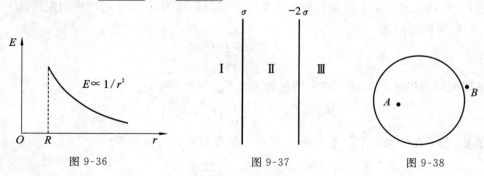

图 9-36   图 9-37   图 9-38

Ⅲ区 E 的大小_____,方向_____。

7. 如图 9-38 所示,在电荷 q 激发的电场中作一个球面,当 q 位于球面内的 A 点时,通过球面的电通量为_____;当位于球面外的 B 点时,通过球面的电通量为_____。

8. 一带电量为 Q 的点电荷位于正方体的中心,则通过正方体的任意一个面的电通量为_____。

9. 在点电荷 Q 和 $-Q$ 所处的真空中的静电场中,作出如图 9-39 所示的三个闭合曲面,则通过这些闭合曲面的电通量分别为 $\Psi_1 =$ _____,$\Psi_2 =$ _____,$\Psi_3 =$ _____。

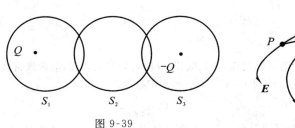

图 9-39　　　　　　　　　　　　图 9-40

10. 在如图 9-40 所示静电场中,把一正电荷从 P 点移到 Q 点,则电场力做_____功,它的电势能_____,_____点的电势高。

11. 一半径为 R 的绝缘实心球体,非均匀带电,电荷体密度为 $\rho = \rho_0 r$(r 为离球心的距离,ρ_0 为常数),总电量为 Q。设无限远处为电势零点,则球外($r > R$)各点的电势分布为 $U =$ _____。

12. 两个正点电荷(各带电量 q)被固定在 y 轴的点 $y = +a$ 和点 $y = -a$ 上,另有一可移动的点电荷(带有电量 Q)位于 x 轴的 P 点(坐标为 x)。当点电荷 Q 在电场力的作用下移至无穷远时,它获得的动能为_____。

13. 如图 9-41 所示,一半径为 R 的均匀带电细圆环,带电量 Q,水平放置,在圆环轴线的上方离圆心 R 处,有一质量为 m、带电量为 q 的小球 P,当小球从静止下落到圆心位置时,它的速度为 $v =$ _____。

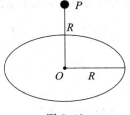 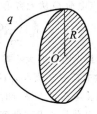

图 9-41　　　　　　　　　　　　图 9-42

14. 如图 9-42 所示,半径为 R 的半个球面均匀带电,则球心 O 点的电势 $U =$ _____。

15. 说明下列各式的物理意义:

(1) $\oint_l \boldsymbol{E} \cdot \mathrm{d}\boldsymbol{l} = 0$ _____;

(2) $\boldsymbol{E} \cdot \mathrm{d}\boldsymbol{S}$ _____。

16. 已知电势的空间分布,求场强用公式_____;已知场强分布,求电势用公式_____。

17. 已知某静电场的电势函数 $U=6x-6x^2y+7y^2$(SI)，由场强和电势梯度的关系式可得点 $(2,3,0)$ 处的电场强度 $E=$ ＿＿＿＿ $i+$ ＿＿＿＿ $j+$ ＿＿＿＿ k(SI)。

二、选择题

1. 一个正电荷在电场力作用下由 A 点出发经 C 点运动到 B 点，其运动轨迹如图 9-43 所示。已知速率是递减的，下面关于 C 点的场强方向的四个图示中正确的是(　　)。

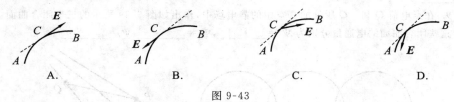

A.　　　　　　　　B.　　　　　　　　C.　　　　　　　　D.

图 9-43

2. 如图 9-44 所示为一沿 x 轴放置的"无限长"分段均匀带电导线，电荷线密度分别为 $+\lambda$ $(x<0)$ 和 $-\lambda$($x>0$)，则 Oxy 坐标平面内上点 $(0,a)$ 处的场强为(　　)。

A. 0　　　　　　B. $\dfrac{\lambda}{4\pi\varepsilon_0 a}i$　　　　　　C. $\dfrac{\lambda}{2\pi\varepsilon_0 a}i$　　　　　　D. $\dfrac{\lambda}{4\pi\varepsilon_0 a}(i+j)$

3. 在同一条电场线上的任意两点 a、b，其电场大小分别为 E_a 及 E_b，电势分别为 V_a 和 V_b，则以下结论正确的是(　　)。

A. $E_a=E_b$　　　　B. E_a 和 E_b 不相等　　　　C. $V_a=V_b$　　　　D. V_a 和 V_b 不相等

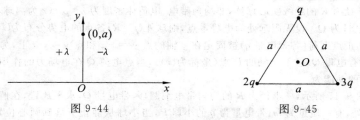

图 9-44　　　　　　　　　　　　　　　图 9-45

4. 如图 9-45 所示，边长为 a 的等边三角形的三个顶点上，分别放置着三个正点电荷 q、$2q$、$3q$。若将另一正点电荷 Q 从无穷远处移到三角形的中心 O 处，外力所做的功为(　　)。

A. $\dfrac{\sqrt{3}qQ}{2\pi\varepsilon_0 a}$　　　　B. $\dfrac{\sqrt{3}qQ}{\pi\varepsilon_0 a}$　　　　C. $\dfrac{3\sqrt{3}qQ}{2\pi\varepsilon_0 a}$　　　　D. $\dfrac{2\sqrt{3}qQ}{\pi\varepsilon_0 a}$

5. 静电场中某点电势的大小等于(　　)。

A. 单位检验电荷置于该点时具有的电势能

B. 单位正检验电荷置于该点时具有的电势能

C. 把单位正电荷从该点移动到零势点过程中外力所做的功

D. 把单位负电荷从该点移动到零势点过程中电场力所做的功

6. 在一个不带电的导体球壳的球心处放一个点电荷，并测量球壳内外的场强分布。如果将此点电荷从球心移到球壳内其他位置，重新测量球壳内外的场强分布，则将发现(　　)。

A. 球壳内、外场强分布均发生变化

B. 球壳内、外场强分布均不发生变化

C. 球壳内场强分布要发生变化，球壳外场强分布不发生变化

D. 球壳内场强分布不发生变化，球壳外场强分布要发生变化

7. 对高斯定理,下列说法正确的是(　　)。

A. 高斯面上电场完全是由面内电荷产生

B. 如果高斯面内电荷为零,则必有高斯面上电场处处为零

C. 如果高斯面上电场处处为零,则必有高斯面内净余的电荷为零

D. 如果高斯面上电场不为零,则必有高斯面内电荷不为零

8. 下列关于场强与电势的说法正确的是(　)。

A. 场强为零的地方,电势也一定为零

B. 电势较高的地方,电场强度一定较大

C. 带正电的物体,电势一定是正的

D. 电势梯度相等的地方,场强一定相等

9. 同心导体球壳内有一点电荷 q,当 q 由球心点向内球壳移动时,外球壳上任一点的场强 E(　)。

A. 变大　　　　　　B. 变小　　　　　　C. 不变　　　　　　D. 无法确定

10. 下面哪一种说法正确?(　)

A. 电荷在电场中某点受到的电场力很大,该点的电场强度必很大

B. 在某一点电荷附近的任一点,如果没有把试验电荷放进去,则这点的电场强度为零

C. 如果把质量为 m 的点电荷 q 放在一场中,由静止状态释放,电荷一定沿电场线运动

D. 电场线上任一点的切线方向,代表点电荷 q 在该点处获得的加速度方向

11. 如图 9-46 所示为一具有球对称性分布的静电场的 E-r 关系曲线,指出该静电场是由下列哪种带电体产生的?(　)

A. 半径为 R 的均匀带电球面

B. 半径为 R 的均匀带电球体

C. 半径为 R、电荷体密度 $\rho = Ar$(A 为常量)的非均匀带电球体

D. 半径为 R、电荷体密度 $\rho = A/r$(A 为常量)的非均匀带电球体

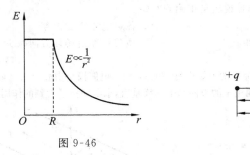

图 9-46　　　　　　　　　　　　　　　图 9-47

12. 如图 9-47 所示,在点电荷 $+q$ 的电场中,若取 P 点处为电势零点,则 M 点的电势为(　)。

A. $\dfrac{q}{4\pi\varepsilon_0 a}$ 　　　　 B. $\dfrac{q}{8\pi\varepsilon_0 a}$ 　　　　 C. $\dfrac{-q}{4\pi\varepsilon_0 a}$ 　　　　 D. $\dfrac{-q}{8\pi\varepsilon_0 a}$

13. 有一半径为 b 的圆环状带电导线,其轴线上有两点 P_1 和 P_2,到环心距离如图 9-48 所示,设无穷远处电势为零,P_1、P_2 点的电势分别为 U_1、U_2,则 U_1/U_2 为(　)。

A. 1/3 　　　　　　 B. 2/5 　　　　　　 C. 1/2 　　　　　　 D. $\sqrt{5/2}$

14. 如图 9-49 所示,在点电荷 $+q$、$-q$ 产生的电场中,a、b、c、d 为同一直线上等间距的四个点,若将一点电荷 $+q_0$ 由 b 点移到 d 点,则电场力(　　)。

　　A. 做正功　　　　　　B. 做负功　　　　　　C. 不做功　　　　　　D. 不能确定

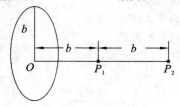

图 9-48

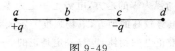

图 9-49

15. 如图 9-50 所示,将 $q=1.7\times10^{-8}$ C 的点电荷从电场中的 A 点移到 B 点,外力需做功 5.0×10^{-6} J,则(　　)。

　　A. $U_B-U_A=-2.94\times10^2$ V,B 点电势低

　　B. $U_B-U_A=-2.94\times10^2$ V,B 点电势高

　　C. $U_B-U_A=2.94\times10^2$ V,B 点电势低

　　D. $U_B-U_A=2.94\times10^2$ V,B 点电势高

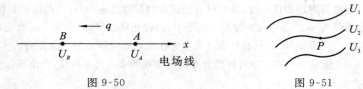

图 9-50　　　　　　　　　　　　　　　　图 9-51

16. 如图 9-51 所示,U_1、U_2、U_3 为相邻前三个等势面,它们的关系为 $U_1>U_2>U_3$,则 P 点场强 E 的方向为(　　)。

　　A. 沿 P 点切线方向　　　　　　　　　B. 垂直 U_2 指向 U_1

　　C. 垂直 U_2 指向 U_3　　　　　　　　D. 无法判断

17. 在均匀静电场中,下列哪种说法是正确的?(　　)

　　A. 各点电势相等　　　　　　　　　　B. 各点电势梯度相等

　　C. 电势梯度沿场强方向增加　　　　　D. 电势梯度沿场强方向减少

三、计算题

1. 如图 9-52 所示,在正点电荷 Q 的电场中有一电偶极子,电偶极子中心与点电荷之间的距离 r 比电偶极子的长度 l 大得多,若电偶极子的方向与电场线垂直,求电偶极子受到的作用力与力矩。

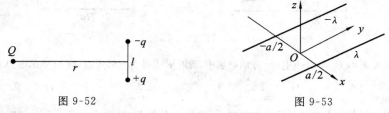

图 9-52　　　　　　　　　　　　　　　　图 9-53

2. 如图 9-53 所示,在 Oxy 平面内有与 y 轴平行、位于 $x=a/2$ 和 $x=-a/2$ 处的两条无限长平行的均匀带电细线,电荷线密度分别为 $+\lambda$ 和 $-\lambda$,求 z 轴上任一点的电场强度。

3. 一段半径为 a 的细圆弧,对圆心的张角为 θ_0,其上均匀分布有正电荷 q,如图 9-54 所示,

试以 a、q、θ_0 表示出圆心 O 处的电场强度。

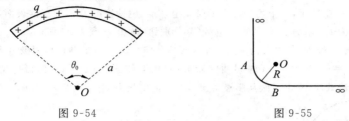

图 9-54　　　　　　　　　　　　　　　　图 9-55

4. 电荷线密度为 λ 的无限长均匀带电线,弯成如图 9-55 所示的形状,若圆弧半径为 R,试求图中 O 点场强。

5. 如图 9-56 所示,一电荷面密度为 σ 的"无限大"平面,在距离平面 a 远处的一点的场强大小的一半是由平面上一个半径为 R 的圆面积范围内的电荷所产生的,试求该圆半径的大小。

6. 实验证明,地球表面上方电场不为零,晴天时大气电场的平均强度为 120 V/m,方向向下,这意味着地球表面上有多少过剩电荷? 试以每平方厘米的额外电子数来表示。

7. 如图 9-57 所示,求一无限大均匀带电厚壁的电场分布,壁厚为 D,电荷体密度为 ρ,画出 E-d 曲线,d 为垂直于壁面的坐标,原点在厚壁的中点。

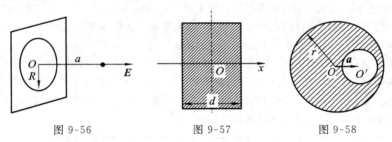

图 9-56　　　　　　　图 9-57　　　　　　　图 9-58

8. 一个电荷体密度为 ρ(常量)的球体。(1) 证明球内距球心 r 处一点的电场强度为 $\boldsymbol{E}=\dfrac{\rho}{3\varepsilon_0}\boldsymbol{r}$;

(2) 若在球内挖去一个小球,如图 9-58 所示,证明小球空腔内的电场是匀强电场 $\boldsymbol{E}=\dfrac{\rho}{3\varepsilon_0}\boldsymbol{a}$,式中 $\boldsymbol{a}$ 是球心至空腔中心的距离矢量。

9. 一半径为 R 的带电球体,其电荷体密度分布为 $\rho=\begin{cases}Ar\ (r<R),\\ 0\ (r>R),\end{cases}$ 其中 A 为一常数,试求球体内、外的场强分布。

10. 如图 9-59 所示,在电矩为 p 的电偶极子的电场中,将一电量为 q 的点电荷从 A 点沿半径为 R 的圆弧(圆心与电偶极子中心重合,R 远大于电偶极子正负电荷之间距离)移到点 B,求此过程中电场力所做的功。

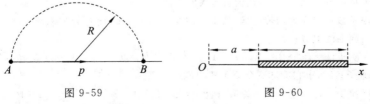

图 9-59　　　　　　　　　　　　图 9-60

11. 如图 9-60 所示为一沿 x 轴放置的长度为 l 的不均匀带电细棒,其电荷线密度为 $\lambda=$

$\lambda_0(x-a)$，λ_0 为一常量。取无穷远处为电势零点，求坐标原点 O 处的电势。

12. 如图 9-61 所示，一个均匀分布的带正电球层，电荷密度为 ρ，球层内表面半径为 R_1，球层外表面半径为 R_2，求 A 点和 B 点的电势（其分别到球心的距离为 r_A 和 r_B）。

13. 一真空二极管，其主要构件是一个半径 $R_1=5\times10^{-4}$ m 的圆柱形阴极 A 和一个套在阴极外的半径 $R_2=4.5\times10^{-3}$ m 的同轴圆筒形阳极 B，如图 9-62 所示，阳极电势比阴极的高 300 V，忽略边缘效应，求电子刚从阴极射出时所受的电场力（电子电荷 $e=1.6\times10^{-19}$ C）。

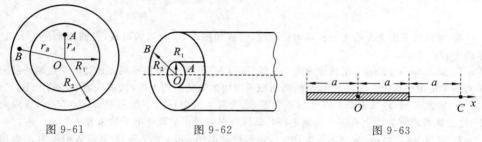

　　图 9-61　　　　　　　图 9-62　　　　　　　图 9-63

14. 真空中一均匀带电细直杆，长度为 $2a$，总电量为 $+Q$，沿 Ox 轴固定放置（见图 9-63），一运动粒子质量为 m、带有电量 $+q$，在经过 x 轴上的 C 点时速率为 v_C，试求：(1) 粒子经过 x 轴上的 C 点时，它与带电杆之间的相互作用电势能（设无穷远处为电势零点）；(2) 粒子在电场力的作用下运动到无穷远处的速率 v_∞（设 v_∞ 远小于光速）。

15. 电子直线加速器的电子轨道由沿直线排列的一长列金属筒制成，如图 9-64 所示。单数和双数圆筒分别连在一起，接在交变电源的两极上。由于电势差的正负交替改变，可以使一个电子团（延续几个微秒）依次越过两筒间隙时总能被电场加速（圆筒内没有电场，电子做匀速运动）。这要求各圆筒的长度必须依次适当加长。

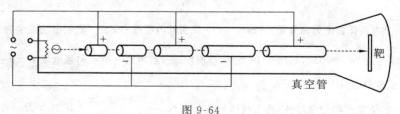

图 9-64

(1) 证明要使电子团发出和跨越每个圆筒间隙时都正好被电势差的峰值加速，圆筒长度应依次为 $L_1 n^{\frac{1}{2}}$，其中 L_1 是第一个筒的长度，n 为圆筒序数（考虑非相对论情况）。

(2) 设交变电势差的峰值为 U_0，频率为 f，求 L_1 的长度。

(3) 电子从第 n 个筒出来时，动能有多大？

16. 金原子核可当作均匀带电球，其半径约 6.9×10^{-15} m，电荷为 $79e$，求：

(1) 它表面上的电势；

(2) 当一质子（$e=1.6\times10^{-19}$ C，$m=1.67\times10^{-27}$ kg）以 1.2×10^7 m/s 的初速度从很远的地方射向金原子核时，求它能达到金原子核的最近距离。

17. 带电粒子经过加速电压加速后，速度增大。已知电子质量 $m_e=9.11\times10^{-31}$ kg。

(1) 设电子质量与速度无关，把静止电子加速到光速 $c=3\times10^8$ m/s，要多高的电压 U？

（2）对于高速运动的物体来说，上面的算法不对，根据相对论，物体的动能不是 $\frac{1}{2}mv^2$，而是 $m_e c^2\left(\dfrac{1}{\sqrt{1-v^2/c^2}}-1\right)$，按照这公式，静止电子经过上述电压 U 加速后，速度 v 是多少？它是光速 c 的百分之几？

（3）按照相对论，要把电子加速到 c，需多高的电压？这可能吗？

18. 轻原子核（如氢及其氘、氚的原子核）结合成较重原子核的过程，叫核聚变。核聚变过程可以释放大量的能量。例如，四个质子结合成一个氦原子核（α 粒子）时，可释放出 28 MeV 的能量实现核聚变。困难在于原子核都带正电，互相排斥，在一般的情况下不能互相靠近而发生结合，只有在极高的温度下，热运动的速度非常大，才能冲破库仑排斥力的壁垒，碰到一起发生结合，这叫热核反应，根据统计物理学，热力学温度为 T 时，粒子的平均平动动能为 $\frac{1}{2}m\overline{v}^2=\frac{3}{2}kT$。式中，质子 $m=1.67\times10^{-27}$ kg，质子电荷 1.6×10^{-19} C，半径 $r=1\times10^{-15}$ m，$k=1.38\times10^{-23}$ J/K。

试计算：

（1）一个质子以怎样的动能（以 eV 表示）才能从很远处到达与另一个质子接触的距离？

（2）平均热运动动能达到此数值时，温度 T 为多少？

第 10 章　静电场中的导体和电介质

第 9 章研究了真空中的静电场,阐明了当带电体周围没有其他物质时,带电体周围产生的场的基本性质和规律。但是,当带电体周围存在物质时,这些物质对原带电体产生的场会有什么影响呢? 这里很显然就要求对放入场中的物质有所了解。

从物质电结构理论的观点来看,任何物体都可能带电。按导电性能的不同,物体可分为以下三类。

(1) 导体。当物体的某部分带电后,如果能够把所带的电荷迅速地向其他部分传播开来,则这种物体称为导电体,简称导体。例如,各种金属和碱、酸或盐的溶液即化学上的电解质均为导体。

(2) 绝缘体(电介质)。如果物体某部分带电后,其电荷只能停留在该部分,而不能显著地向其他部分传播,这种不导电的物体称为绝缘体,又称电介质。如玻璃、石蜡、硬橡胶、塑料、松香、丝绸、瓷器、纯水、干燥空气等都是电介质。由于电介质很难导电,所以它容易带电。

(3) 半导体。导电性能介于导体和绝缘体两者之间的物质称为半导体。

本章将讨论导体和电介质在电场中的表现和行为,并介绍导体的电容和电容器及静电场的能量等内容。

10.1　静电场中的导体

10.1.1　导体的静电平衡条件

1. 导体的特征

我们平时所遇到的物体,从导电能力上分为导体、半导体、绝缘体。导体最易导电,绝缘体的导电性能最差,半导体的导电性能介于导体和绝缘体之间。导体的导电性能为什么会最好呢? 这是因为导体中存在着大量的能自由运动的电子,这就是导体的特征。

2. 静电平衡

以静电场中的导体为例来说明静电平衡的概念。在正常情况下,导体不放入电场时,它是不带电的,这说明导体中虽然有自由电子,但导体中的正负电荷的代数和等于零。由于热运动,挣脱了原子束缚的电子及留下来的正电荷都在各自的平衡位置附近作杂乱无章的热运动,在空间各处它们的密度均匀且相等。但将导体放入电场中情况就不同了,这些自由电子要受到电场力的作用而运动,就使得导体中的电子会重新分布。当然,这种分布不会无休止地进行下去,因为导体内重新分布的电荷也会产生电场,当重新分布的电荷产生的场强与外加电场相等时,其内部电场的矢量和就等于零,体内的电子受到的电场力就等于零,这时电子的重新分布就达到了动态平衡,从宏观上看,电荷的分布达到了稳定状态。这也就是我们所讲的静电平衡。

静电平衡:指电荷的分布不随时间变化而发生变化(或电荷无宏观运动)的状态。

3. 导体的静电平衡条件

因为静电平衡状态是指导体内电荷分布的稳定状态,要满足这个条件,只要导体中的电荷受的合力为零即可。由此可以推得导体的静电平衡条件如下。

(1)导体内部任一点的合场强为零。

导体表面会怎样呢?可以想见,要使导体表面上的电子不运动,只要满足表面处场强沿切线方向的分量为零的条件就可以了。

(2)导体表面附近任何一点的场强方向垂直于该点导体的表面。

(3)从电势来看,因为场强垂直于表面,故沿导体表面移动电荷时,其电势的增量等于零,这就意味着导体内部和表面各点电势相等,即导体是个等势体。

10.1.2　导体的电荷分布

1. 导体内部

在达到静电平衡时,导体内部处处没有未被抵消的净余电荷(即导体内部的电荷体密度为零),电荷只分布在外表面。

证明(反证法)　设体内有净余电荷,作一个高斯面包围之,即得该面上场强不一定处处为零,这与静电平衡条件相矛盾,所以结论成立。

若导体内有空腔,空腔内无电荷时,同样可以证明,导体内部和内表面也无净余电荷,电荷只分布于外表面。

2. 导体表面电荷分布规律

(1)表面场强与该处导体表面的电荷面密度 σ 的关系(见图 10-1)为

$$E = \frac{\sigma}{\varepsilon_0} \tag{10-1}$$

证明　作一小柱面为高斯面,对此高斯面使用定理,有

$$\oiint_S \boldsymbol{E} \cdot \mathrm{d}\boldsymbol{S} = \oiint_{S_1} \boldsymbol{E} \cdot \mathrm{d}\boldsymbol{S} + \oiint_{S_2} \boldsymbol{E} \cdot \mathrm{d}\boldsymbol{S} + \oiint_{S_3} \boldsymbol{E} \cdot \mathrm{d}\boldsymbol{S}$$

$$= 0 + 0 + E\Delta S = \sum_i \frac{q_i}{\varepsilon_0}$$

即
$$E = \frac{\sigma}{\epsilon_0}$$

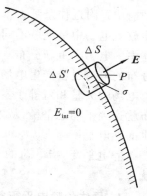

图 10-1　导体表面电荷
　　　　与场强的关系

（2）表面曲率的影响，尖端放电。

实验表明：曲率越大（曲率半径越小）处，电荷的表面密度也越大，故场强 E 也越大（只对孤立导体成立）。

这就是说，在导体表面曲率半径越小（越尖锐）的地方，电荷面密度越大，靠近该处表面的场强也越强，因此，在导体的尖端附近的场强特别强。当尖端处电荷集聚到使该处附近的场强大于使周围的空气所能耐受的场强时，就发生了空气被击穿而放电的现象，即通常所说的尖端放电现象。

避雷针就是应用尖端放电的原理防止雷击对建筑物的破坏。避雷针尖的一端伸出在建筑物的上空，另一端通过较粗的导线接到埋在地下的金属板。由于避雷针尖端处的场强特别大，因而容易产生尖端放电，在没有雷击之前，经过避雷针缓慢而持续地放电，及时中和雷雨云中的大量电荷，从而防止了雷击对建筑物的破坏，从这个意义上说，避雷针实际上是一个放电针。要使避雷针起作用，必须保证避雷针有足够的高度和良好的接地，一个接地通路损坏的避雷针，将更易使建筑物遭受雷击的破坏。在高压电器设备中，为了防止因尖端放电而引起的危险和电能的消耗，应采用表面光滑的较粗的导线；高压设备中的电极也要做成光滑的球状曲面。

3. 静电屏蔽

前面已指出，把导体放到电场中，将产生静电感应现象，在静电平衡时，感应电荷分布在导体的外表面，导体内部的场强处处为零，整个导体是等势体，但电势值与外电场的分布有关。如果将任意形状的空心导体置于静电场中，如图 10-2(a)所示，达到静电平衡时，由于导体内表面无净电荷，空腔空间电场为零，所以电场线将垂直地终止于导体的外表面，而不能穿过导体进入空腔，从而使放在导体空腔内的物体不受外电场的影响。这种现象称为静电屏蔽。

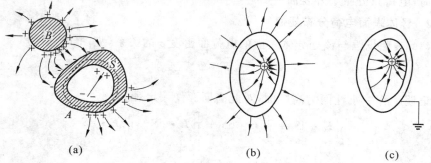

(a)　　　　　　　　　　(b)　　　　　　　　　　(c)

图 10-2　空心导体的静电屏蔽作用

　　利用静电屏蔽,也可使空心导体内任何带电体的电场不对外界产生影响。如图 10-2(b)所示,把带电体放在原来是电中性的金属壳内,由于静电感应,在金属壳的内表面将感应出等量异号电荷,而金属壳的外表面将感应出等量同号电荷。这时金属壳外表面的电荷的电场就会对外界产生影响。如果把金属壳接地(见图 10-2(c)),则外表面的感应电荷因接地被中和,相应的电场随之消失。这样,金属壳内带电体的电场对壳外不再产生任何影响了。

　　总之,一个接地的空腔导体可以隔离空腔导体内、外静电场的相互影响,如高压电气设备周围的金属栅网、电子仪器上的屏蔽罩等,就是应用了静电屏蔽的原理。

　　静电屏蔽研究和应用一直得到人们的广泛关注。

　　比如利用静电平衡下导体表面等电势和静电屏蔽等原理,在高压输电线路和设备的维护及检修工作中,创造了高压带电自由作业的新技术。下面从原理上作简要分析。

　　高压输电线上电压是很高的,但它与铁塔间是绝缘的,当检修人员登上铁塔和高压线接近时,由于人体和铁塔与地相通,高压线与人体间有很大的电势差,其间存在很强的电场,这个电场足以使周围的空气电离而放电,危及人体安全。为解决这个问题,通常运用高绝缘性能的梯架,作为人从铁塔走向输电线的过道,这样,人在梯架上,就完全与地绝缘,当与高压线接触时,就会和高压线等电势,不会有电流通过人体流向大地。但是,由于输电线上通有交流电,在电线周围有很强的交变电场,因此,只要人靠近电线,就会在人体中有较强的感应电流而危及生命。为解决这个问题,利用静电屏蔽原理,用细铜丝(或导电纤维)和纤维编织在一起制成导电性能良好的工作服(通常称屏蔽服),它把手套、帽子、衣裤和袜子连成一体,构成一导体网壳,工作时穿上这种屏蔽服,就相当于把人体用导体网罩起来,这样,交变电场不会深入到人体内,感应电流也只在屏蔽服上流通,避免了感应电流对人体的危害。即使在手接触电线的瞬间,放电也只是在手套与电线之间产生,这时人体与电线仍有相等的电势,检修人员就可以在不停电的情况下,安全自由地在几十万伏的高压输压线上工作。

　　又如,由于静电产生的多样性,如摩擦起电、感应起电、剥离起电、破裂起电、电解起电等,这些静电电压从几百伏到数万伏不等,这些能量不大的静电,却给我们带来不小的损害,仅以集成电路行业来看,每年由于静电作用而使集成电路产品失效带来的直接经济损失高达数十亿美元。所以,如何减少静电带来的危害,一直是人们研究的热门话题。

10.2　导体的电容　电容器

10.2.1　孤立导体的电容

　　要掌握好电容的概念,还得从孤立导体讲起,所谓孤立导体是指这个导体的周围没有其他的导体和带电体。对孤立导体来说,无论从公式上还是从实验结果,都可以得到:导体的电量越大,该导体的电势就越大。如一个孤立的球形导体,其电势为 $U = \dfrac{Q}{4\pi\varepsilon_0 R}$,由此可见,电势不仅与 Q 有关,还与 R 有关,即还与导体的大小有关,对其他形状的带电体,如电荷面密度为 σ 的均匀带电圆盘,不难求出在过圆盘中心、距中心为 x 处轴线的电势为

$$U = \frac{\sigma}{2\varepsilon_0}\left[(R^2 + x^2)^{\frac{1}{2}} - x\right]$$

$$U\big|_{x=0} = \frac{\sigma}{2\varepsilon_0}R = \frac{Q}{2\pi R\varepsilon_0}$$

由此可见,U 的大小不仅与 Q 的大小有关,还与导体的线度(即大小)R、导体的形状有关,若让这两种线度相同的导体具有相等的电势,则要求它们所容纳的电量将不同。为了表示导体的这种容电能力,引入电容这个概念。

1. 电容的概念

通过实验可以确定,一个形状、大小确定的孤立导体,其电势与电量成正比,即电量与电势的比值为一常数。将

$$C = Q/U \tag{10-2}$$

称为该导体的电容,它是与导体所带电量无关而仅由导体本身性质决定的一个常数。

电容的物理意义可以从以下两个方面来体会。

(1) 在式(10-2)中令 $U=1$,则 $C=Q$,即电容等于导体具有单位电势时所带的电量。

(2) 因为 $Q=CU$,所以

$$Q_1 = CU_1, \quad Q_2 = CU_2$$
$$Q_2 - Q_1 = C(U_2 - U_1)$$
$$C = (Q_2 - Q_1)/(U_2 - U_1) = \Delta Q/\Delta U$$

即导体的电容等于其电势增加一个单位时所需要增加的电量。

注意:不能说 Q 越大,C 就越大;$Q=0$,$C=0$,因为导体的电容是由其本身的形状、大小决定的,一个形状、大小确定了的导体,其电容就定下来了,与它所带的电量、电势无关。我们只不过用 $C=Q/U$ 来量度它而已,就像 $m=F/a$ 一样,我们不能说物体的质量与所受的外力成正比,与物体的加速度成反比。

2. 电容的单位

$$1\ 法 = 1\ 库/伏$$

1 法(拉)到底有多大呢?我们不妨设地球是一个孤立导体球,则由电势与电荷的关系

$$U = \frac{Q}{4\pi\varepsilon_0 R}$$

有　　　　　　　　$C_{地} = Q/U = 4\pi\varepsilon_0 R = 7.8 \times 10^{-4}$ 法

可见,法拉这个单位太大,连地球这么大一个导体球,其电容只有 10^{-4} 法拉。

所以常用单位为

$$1 \text{ 微法}(\mu F) = 10^{-6} \text{法}$$

$$1 \text{ 皮法}(pF) = 10^{-12} \text{法}$$

10.2.2　电容器的电容

对于非孤立导体,其 Q/U 不仅取决于导体本身的大小、形状,还与周围的其他带电体的形状、大小及相对位置有关。这种关系一般较复杂,只讨论一种特殊而很有意义的情况即电容器的电容。

1. 电容器的定义

两导体组成的系统,假如它们所带的电量与两导体的电势差(常称为电压)成正比,比值与外界情况无关,则称这两种导体的组合为电容器。

2. 电容定义式

由定义可知,电容器所带的电量与电压之比为一常数,就定义这个比值为电容器的电容,即

$$C = Q/\Delta U \tag{10-3}$$

式中,ΔU 为两导体的电势差。若两导体相距为无穷大,则电容定义为式(10-2)。

3. 电容的计算

根据电容器电容的定义式,计算几种常见电容器的电容。

(1) 平行板电容器的电容。

相互平行、间距为 d、板面线度远大于 d 的两导体板组成的系统称为平行板电容器(见图 10-3)。

设 A 板带正电,因为 S 很大,d 很小,除边缘部分外,可以认为极板带电是均匀的(即不计边缘效应),则

$$E = \frac{\sigma}{\varepsilon_0}$$

$$U_A - U_B = Ed = \frac{\sigma}{\varepsilon_0}d = \frac{qd}{\varepsilon_0 S}$$

所以　　　$C = \dfrac{q}{U_A - U_B} = \dfrac{\varepsilon_0 S}{d}$　　　(10-4)

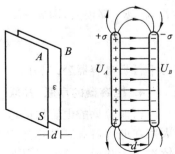

图 10-3　平行板电容器

（2）圆柱形电容器。

圆柱形电容器由两个同轴的圆柱面构成（见图 10-4），设圆柱面的内外极板的半径分别为 R_A、R_B，长为 l，在 $l \gg R_B - R_A$ 时，不计边缘效应，因为 $R_B - R_A$ 之间场强为

$$E = \frac{\lambda}{2\pi\varepsilon_0 r}$$

所以

$$U_A - U_B = \int_{R_A}^{R_B} \frac{\lambda}{2\pi\varepsilon_0 r} \mathrm{d}r = \frac{\lambda}{2\pi\varepsilon_0} \ln \frac{R_B}{R_A}$$

故

$$C = \frac{q}{U_A - U_B} = \frac{\lambda l}{\frac{\lambda}{2\pi\varepsilon_0} \ln \frac{R_B}{R_A}} = \frac{2\pi\varepsilon_0 l}{\ln \frac{R_B}{R_A}} \tag{10-5}$$

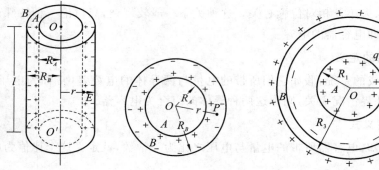

图 10-4　圆柱形电容器　　　　　　　图 10-5　球形电容器

（3）球形电容器。

两同心导体球壳组成的电容器称为球形电容器（见图 10-5）。

设内球壳带电 q，则

$$U_A - U_B = \frac{q}{4\pi\varepsilon_0} \left(\frac{1}{R_A} - \frac{1}{R_B} \right)$$

$$C = \frac{q}{U_A - U_B} = \frac{4\pi\varepsilon_0 R_A R_B}{R_B - R_A} \tag{10-6}$$

若 R_B、R_A 都很大，则 $d = R_B - R_A \ll R_A$，$R_B \approx R_A = R$，所以

$$C = \frac{q}{U_A - U_B} = \frac{4\pi\varepsilon_0 R^2}{d} = \frac{S\varepsilon_0}{d}$$

与平行板电容器公式相同。

4. 电容器的串联、并联

市面常见的电容器的电容值、耐受电压值都是确定、为数不多的几种参数，如大家在电容器看到的标注 100 μF、250 V 和 470 μF、60 V 表示该电容器的电容值依次为 100 μF、470 μF，正常工作时耐受的电压依次为 250 V、60 V。但是，实际使用中很难找到正好满足要求的市售电容器。为了满足实际的需要，就出现将电容

器串联或并联起来使用的方法。

（1）电容器的串联。

设想将 C_1、C_2、$\cdots$、C_n 个电容器依次头尾相连接（见图 10-6），每一个电容器上电量都是 q，即

$$U_A - U_B = \Delta U_1 + \Delta U_2 + \cdots + \Delta U_n$$
$$C = q/(U_A - U_B) = q/(\Delta U_1 + \Delta U_2 + \cdots + \Delta U_n)$$
$$= 1/(\Delta U_1/q + \Delta U_2/q + \cdots + \Delta U_n/q)$$
$$= 1/(1/C_1 + 1/C_2 + \cdots + 1/C_n)$$

即　　　　　　　　　　$$1/C = 1/C_1 + 1/C_2 + \cdots + 1/C_n \tag{10-7}$$

式（10-7）说明，多个电容串联后的总电容的倒数等于各个电容的倒数之和，而耐受的电压为各个电容耐受电压之和。

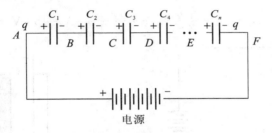

图 10-6　电容器的串联

（2）电容器的并联。

$$C = (q_1 + q_2 + \cdots + q_n)/(U_A - U_B) = C_1 + C_2 + \cdots + C_n \tag{10-8}$$

式（10-8）说明，多个电容并联后的总电容等于各个电容之和，而耐受的电压应取各个电容耐受电压的最小者，且不能小于所加的电源电压（见图 10-7）。

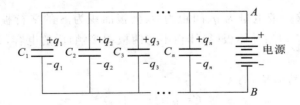

图 10-7　电容器的并联

以上是电容器的两种基本连接方法，在实际上，还有混合连接法，即并联和串联一起应用。

例 10-1　有三个相同的电容器，电容均为 $C_1 = 3 \ \mu\text{F}$，相互连接如图 10-8 所示，今在两端加上电压 $U_A - U_D = 450 \ \text{V}$，求：（1）电容器 1 上的电量；（2）电容器 3 两端的电势差。

解 （1）设 C 为这一组合的总电容，q_1 为电容器 1 上的电量，也就是这一组合所储蓄的电量，且

$$q_1 = C(U_A - U_D)$$

$$C = \frac{C_1 \times 2C_1}{C_1 + 2C_1} = \frac{2}{3}C_1$$

所以　　　　$q_1 = \frac{2}{3}C_1(U_A - U_D) = \left(\frac{2}{3} \times 3 \times 10^{-6} \times 450\right) C = 9 \times 10^{-4}\ C$

（2）设 q_2 和 q_3 分别为电容器 2 和电容器 3 上所带电量，则

$$U_B - U_D = \frac{q_2}{C_1} = \frac{q_3}{C_1}$$

因为 $q_1 = q_2 + q_3$，而由上式又有 $q_2 = q_3 = \dfrac{q_1}{2}$，于是得

$$U_B - U_D = \frac{1}{2}\frac{q_1}{C_1} = \frac{1}{2} \cdot \frac{9 \times 10^{-4}}{3 \times 10^{-6}}\ V = 150\ V$$

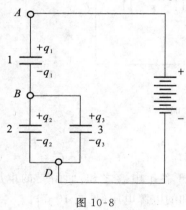

图 10-8

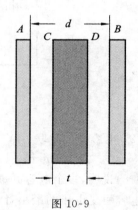

图 10-9

例 10-2 求一带电量为 q、间距为 d、极板面积为 S 的平行板电容器，在其间插入厚度为 $t(t<d)$ 的导体板（导体板不与两板相接触）后的电容，并与插入前比较（见图 10-9）。

解 不计边缘效应，有

$$C = q/(U_A - U_B)$$

$$U_A - U_B = \int_A^C \boldsymbol{E} \cdot \mathrm{d}\boldsymbol{l} + \int_C^D \boldsymbol{E} \cdot \mathrm{d}\boldsymbol{l} + \int_D^B \boldsymbol{E} \cdot \mathrm{d}\boldsymbol{l} = \frac{\sigma}{\varepsilon_0}(d - t)$$

所以　　　　　　　　　　　　$C = \dfrac{\varepsilon_0 S}{d - t}$

未加入前，有　　　　　　　　　$C_0 = \dfrac{\varepsilon_0 S}{d}$

显见，$C_0 < C$，即插入导体板后，电容器的电容增加了，其根本原因就是：由于

导体的插入,使插入的导体板两面出现感应电荷,从而使 A、B 两板之间场强不为零的空间减小了,从而使 U 减小、C 增大,但是,如果插入的不是导体板,而是木板或玻璃板,A、B 两板的 U 还会减小吗? C 还会增加吗? 为此请看 10.3 节。

10.3　电场中的电介质　电介质的极化

10.3.1　电介质及其极化

1. 什么是电介质

不导电的绝缘物质称为电介质。

注意:电介质是相对的,电介质击穿后就成导体了。

2. 电介质的特点

(1) 电介质内部的原子对核外电子束缚很紧,内部电子很难挣脱原子的束缚成为自由电子,即电介质内部无自由电子。

(2) 把电介质放入电场中后,其中的电荷也要重新分布,从而影响空间的电场的分布。

电介质中无自由电子,把它放入电场中后,电荷为什么会重新分布呢? 这要从电介质的电结构谈起。

3. 电介质的分类

(1) 无极分子电介质:无外场时,原子的正负电荷中心是重合的,如 H,这时负电荷虽然不在 $+e$ 上,但它绕 $+e$ 高速旋转,它对外显出的电场就像 $-e$ 位于 $+e$ 处一样,故正负电荷的中心是重合的。再如 H_2、CH_4(甲烷)等也是一样。

(2) 有极分子电介质:无外场时,正负电荷中心不重合,这时,单个分子对外界所显的电性与电偶极子类似,如 SO_2、H_2S、NH_3(氨)、有机酸等,就属于此类情况。

平时之所以观察不到这类物质带电,是因为即使宏观很小的体积内,也存在着大量的有极分子,由于分子的热运动,这些等效的电偶极子的取向是杂乱无章的,对外界显示的电场相互抵消了,故平时我们观察不到它是显电性的。但将它放入外场中就不同了,存在一种称做极化的物理过程。

4. 电介质的极化

(1) 极化:在电场中,电介质中的电荷重新分布的现象称为极化。

由于分属的两类电介质的电结构不同,所以它们的极化机制也不同。

(2) 无极分子电介质的极化:位移极化。

无极分子在电场中的受力如图 10-10 所示,在电介质内部任一体积元内,电荷的体密度仍为零,在表面就不同了,出现了由于极化产生的电荷层。

极化电荷:由于极化在介质表面出现的电荷称为极化电荷。

极化机制:由图 10-10 可见,无极分子电介质极化的本质是,原子中的电荷受

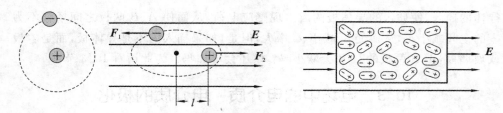

图 10-10　无极分子极化示意图

电场力的作用,使正负电荷中心发生位移造成的。所以,这种极化称为位移极化。

（3）有极分子电介质的极化。

以前我们讲过,电偶极子在外场中要受到力矩的作用,结果使电偶极子的电偶极矩有沿外场方向排列的趋势,如图 10-11 所示。

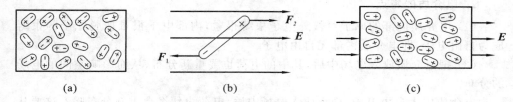

(a)　　　　　　　　　　(b)　　　　　　　　　　(c)

图 10-11　有极分子极化示意图

无外场时,各分子的电偶极矩的排列是杂乱无章的;当有外场时,各分子都将受到外力矩的作用,使各电矩沿外场方向取向排列。这种取向排列的结果,仍会使电介质的两个端面出现极化电荷。

可见,有极分子极化的本质是由各个电矩受到外力矩的作用,从而取向排列引起的。

注意:

① 极化电荷与自由电荷的差别是,它们不会在介质中自由运动,且正负电荷总是成对地束缚在一起的,故极化电荷也常称为束缚电荷;

② 位移极化在任何电介质中都存在,而取向极化只在有极分子电介质中出现。

但由于它们的宏观效果(使介质表面出现极化电荷)都一样,故以后不再区分这两种极化。

10.3.2　电极化强度 P

1. 电极化强度 P 的定义

当电介质未被极化时,在电介质中任取一个小体积元 ΔV 来看,容易发现,无论何种电介质,其中的各分子的电偶极矩的矢量和 $\sum_i \boldsymbol{p}_i = \sum_i q\boldsymbol{l}_i$ 必等于零。若电介质放入外场中,则由于取向或位移(或两者兼有)极化,在 ΔV 内各分子的电偶极矩矢量和 $\sum_i \boldsymbol{p}_i$ 必不为零;外场越强,则分子沿外场方向排列的越整齐,矢量和就越大。为了定量地描述电介质在外场中的极化程度,引入电极化强度的概念。

$$P = 单位体积内各分子的电偶极矩的矢量和$$
$$= \sum_i p_i / \Delta V \tag{10-9}$$

2. 电极化强度物理意义

电极化强度反映了电介质在外场中被极化强弱的程度。

3. 特例

(1) 均匀极化。

若介质内各点 P 的大小、方向都相同,则称这种极化为均匀极化。

(2) 非均匀极化。

若 $P \neq$ 恒矢量,是各点的函数,则称这种极化为非均匀极化。

(3) 真空中的电极化强度 $P_{真空} = 0$,因为极化强度是各分子电偶极矩的矢量和,真空中无任何分子,也就无极化可言。

(4) 导体内极化强度也必等于零,因为在静电平衡情况下,导体内部场强处处为零,故原子中电子不可能受外电场的作用,所以不可能发生极化。

10.3.3　极化强度 P 与合场强 E 的关系

极化既然是由外电场引起的,且随外电场的强弱而变,故极化强度必与场强有某种关系。

实验表明:对各向同性的电介质,其内部任意一点处的电极化强度 P 与该点的合场强 E 成正比,即

$$P = \chi_e \varepsilon_0 E \tag{10-10}$$

式中,χ_e 为比例系数,也称电极化率,它是随电介质而异的一个纯数。

10.3.4　极化强度 P 与极化电荷的关系

极化电荷是由于电介质极化所产生的,因此极化强度与极化电荷之间必定存在某种关系。

1. 极化强度 P 与极化电荷面密度 σ' 的关系

对于均匀极化的情形,极化电荷只出现在电介质的表面上。在极化了的电介质内切出一个长度为 l、底面积为 ΔS 的斜柱体,使极化强度 P 的方向与斜柱体的轴线相平行,而与底面的外法线 n 的方向成 θ 角,如图 10-12 所示。出现在两个端面上的极化电荷面密度分别用 $+\sigma'$ 和 $-\sigma'$ 表示。可以把整个斜柱体看作一个"大电偶极子",它的电矩为 $(\sigma' \Delta S) l$,显然这个电矩是

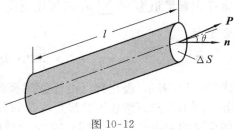

图 10-12

由斜柱体内所有分子电偶极矩提供的。所以,斜柱体内分子电偶极矩的矢量和可以表示为

$$\left| \sum_i \boldsymbol{p}_i \right| = (\sigma' \Delta S) l$$

斜柱体的体积为

$$\Delta V = \Delta S l \cos\theta$$

根据式(10-9),极化强度可表示为

$$P = \frac{\left| \sum_i \boldsymbol{p}_i \right|}{\Delta V} = \frac{\sigma' \Delta S l}{\Delta S l \cos\theta} = \frac{\sigma'}{\cos\theta}$$

由此得到

$$\sigma' = P\cos\theta = P_n$$

或者　　　　　　　　　　$$\sigma' = \boldsymbol{P} \cdot \boldsymbol{n} \tag{10-11}$$

式中,P_n 为极化强度沿介质表面外法线方向的分量。式(10-11)表示,极化电荷面密度等于极化强度沿该面法线方向的分量。对于图 10-12 中的斜柱体,在右底面上,$\theta < \pi/2$,$\cos\theta > 0$,σ' 为正值;在左底面上,$\theta > \pi/2$,$\cos\theta < 0$,a' 为负值;而在侧面上,$\theta = \pi/2$,$\cos\theta = 0$,σ' 为零值。

2. 极化强度 $\boldsymbol{P}$ 的通量与极化电荷面的关系

为了得出极化强度与极化电荷更一般的关系,我们任作一闭合柱面 S,与极化强度为 $\boldsymbol{P}$ 且沿轴线方向极化的电介质斜柱体相截,截面为 S',如图 10-13 所示。在闭合曲面 S 上取面元 dS,在等式(10-11)两边同乘以 dS,并对整个曲面 S 积分,得

$$\oiint_S \boldsymbol{P} \cdot d\boldsymbol{S} = \oiint_S \sigma' dS$$

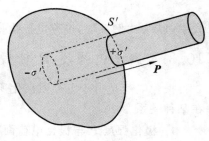

图 10-13

上式等号右端是闭合曲面 S 上极化电荷的总量,而这些极化电荷都处于 S 与介质相截的截面 S' 上,以 $\sum_i q'_i$ 表示。另外,无论电介质是否极化,其整体总是电中性的,既然在 S' 面上出现了量值为 $\sum_i q'_i$ 的极化电荷,那么 S 面内必定存在着量值为 $-\sum_i q'_i$ 的极化电荷。所以,必定有

$$\oiint_S \boldsymbol{P} \cdot d\boldsymbol{S} = -\sum_{S_{内}} q'_i \tag{10-12}$$

式(10-12)表示,极化强度沿任意闭合曲面的面积分(即 $\boldsymbol{P}$ 对该闭合曲面的通量)等于该闭合曲面所包围的极化电荷的负值。显然,当闭合曲面 S 所包围的整个空间充满均匀电介质时,由于均匀电介质内部不存在极化电荷,所有极化电荷都处于

其表面上,所以,该闭合曲面的极化强度通量必定等于零。

如果仿照电场线,而引入 $\boldsymbol{P}$ 线以表示在介质中极化强度的分布状况,由式(10-12)可以得出,$\boldsymbol{P}$ 线自极化负电荷起,终止于极化正电荷。

10.3.5 电位移矢量 $\boldsymbol{D}$

以前介绍的高斯定理是真空的高斯定理,其表达式为

$$\oiint_S \boldsymbol{E} \cdot \mathrm{d}\boldsymbol{S} = \frac{\sum\limits_S q_i}{\varepsilon_0}$$

在讨论了电介质的极化后,大家容易想到,若在空间任取高斯面,很显然,此面包围的电荷还应该有极化电荷,即高斯定理应该表示为

$$\oiint_S \boldsymbol{E} \cdot \mathrm{d}\boldsymbol{S} = \frac{\sum\limits_S q_i}{\varepsilon_0} = \frac{\sum\limits_S (q_i + q')}{\varepsilon_0}$$

S 内 q' 等于多少呢?它在一般情况下是很难算出来的,好在前面我们已经找出了式(10-12),所以,上式可以改写为

$$\oiint_S \varepsilon_0 \boldsymbol{E} \cdot \mathrm{d}\boldsymbol{S} = \sum\limits_S (q_i + q') = \sum\limits_S q_i - \oiint_S \boldsymbol{P} \cdot \mathrm{d}\boldsymbol{S}$$

$$\oiint_S (\varepsilon_0 \boldsymbol{E} + \boldsymbol{P}) \cdot \mathrm{d}\boldsymbol{S} = \sum\limits_S q_i$$

令
$$\boldsymbol{D} = \varepsilon_0 \boldsymbol{E} + \boldsymbol{P} \tag{10-13}$$

$\boldsymbol{D}$ 称为电位移矢量,则有

$$\oiint_S \boldsymbol{D} \cdot \mathrm{d}\boldsymbol{S} = \sum\limits_S q_i \tag{10-14}$$

或者
$$\oiint_S \boldsymbol{D} \cdot \mathrm{d}\boldsymbol{S} = \iiint_V \rho_0 \mathrm{d}V \tag{10-15}$$

可见,引入电位移矢量后,右端就只包括自由电荷了,式(10-14)或式(10-15)称为介质中的高斯定理,它说明:通过任一闭合曲面的电位移通量等于该曲面所包围自由电荷的代数和。

10.3.6 电位移矢量 $\boldsymbol{D}$ 与电场强度 $\boldsymbol{E}$ 的关系

电位移矢量 $\boldsymbol{D}$ 与电场强度 $\boldsymbol{E}$ 的关系为
$$\boldsymbol{D} = \varepsilon_0 \boldsymbol{E} + \boldsymbol{P}$$

对各向同性的电介质,有
$$\boldsymbol{P} = \chi_e \varepsilon_0 \boldsymbol{E}$$

所以
$$\boldsymbol{D} = \varepsilon_0 \boldsymbol{E} + \chi_e \varepsilon_0 \boldsymbol{E} = \varepsilon_0 \boldsymbol{E} (1 + \chi_e) = \varepsilon_0 \varepsilon_r \boldsymbol{E} = \varepsilon \boldsymbol{E} \tag{10-16}$$

式中,$\varepsilon=\varepsilon_0\varepsilon_r$ 称为介电常数,$\varepsilon_r=1+\chi_e$ 称为相对介电常数。

注意:$D=\varepsilon E$ 只对各向同性电介质适用,对各向异性电介质(如晶体),只是 $D=\varepsilon_0 E+P$ 成立,$D=\varepsilon E$ 不成立。

电位移矢量是一个辅助量,它具有下列性质。

(1)电位移矢量既包含场强,又包含极化强度,它是综合描述电场和电介质两种性质的复合物理量。电位移矢量的单位为 C/m²,与电极化强度、电荷面密度的单位相同。

(2)电位移矢量通过闭合曲面的通量仅取决于面内的自由电荷的代数和,并不是说电位移本身仅取决于面内的自由电荷,它与空间的所有电荷都有关(自由电荷与极化电荷)。

10.3.7　电位移 D 线与电场线 E 线

对应于矢量 D 所画的场线称为 D 线。由于 D 的通量只与闭合曲面内自由电荷的代数和有关,所以 D 线仅发出和终止于自由电荷,在无自由电荷的区域,D 线是不中断的。D 线起始于正自由电荷终止于负自由电荷,与束缚电荷无关。而电场线起始于正电荷终止于负电荷,包括自由电荷与束缚电荷,如图 10-14 所示。

有电介质存在时,空间的总电场由自由电荷和极化电荷共同决定,直接求解比较困难,我们采用的方法是:避开关于极化电荷及其电场的问题,先由高斯定理的电位移表达式(10-15),求解空间 D 的分布,再由 D 和 E 的关系式(10-16)得到空间 E 的分布。当然,这种方法只适用于各向同性的电介质,并且自由电荷和电介质的分布都具有某种对称性,这样 D 的分布和束缚电荷的分布才有对称性,才能找到合适的高斯面 S。

例 10-3　如图 10-15 所示,一个金属球的半径为 R,所带电荷量为 q_0,放在均匀的介电常数为 ε_r 的电介质中。求任一点场强及界面处极化面电荷分布。

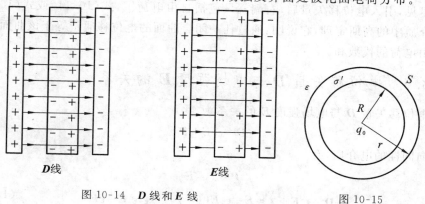

图 10-14　D 线和 E 线　　　　　图 10-15

　　解　显然,导体内场强为零。

　　q_0 均匀地分布在球表面上,球外的电场 E、电位移 D 都具有球对称性。在球外取半径为 r 的高斯面 S,由式(10-14)易得

$$D=\frac{q_0}{4\pi r^3}r$$

因 $D=\varepsilon E$,故离球心 r 处的场强为

$$E=\frac{q_0}{4\pi\varepsilon_0\varepsilon_r r^3}r$$

上式表明,带电球周围充满均匀无限大的电介质后,其场强是真空中电场的 $\dfrac{1}{\varepsilon_r}$ 倍。由式(10-13)求出电极化强度

$$P=\frac{q_0}{4\pi r^3}r-\varepsilon_0\frac{q_0}{4\pi\varepsilon_0\varepsilon_r r^3}r=\frac{q_0}{4\pi r^3}\left(1-\frac{1}{\varepsilon_r}\right)r$$

　　电极化强度 P 与 r 有关,即非均匀极化。在电介质内部极化电荷体密度等于零,极化电荷分布在电介质与金属球交界处的电介质表面上,其极化电荷面密度为

$$\sigma'=P\cdot n$$

式中,n 为电介质与金属球交界面处由电介质指向金属球的法向单位矢量,与 r 的方向相反。因此

$$\sigma'=-\frac{q_0}{4\pi R^2}\left(1-\frac{1}{\varepsilon_r}\right)$$

因 $\varepsilon_r>1$,极化电荷与 q_0 反号,在交界面处自由电荷和极化电荷的总电荷为

$$q_0+q'=q_0-\frac{q_0}{4\pi R^2}\left(1-\frac{1}{\varepsilon_r}\right)\times 4\pi R^2=\frac{q_0}{\varepsilon_r}$$

它是自由电荷的 $1/\varepsilon_r$ 倍,而这正是球外的场强减为真空中时的 $1/\varepsilon_r$ 倍的原因。

　　例 10-4　图 10-16 所示为一种利用电容器测量油箱中油量的传感装置示意图。附接电子线路能测出等效相对介电常数 $\varepsilon_{r,\text{eff}}$(是油面高度的函数)。设电容器两板的高度都是 a,试导出等效相对介电常数和油面高度 h 的关系,以 ε_r 表示油的相对介电常数。就汽油($\varepsilon_r=1.95$)和甲醇($\varepsilon_r=33$)相比,哪种燃料更适宜用此种油量计?

　　解　以 b 和 d 分别表示两板的宽度和它们之间的距离,则两板间的总电容应为

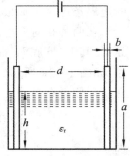

$$C=\frac{\varepsilon_0\varepsilon_r}{d}hb+\frac{\varepsilon_0(a-h)}{d}d=\frac{\varepsilon_0}{d}b[h(\varepsilon_r-1)+a]=\frac{\varepsilon_0\varepsilon_{r,\text{eff}}}{d}ba$$

由此得　　　　　　　$$\varepsilon_{r,\text{eff}}=\frac{h(\varepsilon_r-1)}{a}+1$$

　　对 ε_r 值较大的燃料,当液面变化时,$\varepsilon_{r,\text{eff}}$ 变化较大,所以甲醇更适宜用这种油量计。

图 10-16

　　例 10-5　两平行金属板充电后,极板上电荷面密度 $\sigma_0 =$
$1.77 \times 10^{-6}\ \mathrm{C/m^2}$,将两板与电源断电后,再插入介电常数为 ε_r
的电介质,计算空隙中和电介质中的 $\boldsymbol{E}$、$\boldsymbol{D}$、$\boldsymbol{P}$(见图 10-17)。

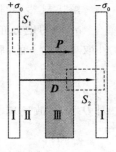

　　解　因断电后插入介质,所以极板上电荷面密度不变,由对
称性知,电位移线垂直于极板。选高斯面 S_1,根据高斯定理得

$$(D_{\mathrm{I}} + D_{\mathrm{II}})\Delta S = \sigma_0 \Delta S$$

因金属板内部电场强度和电位移为零,故有

$$D_{\mathrm{II}} = \sigma_0, \quad E_{\mathrm{II}} = \frac{\sigma_0}{\varepsilon_0} \tag{10-17}$$

图 10-17

选高斯面 S_2,根据高斯定理得

$$(D_{\mathrm{I}} + D_{\mathrm{III}})\Delta S = \sigma_0 \Delta S$$

与上面类似,得到

$$D_{\mathrm{III}} = \sigma_0, \quad E_{\mathrm{III}} = \frac{\sigma_0}{\varepsilon_0 \varepsilon_r}$$

由电极化强度 $\boldsymbol{P}$ 与电场 $\boldsymbol{E}$ 的关系,有

$$\boldsymbol{P} = \chi_e \varepsilon_0 \boldsymbol{E}$$

求出电介质内的电极化强度值为

$$P = \chi_e \varepsilon_0 E_{\mathrm{III}} = (\varepsilon_r - 1)\varepsilon_0 \frac{\sigma_0}{\varepsilon_0 \varepsilon_r} = (\varepsilon_r - 1)\frac{\sigma_0}{\varepsilon_r} \tag{10-18}$$

$\boldsymbol{E}$、$\boldsymbol{D}$、$\boldsymbol{P}$ 的方向均水平向右。

　　从例 10-5 可以看出:电位移矢量在空隙中和电介质中并不发生变化,而电场
强度的大小发生了变化,即电位移是连续的,而电场强度不连续。

　　在例 10-5 中出现了两种电介质,理论和实验都表明,在靠近电介质界面两侧
的电场强度之间或电位移矢量之间存在简单的关系,这就是电场的边值关系。

*10.3.8　边界条件

　　在两种不同的电介质分界面两侧,$\boldsymbol{D}$ 和 $\boldsymbol{E}$ 一般要发生突变,但必须遵循一定
的边界条件。下面根据高斯定理和静电场的环路定理导出这种边界条件。

　　在两种相对介电常数分别为 ε_{r1} 和 ε_{r2} 的电介质分界面处,作一扁平的柱状高斯
面,使其上、下底面(面积为 ΔS)分别处于两种介质中,并与界面平行,柱的高度很
小,如图 10-18 所示。取界面的法向单位矢量 $\boldsymbol{n}$ 的方向从第一种介质指向第二种
介质。假设在界面上不存在自由电荷,对此高斯面运用高斯定理,得

$$\oiint_S \boldsymbol{D} \cdot \mathrm{d}\boldsymbol{S} = \boldsymbol{D}_1 \cdot (-\boldsymbol{n}\Delta S) + \boldsymbol{D}_2 \cdot (\boldsymbol{n}\Delta S) = 0$$

即　　　　　　　　　　　　　　　$\boldsymbol{n} \cdot (\boldsymbol{D}_2 - \boldsymbol{D}_1) = 0$

或　　　　　　　　　　　　　　　$D_{1n} = D_{2n} \tag{10-19}$

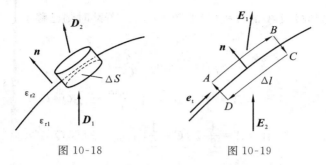

图 10-18　　　　　　　图 10-19

式(10-19)表示,从一种介质过渡到另一种介质,电位移的法向分量不变。

在上述两种介质分界面处作一矩形回路 $ABCDA$,使两长边(长度为 Δl)分别处于两种介质中,并与界面平行,短边很小,如图 10-19 所示。取界面的切向单位矢量 e_t 的方向沿界面向上,由静电场的环路定理得

$$\oint_{ABCDA} \boldsymbol{E} \cdot \mathrm{d}\boldsymbol{l} = \boldsymbol{E}_2 \cdot (-e_t \Delta l) + \boldsymbol{E}_1 \cdot (e_t \Delta l) = 0$$

即
$$\boldsymbol{n} \times (\boldsymbol{E}_2 - \boldsymbol{E}_1) = \boldsymbol{0}$$

或
$$E_{1t} = E_{2t} \tag{10-20}$$

式(10-20)表示,从一种介质过渡到另一种介质,电场强度的切向分量不变。

10.4　电场能量

10.4.1　带电系统的能量

一个系统的带电过程实际上就是该系统电能建立的过程,为什么这么说呢?这是因为,如果假设系统带电量为 Q,在不断地搬运电荷到它上面去的过程中,若某时刻已经带了电量 q,则要再搬运 $\mathrm{d}q$ 来,外界必须克服 q 产生的电场对 $\mathrm{d}q$ 的电场力做功,根据能量转换和守恒定律知道,外界克服电场力做功的结果,必然会使系统的电能增加。

若 t 时刻该系统带电为 q,电势为 U,则再移 $\mathrm{d}q$ 时,外力的功为
$$\mathrm{d}A = U\mathrm{d}q$$

由功能原理,得

$$A = \int \mathrm{d}A = \int_0^Q U\mathrm{d}q$$

$$W = A = \int_0^Q U\mathrm{d}q \tag{10-21}$$

例 10-6　求带电量为 $\pm Q$ 的平行板电容器的能量。

解　将平行板电容器的能量看成是电源(外界)不断地将正电荷通过电源从电

容器极板 B 移到极板 A 的过程（参考图 10-3）。若某时刻已移了 q，则再移 $\mathrm{d}q$ 时，电源做功为

$$\mathrm{d}A = U_{AB}\,\mathrm{d}q = \frac{q}{C}\,\mathrm{d}q$$

$$A = \int \mathrm{d}A = \int U_{AB}\,\mathrm{d}q = \int_0^Q \frac{q\,\mathrm{d}q}{C} = \frac{1}{2}Q^2/C$$

$$W = A = \frac{1}{2}Q^2/C = \frac{1}{2}CU_{AB}^2 = \frac{1}{2}U_{AB}Q \tag{10-22}$$

10.4.2　电场能量

系统的带电过程也等价于系统的电场建立过程，从场的观点来看，此电荷系统的能量就是它的电场能量。

如平行板电容器，因为

$$W = \frac{1}{2}CU_{AB}^2, \quad C = \frac{\varepsilon S}{d}, \quad U_{AB} = Ed$$

所以

$$W = \frac{1}{2}\varepsilon E^2 Sd = \frac{1}{2}\varepsilon E^2 V \tag{10-23}$$

1. 能量密度 w

单位体积的电场能量称为能量密度，即

$$w = \frac{W}{V} = \frac{1}{2}\varepsilon E^2 = \frac{1}{2}DE \tag{10-24}$$

此式虽然是由平行板电容器特例推出来的，但它具有普遍性，对任何电场都成立。

2. 任意带电体的电场能量

$$W = \int_V w\,\mathrm{d}V = \int_V \left(\frac{1}{2}DE\right)\mathrm{d}V \tag{10-25}$$

3. 能量的携带

由式(10-22)知，带电量为 Q 的平行板电容器，其能量为 $\frac{1}{2}Q^2/C$，即有电荷就有能量，而由式(10-23)却得出有电场 E 就有能量，那么能量到底是由电荷携带还是由电场携带呢？在静电学领域我们确实无法区分谁是能量的携带者，因为电场伴随电荷而生。但近代理论证明，场才是能量的携带者。例如电磁场（波）可以脱离电荷独立在空间传播就是大家熟知的实例之一。

例 10-7　半径为 R 的导体球，带电为 q，周围充满无限大均匀电介质，电介质的相对介电常数为 ε_r，求空间的电场能量。

解　因为导体球内没有电场，电场能量等于零，球外电场能量可以根据介质中高斯定理，先求出电场后，再应用式(10-25)求出总能量。

以球心为中心，以 $r(r>R)$ 为半径作球形高斯面 S，如图 10-20 所示，则有

$$\oint_S \boldsymbol{D} \cdot \mathrm{d}\boldsymbol{S} = q$$

即

$$4\pi r^2 D = q$$

由此解得电位移为

$$D = \frac{q}{4\pi r^2}$$

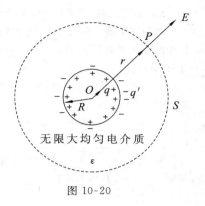

图 10-20

方向沿半径向外呈辐射状。

在该处的电场强度为

$$E = \frac{D}{\varepsilon_0 \varepsilon_r} = \frac{q}{4\pi \varepsilon_0 \varepsilon_r r^2}$$

方向与 D 的方向相同，该处的能量密度为

$$w = \frac{1}{2}\varepsilon_0 \varepsilon_r E^2 = \frac{q^2}{32\varepsilon_0 \varepsilon_r \pi^2 r^4}$$

则在半径为 r 和 $r+\mathrm{d}r$ 之间的球壳的能量为

$$\mathrm{d}w = w 4\pi r^2 \mathrm{d}r = \frac{q^2}{8\varepsilon_0 \varepsilon_r \pi r^2}\mathrm{d}r$$

空间总的电场能量为

$$W = \int \mathrm{d}w = \int_R^\infty \frac{q^2}{8\varepsilon_0 \varepsilon_r \pi r^2}\mathrm{d}r = \frac{q^2}{8\varepsilon_0 \varepsilon_r \pi R}$$

习　　题

一、填空题

1. 导体处于静电平衡的必要条件是_____；导体表面附近的场强与该表面处电荷面密度的关系式为_____。

2. 地球表面附近的电场强度约为 100 N/C，方向垂直地面向下。假设地球上的电荷都均匀分布在地表面上，则地面的电荷面密度 $\sigma=$_____ C/m²，是_____号电荷（$\varepsilon_0 = 8.85 \times 10^{-12}$ C²/(N · m²)）。

3. 一半径 $r_1 = 5$ cm 的金属球 A，带电量为 $q_1 = 2.0 \times 10^{-8}$ C；另一内半径为 $r_2 = 10$ cm、外半径为 $r_3 = 15$ cm 的金属球壳 B，带电量为 $q_2 = 4.0 \times 10^{-8}$ C，两球同心放置，如图 10-21 所示。若以无穷远处为电势零点，则 A 球电势 $U_A=$_____，B 球电势 $U_B=$_____。

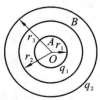

图 10-21

4. 建立模型是物理学中最重要的基本方法之一。在讨论电场与物质的相互作用时，采用的基本模型对电介质分子是_____。

5. 两块"无限大"平行导体板,相距为 $2d$,且都与地连接,如图 10-22 所示。

两板间充满正离子气体(与导体板绝缘),离子数密度为 n,每一离子的带电量为 q。如果气体中的极化现象不计,可以认为电场分布相对中心平面 OO' 是对称的,则在两极板间的场强分布为 $E=$_____,电势分布 $U=$_____(设地的电势为零)。

6. 在电容为 C_0 的平行板空气电容器中,平行地插入一厚度为两极板距离一半的金属板,则电容器的电容 $C=$_____。

7. 如图 10-23 所示,电容 C_1、C_2、C_3 已知,电容 C 可调。当调节到 A、B 两点电势相等时,电容 $C=$_____。

8. 如图 10-24 所示,将一负电荷从无穷远处移到一个不带电的导体附近,则导体内的电场强度_____,导体的电势_____(填增大、不变、减小)。

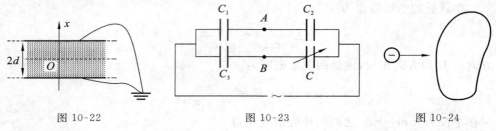

图 10-22　　　　　　　　　　图 10-23　　　　　　　　　　图 10-24

二、选择题

1. 将 C_1 和 C_2 两空气电容器串联起来接上电源充电,然后将电源断开,再把一电介质板插入 C_1 中,如图 10-25 所示,则(　　)。

A. C_1 上电势差减小,C_2 上电势差增大

B. C_1 上电势差减小,C_2 上电势差不变

C. C_1 上电势差增大,C_2 上电势差减小

D. C_1 上电势差增大,C_2 上电势差不变

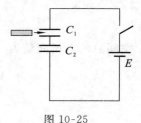

图 10-25

2. 有两电容器,电容器 1 充电后带电 Q,将其与未充电的电容器 2 并联,则关于并联后的变化,正确的说法是(　　)。

A. 电容器 1 的电量不变,电容器 1 的电势不变

B. 电容器 2 的电量不变,电容器 2 的电势不变

C. 电容器 1 的电量变小,电容器 1 的电势不变

D. 电容器 1 的电量变小,电容器 1 的电势变小

3. 两平行板电容器充电后与电源断开,然后将此电容器整个浸入煤油中,煤油的 $\varepsilon_r > 1$,则电容器的(　　)。

A. 电容量增加,极板间的电势差增加

B. 电容量增加,极板间的电势差减小

C. 电容量减小,极板间的电势差增加

D. 电容量减小,极板间的电势差减小

4. 在一点电荷所产生的电场中,以点电荷处为球心,作一球形封闭面为高斯面,电场中有一块对球心不对称的电介质,则(　　)。

A. 高斯定理成立,并可用来求出封闭面上各点的电场强度

B. 高斯定理成立,但不能用来求出封闭面上各点的电场强度

C. 高斯定理不成立

D. 即使电介质对称分布,高斯定理也不成立

5. 充过电(电荷量保持不变)的平行板电容器,如果将极板间距离增大,则下列表述中正确的是(　　)。

A. 极板上的面密度增加　　　　　　　B. 电容器的电容增大

C. 两极板间电场强度不变　　　　　　D. 电容器储存的能量不变

6. 静电场的高斯定理和环路定理分别指出(　　)。

A. 静电场是有源场,有旋场　　　　　　B. 静电场是有源场,无旋场

C. 静电场是无源场,有旋场　　　　　　D. 静电场是无源场,无旋场

7. 一平板电容器充电后与充电电池断开。若用绝缘把手将电容器的极板拉得远些,结果为(　　)。

A. 电容器的电荷增加　　　　　　　　B. 电容器的电容增加

C. 电容器上的电压维持不变　　　　　　D. 电容器上的电压增大

8. 下面关于电场线与电位移线的描述中正确的是(　　)。

A. 它们都是在空间真实存在的电场线

B. 电位移线只能始于正的极化电荷,终止于负的极化电荷

C. 电场线只能始于正的自由电荷,终止于负的自由电荷

D. 电位移线只能始于正的自由电荷,终止于负的自由电荷

9. 关于两带电平板组成的电容器的两板间的场强、两板间的作用力的大小,下述说法正确的是(　　)。

A. $E=\sigma/(2\varepsilon_0)$,$F=q^2/(4\varepsilon_0\pi d^2)$　　B. $E=\sigma/\varepsilon_0$,$F=q\sigma/(2\varepsilon_0)$

C. 0,$F=q^2/(4\varepsilon_0\pi d^2)$　　　　　　D. $E=\sigma/(2\varepsilon_0)$,$F=q\sigma/(2\varepsilon_0)$

式中,σ、q、d、E、F 分别为两板电荷面密度、带电量、两板间距、两板间场强及两板间的作用力。

10. 真空中有一均匀带电球面,如果它的半径为 R,所带的电量为 Q,则它的电场能量 W_e 是(　　)。

A. $W_e=\dfrac{q^2}{4\pi\varepsilon_0 R}$　　B. $W_e=\dfrac{q^2}{\pi\varepsilon_0 R}$　　C. $W_e=\dfrac{q^2}{2\varepsilon_0 R}$　　D. $W_e=\dfrac{q^2}{8\pi\varepsilon_0 R}$

11. 把 A、B 两块不带电的导体放在一带正电导体的电场中,如图 10-26 所示,设无限远处为电势零点,A 的电势为 U_A,B 的电势为 U_B,则(　　)。

A. $U_B>U_A\neq 0$　　B. $U_B>U_A=0$　　C. $U_B=U_A$　　D. $U_B<U_A$

   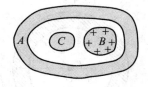

图 10-26　　　　　　　　　　　図 10-27

12. 如图 10-27 所示,一封闭的导体壳 A 内有两个导体 B 和 C。A、C 不带电,B 带正电,则 A、B、C 三导体的电势 U_A、U_B、U_C 的大小关系为(　　)。

A. $U_B=U_A=U_C$　　　　　　　　B. $U_B>U_A=U_C$

C. $U_B>U_C>U_A$　　　　　　　　D. $U_B>U_A>U_C$

13. 图 10-28 所示的为一个未带电的空腔导体球壳,内半径为 R。在腔内离球心的距离为 $d(d<R)$ 处固定一电量为 $+q$ 的点电荷,用导线把球壳接地后,再把地线撤去,选无穷远处为电势零点,则球心 O 处的电势为(　　)。

A. 0　　　　　　B. $\dfrac{q}{4\pi\varepsilon_0 d}$　　　　　　C. $\dfrac{q}{4\pi\varepsilon_0 R}$　　　　　　D. $\dfrac{q}{4\pi\varepsilon_0}\left(\dfrac{1}{d}-\dfrac{1}{R}\right)$

14. 如图 10-29 所示,C_1 和 C_2 两空气电容器并联以后接电源充电,在电源保持连接的情况下,在 C_1 中插入一电介质板,则(　　)。

A. C_1 极板上电量增加,C_2 极板上电量减少

B. C_1 极板上电量减少,C_2 极板上电量增加

C. C_1 极板上电量增加,C_2 极板上电量不变

D. C_1 极板上电量减少,C_2 极板上电量不变

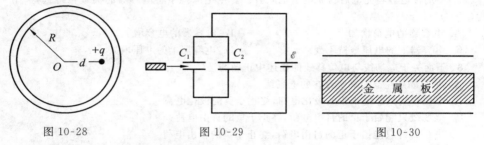

图 10-28　　　　　　　　　　　图 10-29　　　　　　　　　　　图 10-30

15. 将一空气平行板电容器接到电源上充电到一定电压后,断开电源。再将一块与极板面积相同的金属板平行地插入两极板之间(见图 10-30),则由于金属板的插入及其所放位置的不同,对电容器储能的影响为(　　)。

A. 储能减少,但与金属板位置无关　　　　B. 储能减少,但与金属板位置有关

C. 储能增加,但与金属板位置无关　　　　D. 储能增加,但与金属板位置有关

三、计算题

1. 如图 10-31 所示,一内半径为 a、外半径为 b 的金属球壳,带有电量 Q,在球壳空腔内距离球心 r 处有一点电荷 q,设无限远处为电势零点,试求:

(1) 球壳内外表面的电荷;

(2) 球心 O 点处,由球壳内表面电荷产生的电势;

(3) 球心 O 点处的总电势。

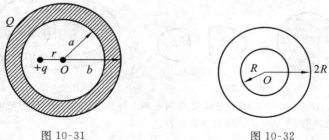

图 10-31　　　　　　　　　　　图 10-32

2. 如图 10-32 所示,带电量为 Q,半径为 R 的球型金属导体,被相对介电常数为 ε_1、厚度为

R 的电介质球壳同心地包围着。求：

（1）电位移矢量 D 在空间的分布；

（2）电场强度 E 在空间的分布。

3. 扁平的电介质板（$\varepsilon_r = 4$）垂直放在一均匀电场里，如果电介质表面上的极化电荷面密度为 $\sigma' = 0.5\ \text{C/m}^2$，求：

（1）电介质内的电极化强度和电位移；

（2）电介质板外的电位移。

4. 圆柱形电容器由两个同轴金属圆筒组成，尺寸如图 10-33 所示。设其中未填充介质。

（1）如果内筒带电 q，在图中画出高斯面，写出真空中高斯定理的数学形式，并用它求解两圆筒之间的电场分布（大小和方向）；

（2）求两筒之间的电势差；

（3）求此圆柱形电容器的电容；

（4）计算此电容器所储存的能量。

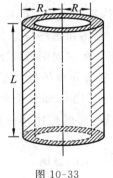
图 10-33

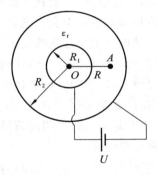
图 10-34

5. 一电容器由两个很长的同轴薄圆筒组成，内、外圆筒半径分别为 $R_1 = 2\ \text{cm}$、$R_2 = 5\ \text{cm}$，其间充满相对介质常数为 ε_r 的各向同性、均匀电介质，电容器接在电压 $U = 32\ \text{V}$ 的电源上，如图 10-34 所示。试求距离轴线 $R = 3.5\ \text{cm}$ 处的 A 点的电场强度和 A 点与外筒间的电势差。

6. 一电容为 C 的空气平行板电容器，接端电压为 U 的电源充电后随即断开，试求把两个极板间距离增大至 n 倍时外力所做的功。

7. 一球形电容器，内球壳半径为 R_1，外球壳半径为 R_2，两球壳间充满了相对介电常数为 ε_r 的各向同性均匀电介质，设两球壳间电势差为 U_{12}，求：

（1）电容器的电容；

（2）电容器储存的能量。

第 11 章　稳恒电流与稳恒磁场

第 9 章、第 10 章讨论了静电场,它是静止电荷在空间产生的电场,在讨论带电体的电势时,我们是将带电体看成是位于无穷远处的很多小的孤立带电体(小到可以看成点电荷),将它们一个一个地从无穷远处移到所在位置时,外界克服电场力所做的功的结果。在那里关心的只是外界搬运电荷所产生的结果,并没有涉及搬运电荷过程中出现的电现象。在静电感应中讲过,一个不带电的金属棒移近一个带电体时,由于静电感应,会在棒的两端出现感应电荷,同理这也只是最后的结果,那么在电荷移动的过程中会出现什么电现象,这是有待进一步研究的新问题。

其实运动电荷也会在它的周围产生电场和磁场。电场和磁场与万有引力场一样,也是物质的一种形态。当电荷运动形成稳定电流时,在它周围激发出的电场和磁场也是稳恒的,即不随时间变化而变化。这种稳恒电场和磁场虽然是两种不同的场,但在探讨思路和研究方法上,它们与以前讨论的静电场却有类似之处。因此,读者在学习时应随时对照前面静电学中的有关内容,通过类比和借鉴,以便能更好地掌握本章内容。

本章主要讨论稳恒电流规律和稳定电流在真空中产生的磁场。

11.1　电流和电流密度

11.1.1　电流和电流强度

我们知道,导体中存在着大量的自由电子,在静电平衡条件下,导体内部的场强为零,自由电子没有宏观的定向运动。若导体内的场强不为零,自由电子将会在电场力的作用下,逆着电场方向运动。我们把带电粒子的定向运动称为电流,将带电粒子在导体中相对导体作定向运动形成的电流称为传导电流,电荷在真空中运动形成的电流称为运流电流。这里重点研究传导电流。

显然,要形成传导电流必须具备两个条件,一是导体中要有可以自由运动的带电粒子(电子或离子);二是导体内电场强度不为零。当导体内部的电场不随时间变化时,驱动电荷的电场力不随时间变化,因而导体中所形成的电流将不随时间变化,这种电流称为恒定电流(或稳恒电流)。

电流的强弱用电流强度来描述。设在时间 dt 内,通过任一横截面的电量是

dq，则通过该截面的电流强度（简称电流）为

$$I = \frac{dq}{dt} \qquad\qquad (11\text{-}1)$$

式(11-1)表示电流强度等于单位时间内通过导体任一截面的电量。如果 I 不随时间变化，这种电流称为恒定电流，又称直流。

在国际单位制中，电流强度的单位是安培（符号 A），其定义是：若 1 秒内通过某导体任一截面的电量为 1 库仑，则流过此导体的电流强度为 1 安培，即

$$1\ 安培 = \frac{1\ 库仑}{1\ 秒}$$

它是一个基本量。

电流单位换算关系为

$$1\ A = 10^3\ mA = 10^6\ \mu A$$

电流强度是标量，所谓电流的方向只表示电荷在导体内沿导体某个方向移动。通常规定正电荷宏观定向运动的方向为电流的方向。

11.1.2　电流密度矢量

在截面积相同和材料均匀的导体两端加上恒定电势差后，导体内存在恒定电场，从而形成恒定电流。电流在导体任一截面上各点的分布是相同的。如果导体各处截面积不同，或材料不均匀（或是大块导体），电流在导体截面上各点的分布将是不均匀的。电流在导体截面上各点的分布情况可用电流密度 $\boldsymbol{j}$ 来描述。电流密度为矢量。

为方便起见，选定正电荷的运动来讨论。对电流密度的大小和方向作如下规定：导体中任一点电流密度 $\boldsymbol{j}$ 的方向为该点正电荷的运动方向（场强 $\boldsymbol{E}$ 的方向），$\boldsymbol{j}$ 的大小等于单位时间内通过该点附近垂直于该点正电荷运动方向的单位面积上的电量，用公式表示为

$$j = \frac{dq}{dt\, dS_\perp} = \frac{dI}{dS_\perp} \qquad\qquad (11\text{-}2)$$

式中，$dS_\perp$ 为在导体中某点附近所取的垂直于该点正电荷运动方向的面积元，dq 为 dt 时间内通过 $dS_\perp$ 的电量。式(11-2)表明，电流密度的大小等于垂直通过正电荷运动方向的单位面积上的电流。若以 $\boldsymbol{n}_0$ 表示任一面积元的正法线方向，且 $\boldsymbol{n}_0$ 与该点的 $\boldsymbol{E}$ 一致，如图 11-1(a)所示，则 $\boldsymbol{j}$ 可用矢量式表示，即

$$\boldsymbol{j} = \frac{dI}{dS_\perp}\boldsymbol{n}_0 \qquad\qquad (11\text{-}3)$$

如果面积元 dS 的法线方向 $\boldsymbol{n}_0$ 与场强 $\boldsymbol{E}$ 不一致，如图 11-1(b)所示，则有

$$j = \frac{dI}{dS \cdot \cos\theta}$$

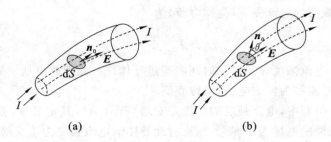

图 11-1　电流密度矢量

或写成

$$dI = \boldsymbol{j} \cdot d\boldsymbol{S} \tag{11-4}$$

通过任意面积 S 的电流强度应为

$$I = \int_S \boldsymbol{j} \cdot d\boldsymbol{S} = \int_S j\cos\theta dS \tag{11-5}$$

式(11-5)表明,通过某一面积的电流强度,等于该面积上的电流密度的通量。

在国际单位制中,电流密度的单位为安培/米²(A/m²)。

11.1.3　电流的微观表示

电子除了热运动外,在电场作用下它将做定向运动,以 v 表示自由电子定向漂移速度。

选取一段横截面为 S、长为 v 的导体,设导体内电子数密度为 n,则该体积内的电子在 1 秒内将全部穿过横截面 S,即该体积内的电荷量为电流强度(见图 11-2)。

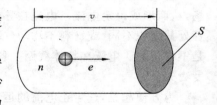

图 11-2　电流密度矢量

$$I = nVe \xrightarrow{V = vS} I = nvSe$$

$$j = \frac{I}{S} = nve$$

矢量式

$$\boldsymbol{j} = -ne\boldsymbol{v}$$

"—"表示 $\boldsymbol{j}$ 与 $\boldsymbol{v}$ 的方向相反,

$$v = \frac{j}{en}$$

例 11-1　设铜导线中 $j = 2.44$ A/mm²,铜的自由电子数密度 $n = 8.4 \times 10^{28}$ m⁻³,求:电子的定向漂移速度 v。

解　$v = \dfrac{j}{en} = \dfrac{2.4 \times 10^6}{1.6 \times 10^{-19} \times 8.4 \times 10^{28}}$ m/s $= 1.8 \times 10^{-4}$ m/s

注意:电场是以光速建立的,而电子在导体中定向漂移速度却很小。

11.2　一段电路的欧姆定律及其微分形式

11.2.1　欧姆定律的积分形式

在中学学过的欧姆定律为

$$I = \frac{U_1 - U_2}{R} \tag{11-6}$$

式中

$$R = \rho \frac{l}{S} = \frac{l}{\gamma S} \tag{11-7}$$

ρ 是材料的电阻率[*]，$\gamma = 1/\rho$ 称为电导率，单位为西门子/米(S/m)。

因为

$$U_1 - U_2 = \int_1^2 \boldsymbol{E} \cdot \mathrm{d}\boldsymbol{l}$$

$$I = \int \boldsymbol{j} \cdot \mathrm{d}\boldsymbol{S}$$

是以积分形式出现的，所以式(11-6)称为欧姆定律的积分形式。它实际上反映的是导体的整体导电规律而非各点的规律。

11.2.2　欧姆定律的微分形式

我们知道，在导体两端加上电压后，就会在导体内部形成电场，是这个电场推动导体中的电子在导体中做定向运动才形成电流的。显然，导体内的电流密度 $\boldsymbol{j}$ 与电场强度 $\boldsymbol{E}$ 必然存在某种对应的函数关系。

如果在导体中取一长为 $\mathrm{d}l$（沿所考察点的电流方向），横截面积为 $\mathrm{d}S$（$\mathrm{d}S$ 与 $\boldsymbol{j}$ 垂直）的小圆柱体（见图 11-4），对此微分元段使用欧姆定律，有

---

[*]　电阻率 ρ 随温度变化的关系为

$$\rho_2 = \rho_1 [1 + \alpha(t_2 - t_1)]$$

式中，α 为材料的温度系数，单位为℃$^{-1}$。

当温度降到接近绝对零度时，某些金属、合金以及化合物的电阻率会突然降到很小，这种现象称作超导电现象。具有超导电性的物体称为超导体(superconductor)，在这特定的温度下从正常态变为超导态，这温度称为转变温度或居里点。如 He 在 4 K 以下电阻变为零，如图 11-3 所示。

迄今为止，已发现 28 种金属元素（在地球的常态下）以及合金和化合物具有超导电性。还有一些元素只在高压下具有超导电性。提高超导临界温度是推广应用超导体的关键之一。超导的特性及应用有着广阔的前景。

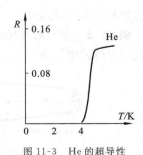

图 11-3　He 的超导性

$$dI=\frac{U_1-U_2}{R}=-\frac{dU}{R}$$

考虑到

$$R=\frac{dl}{\gamma dS},\quad E=-\frac{dU}{dl},\quad \frac{dI}{dS}=j$$

所以
$$j=\gamma E$$

又因为 j 与 E 同向,所以

$$j=\gamma E \qquad (11-8)$$

这就是欧姆定律的微分形式,它描述了导体中电场与电流分布间逐点的细节关系,而且在非稳恒情况下,式(11-8)也是成立的,所以它较积分形式具有更普遍的意义。

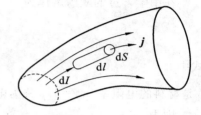

图 11-4　欧姆定律的微分形式的推导

11.2.3　焦耳定律的微分形式

焦耳定律 $Q=I^2Rt$ 反映了电流流过电阻为 R 的一段导体时,在 t 时间内产生的热量,它是对整段导体而言的。由于导体材料并非处处均匀,所以各处发热程度将不一样。为了把各点发热情况与该点材料性质联系起来,有必要求出焦耳定律的微分形式。为此,先引入功率密度的概念。

功率密度 w:单位时间内导体单位体积中所产生的热量。

$$w=\frac{dQ}{dVdt} \qquad (11-9)$$

取 dV 为图 11-4 中的小柱体的体积,则

$$dQ=(dI)^2Rdt$$

因为
$$dI/dS=j=\gamma E$$

所以
$$dQ=(\gamma EdS)^2\cdot dl/(\gamma dS)\cdot dt=dS\gamma E^2 dldt=\gamma E^2 dVdt$$

由功率密度的定义,有

$$w=\gamma E^2 \qquad (11-10)$$

这就是焦耳定律的微分形式。它反映了导体某点邻域单位体积内产生的热量与该点材料性质 γ 和 E 的关系。在非稳恒的情况下,式(11-10)也适用,且与导体的形状是否均匀无关。

例 11-2　锥台形导体两截面半径分别为 r_1、r_2,长为 l,电阻率为 ρ(见图 11-5)。求此段导体的电阻 R。

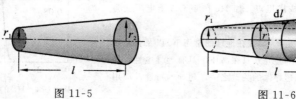

图 11-5　　　　　　　　　　图 11-6

解　如图 11-6 所示,从导体中任取一段长为 dl 的导体元,其电阻为

$$dR = \rho \frac{dl}{\pi r^2}$$

因为

$$\frac{dl}{dr} = \frac{l}{r_2 - r_1} \Rightarrow dl = \frac{l\,dr}{r_2 - r_1}$$

所以

$$dR = \frac{\rho l\,dr}{\pi r^2 (r_2 - r_1)}$$

$$R = \int_{r_1}^{r_2} dR = \int_{r_1}^{r_2} \frac{\rho l}{\pi (r_2 - r_1)} \frac{dr}{r^2}$$

$$= \frac{\rho l}{\pi (r_2 - r_1)} \left(\frac{1}{r_1} - \frac{1}{r_2} \right) = \frac{\rho l}{\pi r_1 r_2}$$

如果

$$r_1 = r_2$$

则

$$R = \frac{\rho l}{\pi r^2} = \frac{\rho l}{S}$$

例 11-3　直流电机内电阻为 $2\ \Omega$,工作电压为 $220\ V$,电流为 $4\ A$。求:(1)电流的功率;(2)电动机的热功率。

解　(1)　　　　　　　$P = IU_{ab} = 4 \times 220\ W = 880\ W$

(2)　　　　　　　$P = I^2 R = 4^2 \times 2\ W = 32\ W$

11.3　电源和电动势

若电流 I 不是时间 t 的函数,则电流 I 称为稳恒电流。从现有的知识来看,自然界是不存在稳恒电流的。例如:将两个带等量异号的带电导体用导线连接起来,由于存在电势差,所以一个导体上的电荷会跑到另外一个导体上去与异号电荷中和,这时导线中就有电流流动。显然这个电流不可能是稳恒的,因为随着两导体电荷的中和,两导体的电势差将减小,而导体及环境不变,所以 I 减小,最后电势差为零,$I = 0$。若要得到稳恒电流,怎么办? 最简单的办法就是把每次跑过去中和的电荷及时地搬回原处,使两个导体的电量保持不变,从而维持两导体的电势差不变,进而可使电流维持不变。在电场力作用下的电荷从甲导体跑到乙导体后,是不可能自己又克服电场力跑回甲导体去的,要使电荷返回甲导体,只有靠外界的作用才能完成。能起这样作用的外界装置就称为电源。

11.3.1　电源的作用

电源的作用是提供一种非静电力,将其他形式的能量转换为电能(见图 11-7)。

常见的电源有发电机、电池等。对发电机来说,这种非静电力是电子在磁场中运动所受的洛伦兹力,而电池中非静电力是化学力。

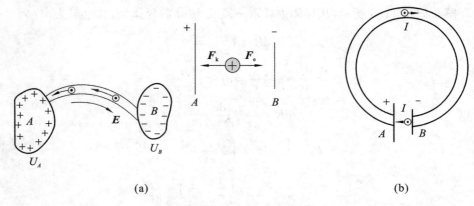

(a)　　　　　　　　　　　　　　　　(b)

图 11-7　电源作用原理示意图

11.3.2　电 动 势

电源的作用与水泵的作用相似,水泵的作用就是利用非重力克服重力做功,把水从低处搬到高处,而电源的作用就是利用非静电力克服静电力做功,把正电荷从电源负极经电源内部移到正极。表征水泵性能的是扬程,而表征电源特性的则是电动势,电动势的作用如图 11-8 所示。

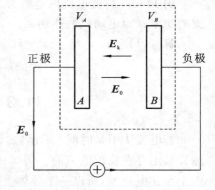

图 11-8　电动势的作用

把单位正电荷从负极经电源内部移到正极($B{\rightarrow}A$)时,非静电力做的功记为 $\mathcal{E}$。设将电荷 q 从 B 经电源内部移到 A,电源做功为 W,则由定义,有

$$\mathcal{E}=W/q \qquad (11\text{-}11)$$

若把非静电性力记为 $\boldsymbol{F}_k$,类似于静电场中电场强度的定义,也把单位正电荷在电源内部所受的非静电性场强记为 $\boldsymbol{E}_k$,有

$$\boldsymbol{E}_k=\boldsymbol{F}_k/q \qquad (11\text{-}12)$$

方向经电源内部从负极指向正极。

将正电荷 q 从电源负极搬到正极,非静电力的功为

$$W=\int_{B}^{A}\boldsymbol{F}_k\cdot\mathrm{d}\boldsymbol{l}$$

则

$$\mathcal{E}=\frac{W}{q}=\int_{B}^{A}\boldsymbol{E}_k\cdot\mathrm{d}\boldsymbol{l} \qquad (11\text{-}13)$$

因为从 A 经电源外部到 B 处,$\boldsymbol{E}_k$ 处处为零,所以上式中加上后面一为零的项 $\int_{A外}^{B}\boldsymbol{E}_k\cdot\mathrm{d}\boldsymbol{l}$,对结果不会产生影响。于是式(11-13)可以改写为

$$\mathscr{E} = \int_{B\text{内}}^{A} \boldsymbol{E}_k \cdot \mathrm{d}\boldsymbol{l} + \int_{A\text{外}}^{B} \boldsymbol{E}_k \cdot \mathrm{d}\boldsymbol{l} = \oint_L \boldsymbol{E}_k \cdot \mathrm{d}\boldsymbol{l} \qquad (11\text{-}14)$$

式(11-14)说明:非静电性场强在闭合环路上的环流就等于电动势。

从式(11-13)变化到式(11-14),并非只是简单数学上的处理,在实际的电动势中,确实存在这种情况,如在闭合的线圈中存在变化的磁场时,就会在整个闭合回路到处都存在非静电性场强,这时式(11-14)就显示它存在的意义了。所以,式(11-14)可以作为电动势最普通的定义。

注意:

(1) 在外电路(无电源处)$\boldsymbol{E}_k = \boldsymbol{0}$,电源内部 $\boldsymbol{E}_k \neq \boldsymbol{0}$,$\boldsymbol{E}_0 \neq \boldsymbol{0}$,内部空间某点合场强为 $\boldsymbol{E}_k + \boldsymbol{E}_0$,合场强的方向不一定从负极指向正极。

① 放电时 $\boldsymbol{E}_{合}$ 从 $-$ 到 $+$;

② 充电时 $\boldsymbol{E}_{合}$ 从 $+$ 到 $-$。

(2) 在有电源的回路中,$\oint_L \boldsymbol{E}_k \cdot \mathrm{d}\boldsymbol{l}$ 不一定为 0,但是 $\oint_L \boldsymbol{E} \cdot \mathrm{d}\boldsymbol{l} = 0$,因为 $\boldsymbol{E}_{稳}$(在导体内部的电场记为 $\boldsymbol{E}_{稳}$,以示与前述的静电场 $\boldsymbol{E}_0$ 相区别)性质与静电场的性质基本相同。

$\boldsymbol{E}_{稳}$ 与 $\boldsymbol{E}_0$ 相同点是,它们都是电荷分布不随时间变化的情况下产生的不随时间变化的电场。

$\boldsymbol{E}_{稳}$ 与 $\boldsymbol{E}_0$ 区别是:

① $\boldsymbol{E}_{稳}$ 由运动电荷产生,$\boldsymbol{E}_{静}$ 由静止电荷产生;

② 导体内部 $\boldsymbol{E}_{静} = \boldsymbol{0}$,$\boldsymbol{E}_{稳}$ 可以不为零。

也正是由于这个原因,在这里才仍然可以沿用以前的电势和电势差的概念。

11.4 闭合电路及一段含源电路的欧姆定律

11.4.1 闭合电路的欧姆定律

1. 定律

设回路的电流强度为 I,则在 t 时间内必有电量 $q = It$ 流过导体的截面,这些电荷都是电源一个个将它们从电源负极经电源内部搬运来的,故这段时间内电源所做的功为 $W = q\mathscr{E} = \mathscr{E}It$。若电源的内阻为 r,则在 t 时间内,电阻 $(R+r)$ 上放出的热量 $Q = I^2(R+r)t$,由功能原理,可知

$$W = \mathscr{E}It = I^2(R+r)t$$

所以 $\qquad\qquad\qquad\qquad I = \mathscr{E}/(R+r) \qquad\qquad\qquad\qquad (11\text{-}15)$

式(11-15)称为闭合电路的欧姆定律。

2. 电源的端电压

电源正、负极之间的电位差称为端电压,它也是加到外电路中的总电压,由

图 11-9可知

$$U_1 - U_2 = IR = \mathscr{E} - Ir \qquad\qquad (11\text{-}16)$$

特例：

(1) 当外电路开路($R \to \infty$)时,$I=0$,$U_1-U_2=\mathscr{E}$,即电源电动势量值上等于外电路开路时电源两端的端电压；

(2) 当 $r \to 0$ 时,$U_1-U_2=\mathscr{E}$,当然这种情况在实际中是不存在的,因为尽管 r 很小,但总不为零。把 $r \to 0$ 的理想电源称理想电压源,它的输出电压不随负载的变化而变化。

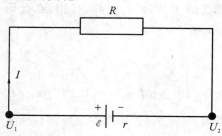

图 11-9　闭合电路的欧姆定律

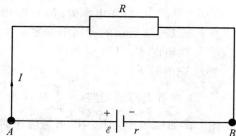

图 11-10　闭合电路的欧姆定律的另一推导法

3. 定律的另外一种推导方法——电势降法

因为电路中给定点的电势值是唯一的,即如果沿回路一周又回到原点,则该点的电势降低必为零。图 11-10 中,任选 A 点为参考点,则顺时针走一周又回到该点,得

$$IR + Ir - \mathscr{E} = 0$$

所以

$$I = \frac{\mathscr{E}}{R+r}$$

4. 电势降法的符号约定

(1) 先任选电路的绕行方向和电流流向；

(2) 若电阻中 I 的流向与绕行方向相同,则该电阻上的电势降为 $+IR$,反之为 $-IR$；

(3) 若电动势的方向与绕行方向相同(即从一到+),则在该电源上的电势降为 $-\mathscr{E}$,反之为 $+\mathscr{E}$；

(4) 若算出的 I 为负,则说明所假设的 I 的方向与实际方向相反。

如在图 11-11 所示的电路中,若 $\mathscr{E}_1 > \mathscr{E}_2$,则电流是逆时针的。根据上述约定,若以顺时针方向为绕行正方向,有

$$\mathscr{E}_1 - I(r_1 + R_1 + R_2 + r_2) - \mathscr{E}_2 = 0$$

则

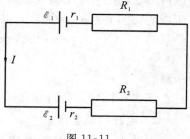

图 11-11

$$I = (\mathscr{E}_1 - \mathscr{E}_2)/(r_1 + R_1 + R_2 + r_2)$$
$$= \sum \mathscr{E}_i \Big/ \sum R_i \tag{11-17}$$

式中，$\sum R_i$ 是回路的总电阻；$\sum \mathscr{E}_i$ 是回路电动势的代数和。

11.4.2　电源所供给的功率

现在还是考虑图 11-9 所示的闭合回路，根据全电路的欧姆定律 $I = \dfrac{\mathscr{E}}{R+r}$，外电阻 R 越小，则 I 越大。再结合式 $U = \mathscr{E} - Ir$ 考虑，则 I 越大，内阻电位降越大，路端电压就越小。外电阻短路时，有

$$R \to 0, \quad U \to 0, \quad I = \frac{\mathscr{E}}{r}$$

一般电源的内阻是很小的，因此短路时电流 I 很大，而且电源提供的全部功率消耗在内阻上，产生大量的热可能把电源烧毁，所以实际中应防止电源短路。在相反的情形里，当外电路的 R 很大时，I 很小，内阻电位降也很小，$U \approx \mathscr{E}$。断路时 $R \to \infty$，$I \to 0$，则 U 严格地等于 $\mathscr{E}$。

电源向负载提供的输出功率为

$$P_{输出} = IU = I^2 R = \left(\frac{\mathscr{E}}{R+r}\right)^2 R \tag{11-18}$$

R 很大或 R 很小时，$P_{输出}$ 都不大，只有 R 的阻值选择得当，才能使输出功率达到最大值。取式（11-18）对 R 的微分，并令它等于 0，则

$$\frac{\mathrm{d}P_{输出}}{\mathrm{d}R} = \mathscr{E}^2 \frac{r-R}{(R+r)^3} = 0$$

由此得 $P_{输出}$ 达到极大值的条件为

$$R = r \tag{11-19}$$

式（11-19）称为负载电阻与电源的匹配条件。应当强调指出，"匹配"的概念只是在电子电路（如多级晶体管放大电路）中才使用，因为在那里电源的内阻一般是较高的，且输出信号的功率本来就很弱，所以才需要使负载与电源匹配，以提高输出功率。通常在低内阻、大功率的电路中不但不需考虑匹配，而且这样做会导致电流过大，容易引起事故，这是很危险的。

这里请大家注意电流的功与电流的热功之间的区别。

（1）电流的功为 $W = IU_{ab}t = qU_{ab}$，此式对线性和非线性电路都适用。做功的结果可以转化为热能，也可以转化为机械能，还可以转化为静电能（如电容器中储存的静电能）或磁能（如线圈中储存的能量）、化学能（如电池的充电）等其他形式的能量。

（2）电流的热功为 $A = \dfrac{U_{ab}^2}{R}t = I^2 Rt$，此式只对线性电路适用。

因为热功定义为 t 时间消耗于电阻的热,它是当电流通过电阻时,由于电子与晶格碰撞使离子振动加剧而发的热。当电路中只有电阻元件时,消耗的电能全部转化为热能。

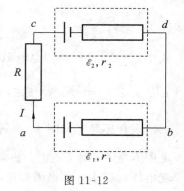

例 11-4 已知 $R=3\ \Omega$,$\mathscr{E}_1=24\ \text{V}$,$r_1=2\ \Omega$,$\mathscr{E}_2=12\ \text{V}$,$r_2=1\ \Omega$,如图 11-12 所示。求:(1) U_{ab};(2) U_{cd};(3) 电池 $\mathscr{E}_1$ 消耗的化学能及输出的有效功率;(4) 输入 $\mathscr{E}_2$ 的功率,及转变成化学能的功率;(5) 电阻 R 上的热功率。

图 11-12

解 $I=\dfrac{\mathscr{E}_1-\mathscr{E}_2}{R+r_1+r_2}=\left(\dfrac{24-12}{3+2+1}\right)\text{A}=2\ \text{A}$

(1) $U_{ab}=\mathscr{E}_1-Ir_1=(24-2\times2)\text{V}=20\ \text{V}$

(2) $U_{cd}=\mathscr{E}_2+Ir_2=(12+2\times1)\text{V}=14\ \text{V}$

(3) $\mathscr{E}_1$ 消耗的化学能 $P_1=I\mathscr{E}_1=(2\times24)\text{W}=48\ \text{W}$

$\mathscr{E}_1$ 有效输出功率 $P_2=IU_{ab}=(2\times20)\text{W}=40\ \text{W}$

(4) 输入 $\mathscr{E}_2$ 的功率 $P_3=IU_{cd}=(2\times14)\text{W}=28\ \text{W}$

转变成 $\mathscr{E}_2$ 化学能的功率 $P_4=I\mathscr{E}_2=(2\times12)\text{W}=24\ \text{W}$

(5) 电阻 R 上的热功率 $P_5=I^2R=(2^2\times3)\text{W}=12\ \text{W}$

11.4.3　一段含源电路的欧姆定律

如图 11-13 所示,在实际应用中,我们往往希望知道某一部分电路的端电压等于多少,这是在实际电路检测中经常用到的问题,即要求出 U_A-U_C 的值为多少?这时可以选用上面的电势降的方法。选走向为 $A\to B\to C$,有

$$U_A-U_C=+I_1(r_1+R_1)-I_2(r_2+R_2+r_3)+\mathscr{E}_1-\mathscr{E}_2+\mathscr{E}_3$$

$$U_{AC}=\sum\mathscr{E}_I+\sum I_iR \tag{11-20}$$

式(11-20)称为一段含源电路的欧姆定律,公式中各量符号的写法与前面的符号约定相同。

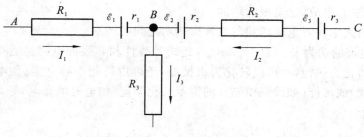

图 11-13

11.5　基尔霍夫定律及其应用

基尔霍夫定律在解决实际电路问题时非常有用,尤其是对复杂电路问题更是如此。该定律由第一定律和第二定律组成。

11.5.1　基尔霍夫第一定律(节点电流定律)

节点:三条或三条以上通电导线的汇聚点称为节点。

节点电流定律:流进节点的电流必定等于流出节点的电流,即

$$\sum I = 0 \tag{11-21}$$

此定律是建立在电荷守恒基础上的。

考虑 $\oint_S \boldsymbol{j} \cdot \mathrm{d}\boldsymbol{S}$ 是穿过 S 面电流的代数和。

根据电荷守恒定律,单位时间内流出 S 内电荷应该等于单位时间内 S 面内电荷的减少,即

$$\oint_S \boldsymbol{j} \cdot \mathrm{d}\boldsymbol{S} = -\frac{\mathrm{d}q}{\mathrm{d}t} \tag{11-22}$$

这就是连续性方程。

对稳恒电流,S 内电荷的分布不随时间变化而变化,即

$$\frac{\mathrm{d}q}{\mathrm{d}t} = 0$$

$$\oint_S \boldsymbol{j} \cdot \mathrm{d}\boldsymbol{S} = 0 \rightarrow \sum I = 0$$

注意:可以证明,对 n 个节点组成的完整电路,只有 $n-1$ 个节点的电流方程是独立的。

11.5.2　基尔霍夫第二定律

基尔霍夫第二定律:沿闭合回路一周电势增量的代数和为零,即

$$\sum \mathscr{E}_i + \sum I_i R_i = 0 \tag{11-23}$$

例 11-5　试推证:图 11-14 所示的传感器技术常用的电桥检测电路中,桥路的输出电压 U_{SC} 与桥臂参数的关系为

$$U_{SC} = U_{CD} = A(R_1 R_4 - R_2 R_3) \tag{11-24}$$

式中,A 为由各桥臂电阻和电源电压 E 决定的常数。

证　如图 11-15 所示,设电路中通过 E、R_1、R_2 的电流依次为 I、I_1、I_2。

对节点 A,有

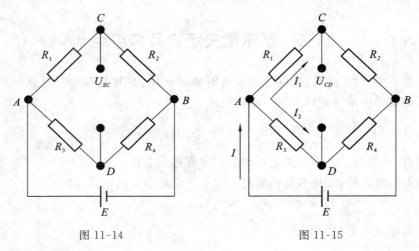

图 11-14　　　　　　　　　　　　图 11-15

$$I = I_1 + I_2 \qquad\qquad ①$$

对 $ADBE$ 回路,有

$$E = R_3 I_2 + R_4 I_2 \qquad\qquad ②$$

对 $ACBE$ 回路,有

$$E = R_1 I_1 + R_2 I_1 \qquad\qquad ③$$
$$U_{CD} = -R_1 I_1 + R_3 I_2 \qquad\qquad ④$$

由式②、式③、式④,解得

$$U_{CD} = -R_1 \frac{E}{R_1 + R_2} + R_3 \frac{E}{R_3 + R_4}$$
$$= \frac{-E}{(R_3 + R_4)(R_1 + R_2)}(R_1 R_4 - R_2 R_3)$$
$$= A(R_1 R_4 - R_2 R_3)$$

对交流电桥,只要将各桥臂的电阻替换为对应阻抗即可。

　　由推导的结果可知,当 $R_1 R_4 = R_2 R_3$ 时,输出电压为零,这时说电桥处于平衡状态。当 R_1 增加或 R_2 减小(或者同时 R_1 增加、R_2 减小,或者对臂电阻沿相反方向变化),都将使电桥失去平衡,有电压输出。我们正是利用这一点来检测非电量的,即将非电量的变化转化为电量(如电阻、电容、电感)的变化,将其接在电桥的一个(称为工作臂)上,利用电桥输出的非平衡电压的大小,感知待测非电量的大小。这是传感器检测非电量的最基本的原理。

　　例 11-6　说明热电偶测量温度的工作原理。

　　解　两种不同的金属将其两端熔接在一起就形成了热电偶,如图 11-16(a)所示。如果两连接端温度不同,回路中就会出现电动势,并有电流产生(见图 11-16(b)),这种装置称温差电偶(也称热电偶)。

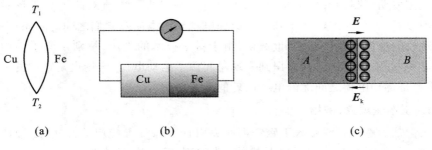

图 11-16

回路的电动势由两部分组成,一是两种不同的金属在接触面处由于两种导体的电子密度不同,而引起电子在接触面上扩散而出现的接触电势（珀耳帖（Peltier）电动势）,二是同一种金属由于两端温度不同,引起导体电子的动能不同而导致电子从高温端向低温端的扩散,出现的温差电势（也称汤姆孙（Thomson）电动势）。接触电势较温差电势大很多,通常在热电偶中只考虑接触电势。

显然扩散的电子将同时受到两种力的作用,一是由于电子密度不同而出现扩散力的场 E_k（这是一种非静电性场强）,图 11-16(c)所示的为由于电子扩散后在边界层面引起的电荷堆积而出现的静电场 E。E_k 与 E 反向,当扩散一定时间后,两场平衡,即 $E_k = -E$,两边界面处出现稳定的电势差,即接触电动势。

由金属电子论可以推出,接触电动势的大小为

$$\mathscr{E} = \frac{kT}{e} \ln \frac{n_A}{n_B} \propto T \tag{11-25}$$

式中,n_A、n_B 分别是 A、B 两材料的电子密度;T 为接触处的绝对温度。

测量和计算表明,接触电动势的数量级一般在 $10^{-3} \sim 10^{-2}$ V。

若将闭合回路的电流（或电动势）测出来,利用式(11-25)就可以计算出温度,这就是热电偶测温的基本原理。

11.6　恒定电流的磁场

1820 年,丹麦的奥斯特发现了电流的磁效应,即当电流通过导线时引起导线近旁的小磁针偏转,这一发现开拓了电磁学研究的新纪元,打开了电应用的新领域。1837 年惠斯通、莫尔斯发明了电动机,1876 年美国的贝尔发明了电话。迄今,无论是科学技术、工程应用,还是人类生活都与电磁学有着密切关系。电磁学给人们开辟了一条认识自然、征服自然的广阔道路。这一节将讨论电流的磁效应。

11.6.1　磁场　磁感应强度

磁现象的发现要比电现象早得多。早在公元前人们就知道磁石能吸引铁,11

世纪我国发明了指南针。但是,直到 19 世纪,在发现了电流对磁场和磁场对电流的作用以后,人们才逐渐认识到磁现象和电现象的本质及它们之间的联系,并扩大了磁现象的应用范围。到 20 世纪初,由于科学技术的进步,特别是原子结构理论的建立和发展,人们进一步认识到磁现象起源于运动电荷,磁场也是物质的一种形式,磁力是运动电荷之间除静电力以外的相互作用力。

1. 基本磁现象、磁场

　　无论是天然磁石或是人工磁铁都有吸引铁、钴、镍等物质的性质,这种性质称为磁性。条形磁铁及其他任何形状的磁铁都有两个磁性最强的区域,称为磁极。将一条形磁铁悬挂起来,其中指北的一极是北极(用 N 表示),指南的一极是南极(用 S 表示)。实验得出以下结论。

　　(1) 极性相同的磁极相互排斥,极性相反的磁极相互吸引。

　　(2) 通过电流的导线(也叫载流导线)附近的磁针,会受到力的作用而偏转(见图 11-17(a))。

　　(3) 放在蹄形磁铁两极间的载流导线,也会因受力而运动(见图 11-17(b))。

　　(4) 载流导线之间也有相互作用力。当两平行载流直导线的电流方向相同时,它们相互吸引;当电流方向相反时,它们相互排斥(见图 11-17(c))。

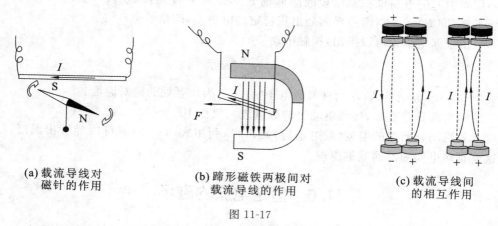

(a) 载流导线对
磁针的作用
　　(b) 蹄形磁铁两极间对
载流导线的作用
　　(c) 载流导线间
的相互作用

图 11-17

　　(5) 通过磁极间的运动电荷也受到力的作用。如电子射线管,当阴极和阳极分别接到高压电源的正极和负极上时,电子流通过狭缝形成一束电子射线。如果在电子射线管外面放一块磁铁,则可以看到电子射线的路径发生弯曲。

　　在相当长的一段时间内,人们一直把磁现象和电现象看成彼此独立的两类现象。直到 1820 年,奥斯特首先发现了电流的磁效应。后来安培发现放在磁铁附近的载流导线或载流线圈,也要受到力的作用而发生运动。进一步的实验还发现,磁铁与磁铁、电流与磁铁之间,以及电流与电流之间都有相互作用。

为什么会有上述磁现象发生呢？为什么会存在相互作用呢？人们通过长期实验才知道,它们之间存在着一种特殊物质,相互作用就是通过它们来传递实现的,这种特殊物质称为磁场,即

随着人们对"磁性本源"的研究的深入,使人们进一步认识到磁现象起源于电荷的运动。1820 年,安培通过他提出的分子电流假说,把物质的磁性与电流即电荷的运动联系起来了,所以上面的规律可以统一为

运动电荷 ────→ | 磁　场 | ────→ 运动电荷

这是最基本的电与磁的关系,即运动电荷周围产生磁场,此磁场又对位于其中的运动电荷施以力的作用。

在关于磁场的早期研究中,人们通过与静电场的类比,认为产生磁场的是位于磁体中的磁荷,这些磁荷与电荷一样,可以只由 N 极或 S 极组成单个的磁荷,但后来研究发现,无论将磁铁分得多么细,任一小的磁铁总是同时对应着 N 极和 S 极,即单一的磁荷是不存在的。但是近代理论物理认为可能存在磁单极,可是实验还没有证实它。

2. 磁感应强度

在静电学中,利用电场对静止电荷有电场力作用这一表现,引入电场强度 E 来定量地描述电场的性质。与此类似,我们利用磁场对运动电荷有磁力作用这一表现,引入磁感应强度 B 来定量地描述磁场的性质,其中 B 的方向表示磁场的方向,B 的大小表示磁场的强弱。

运动电荷在磁场中的受力情况如图 11-18 所示。

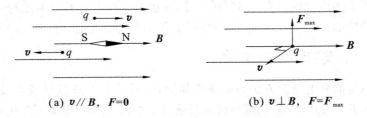

图 11-18　运动的带电粒子在磁场中的受力情况

由大量实验可以得出如下结果。

(1)运动电荷在磁场中所受的磁力随电荷的运动方向与磁场方向之间的夹角

的改变而变化。当电荷运动方向与磁场方向一致时,它不受磁力作用(见图 11-18 (a))。而当电荷运动方向与磁场方向垂直时,它所受磁力最大,用 $\boldsymbol{F}_{\max}$ 表示(见图 11-18(b))。

(2) 磁力的大小正比于运动电荷的电量,即 $F \propto q$。如果电荷是负的,它所受力的方向与正电荷相反。

(3) 磁力的大小正比于运动电荷的速率,即 $F \propto v$。

(4) 作用在运动电荷上的磁力 $\boldsymbol{F}$ 的方向总是与电荷的运动方向垂直,即 $\boldsymbol{F} \perp \boldsymbol{v}$。

由上述实验结果可以看出,运动电荷在磁场中受的力有两种特殊情况:当电荷运动方向与磁场方向一致时,$F=0$;当电荷运动方向垂直于磁场方向时,$F=F_{\max}$。根据这两种情况,可以定义磁感应强度 $\boldsymbol{B}$ 的方向和大小,即在磁场中某点,若正电荷的运动方向与在该点的小磁针 N 极的指向相同或相反时,它所受的磁力为零,把这个小磁针 N 极的指向规定为该点的磁感应强度 $\boldsymbol{B}$ 的方向。

当正电荷的运动方向与磁场方向垂直时,它所受的最大磁力 $F_{\max}$ 与电荷的电量 q 和速度 v 的大小的乘积成正比,但对磁场中某一定点来说,比值 $F_{\max}/(qv)$ 是一定的。对于磁场中不同位置,这个比值有不同的确定值。我们把这个比值规定为磁场中某点的磁感应强度 $\boldsymbol{B}$ 的大小,即

$$B=\frac{F_{\max}}{qv} \tag{11-26}$$

磁感应强度 B 的单位取决于 F、q 和 v 的单位,在国际单位制中,F 的单位是牛顿(N),q 的单位是库仑(C),v 的单位是米/秒(m/s),则 B 的单位是特斯拉,简称为特,符号为 T。所以

$$1 \text{ T}=1 \text{ N} \cdot \text{C}^{-1} \cdot \text{m}^{-1} \cdot \text{s}=1 \text{ N} \cdot \text{A}^{-1} \cdot \text{m}^{-1}$$

应当指出,如果磁场中某一区域内各点 B 的方向一致、大小相等,那么该区域内的磁场就称为均匀磁场。不符合上述情况的磁场就是非均匀磁场。长直螺线管内中部的磁场是均匀磁场。

地球的磁感应强度只有 0.5×10^{-4} T,一般永磁体的磁感应强度约为 10^{-2} T。而大型电磁铁能产生 2 T 的磁场,目前已获得的最强磁场是 31 T。

11.6.2　毕奥-萨伐尔定律

现在用类似静电场的方法和磁场叠加原理,计算任意载流导线在某点产生的磁感应强度 $\boldsymbol{B}$。为此,先把载流导线分割成许多电流元 $Id\boldsymbol{l}$(电流元是矢量,它的方向是该电流元的电流方向),求出每个电流元在该点产生的磁感应强度 $d\boldsymbol{B}$,然后把该载流导线的所有电流元在同一点产生的 $d\boldsymbol{B}$ 叠加,从而得到载流导线在该点产生的磁感应强度 $\boldsymbol{B}$。

稳恒电流的电流元 $Id\boldsymbol{l}$ 在真空中某点 P 所产生的磁感应强度 $d\boldsymbol{B}$ 的大小,与

电流元 Idl 的大小成正比,与电流元 Idl 和由电流元到 P 点的矢径 r 间的夹角 θ 的正弦成正比,而与电流元到 P 点的距离 r 的平方成反比(见图 11-19),即

$$dB = k\frac{Idl\sin\theta}{r^2} \tag{11-27}$$

式中,比例系数 k 取决于单位制的选择,在国际单位制中,k 正好等于 10^{-7} N/A^2。这就是毕奥-萨伐尔定律。

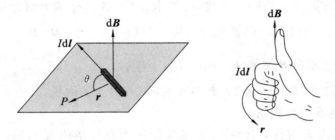

图 11-19　毕奥-萨伐尔定律——电流元所产生的磁感应强度

为了使从毕奥-萨伐尔定律导出的一些重要公式中不出现 4π 因子,令 $k = \frac{\mu_0}{4\pi}$,式中,$\mu_0 = 4\pi k = 4\pi \times 10^{-7}$ N/A^2 称为真空中的磁导率。

于是式(11-27)可写成

$$dB = \frac{\mu_0}{4\pi}\frac{Idl\sin\theta}{r^2} \tag{11-28}$$

dB 的方向垂直于 dl 和 r 所组成的平面,并沿矢积 $Idl \times r$ 的指向,即由 Idl 经小于 180°角转向 r 的右手螺旋方向。若用矢量式表示,毕奥-萨伐尔定律可写成

$$d\boldsymbol{B} = \frac{\mu_0}{4\pi}\frac{Id\boldsymbol{l} \times \boldsymbol{r}_0}{r^2} \tag{11-29}$$

式中,$\boldsymbol{r}_0$ 为 r 的单位矢量。

应该知道,由于无法从电路中截出一段电流来做实验,故毕奥-萨伐尔定律不能由实验直接验证,这个定律实际上是从两个闭合回路之间的相互作用倒推得出的,且由这一定律出发而得出的一些结果都很好地与实验符合,所以其正确性就得到了公认。

11.6.3　毕奥-萨伐尔定律的应用

要确定任意载有稳恒电流的导线在某点的磁感应强度,根据磁场满足叠加原理,由式(11-29)对整个载流导线积分,即

$$\boldsymbol{B} = \int d\boldsymbol{B} = \int_L \frac{\mu_0}{4\pi}\frac{Id\boldsymbol{l} \times \boldsymbol{r}_0}{r^2} \tag{11-30}$$

值得注意的是,式(11-30)中每一电流元在给定点产生的 d$\boldsymbol{B}$ 方向一般不相同,所以上式是矢量积分式。由于一般定积分的含义是代数和,所以求式(11-30)的积分时,应先分析各电流元在给定点所产生的 d$\boldsymbol{B}$ 的方向是否沿同一直线。如果是沿同一直线,则式(11-30)的矢量积分转化为一般积分,即

$$B = \int_L dB = \int_L \frac{\mu_0}{4\pi} \frac{Idl\sin\theta}{r^2} \tag{11-31}$$

如果各个 d$\boldsymbol{B}$ 方向不是沿同一直线,应先求 d$\boldsymbol{B}$ 在各坐标轴上的分量(例如 d$\boldsymbol{B}_x$,d$\boldsymbol{B}_y$,d$\boldsymbol{B}_z$),对它们积分后得 $\boldsymbol{B}$ 的各分量(例如:$\boldsymbol{B}_x = \int_L d\boldsymbol{B}_x$,$\boldsymbol{B}_y = \int_L d\boldsymbol{B}_y$,$\boldsymbol{B}_z = \int_L d\boldsymbol{B}_z$),最后再求出 $\boldsymbol{B}$ 矢量($\boldsymbol{B} = B_x\boldsymbol{i} + B_y\boldsymbol{j} + B_z\boldsymbol{k}$)。

下面应用这种方法讨论几种典型载流导线所产生的磁场。

1. 载流直导线的磁场

设有一长为 L 的载流直导线,放在真空中,导线中电流为 I,现计算与该直线电流邻近的一点 P 处的磁感应强度 $\boldsymbol{B}$。

如图 11-20 所示,在直导线上任取一电流元 $Id\boldsymbol{l}$,根据毕奥-萨伐尔定律,电流元在给定点 P 所产生的磁感应强度大小为

$$dB = \frac{\mu_0}{4\pi} \frac{Idl\sin\alpha}{r^2}$$

d$\boldsymbol{B}$ 的方向垂直于电流元 $Id\boldsymbol{l}$ 与 r 所决定的平面,指向如图 11-20 所示(垂直于 Oxy 平面,沿 z 轴负向)。

由于导线上各个电流元在 P 点所产生的 d$\boldsymbol{B}$ 方向相同,因此 P 点的总磁感应强度等于各电流元所产生 d$\boldsymbol{B}$ 的代数和,用积分表示,有

$$B = \int_L dB = \int_L \frac{\mu_0}{4\pi} \frac{Idl\sin\alpha}{r^2}$$

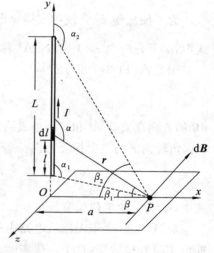

图 11-20　计算直线电流的 $\boldsymbol{B}$

进行积分运算时,应首先把 dl、r、α 等变量用同一参变量表示。现在取矢径 r 与 P 点到直线电流的垂线 PO 之间的夹角 β 为参变量。取 O 点为原点,从 O 到 $Id\boldsymbol{l}$ 处的距离为 l,并以 a 表示 PO 的长度。从图中可以看出

$$\sin\alpha = \cos\beta, \quad r = a\sec\beta, \quad l = a\tan\beta$$

从而

$$dl = a\sec^2\beta d\beta$$

把以上各关系式代入前式中,并按图中所示,取积分下限为 β_1,积分上限为 β_2,得

$$B = \frac{\mu_0 I}{4\pi a} \int_{\beta_1}^{\beta_2} \cos\beta \mathrm{d}\beta = \frac{\mu_0 I}{4\pi a} \sin\beta \Big|_{\beta_1}^{\beta_2} = \frac{\mu_0 I}{4\pi a}(\sin\beta_2 - \sin\beta_1) \qquad (11\text{-}32)$$

式中，β_1 为从 PO 转到导线起点与 P 点连线的夹角；β_2 为从 PO 转到导线终点与 P 点连线的夹角。当 β 角的旋转方向与电流方向相同时，β 取正值；当 β 角的旋转方向与电流方向相反时，β 取负值。图 11-20 中的 β_1 和 β_2 均为正值。

如果载流导线是一无限长的直导线，那么可认为 $\beta_1 = -\frac{\pi}{2}$，$\beta_2 = \frac{\pi}{2}$，所以

$$B = \frac{u_0 I}{2\pi a} \qquad (11\text{-}33)$$

式(11-33)是无限长载流直导线的磁感应强度的表达式，它与毕奥-萨伐尔的早期实验结果是一致的。

2. 圆形电流的磁场

设在真空中，有一半径为 R 的圆形载流导线，通过的电流为 I，计算通过圆心并垂直于圆形导线所在平面的轴线上任意点 P 的磁感应强度 $\boldsymbol{B}$（见图 11-21）。

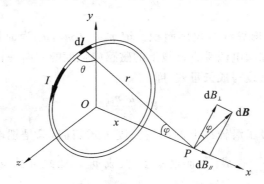

图 11-21　计算圆电流轴线上的 $\boldsymbol{B}$

在圆上任取一电流元 $I\mathrm{d}l$，它在 P 点产生的磁感应强度的大小为 $\mathrm{d}B$，由毕奥-萨伐尔定律，得

$$\mathrm{d}B = \frac{\mu_0}{4\pi} \frac{I\mathrm{d}l\sin\theta}{r^2}$$

由于 $I\mathrm{d}l$ 与 r 垂直，所以 $\theta = \frac{\pi}{2}$，上式可写为

$$\mathrm{d}B = \frac{\mu_0}{4\pi} \frac{I\mathrm{d}l}{r^2}$$

$\mathrm{d}\boldsymbol{B}$ 的方向垂直于电流元 $I\mathrm{d}l$ 和矢径 r 所组成的平面，由于圆形导线上各电流元在 P 点所产生的磁感应强度的方向不同，因此把 $\mathrm{d}\boldsymbol{B}$ 分解成两个分量：平行于 x 轴的分量 $\mathrm{d}B_{/\!/}$ 和垂直于 x 轴的分量 $\mathrm{d}B_\perp$。在圆形导线上，由于同一直径两端的两电流

元在 P 点产生的磁感应强度对 x 轴是对称的,所以它们的垂直分量 $\mathrm{d}B_\perp$ 互相抵消,于是整个圆形电流的所有电流元在 P 点产生的磁感应强度的垂直分量 $\mathrm{d}B_\perp$ 两两相消,所以叠加的结果只有平行于 x 轴的分量 $\mathrm{d}B_\parallel$,即

$$B = B_\parallel = \int_L \mathrm{d}B\sin\varphi = \int_L \frac{\mu_0}{4\pi}\frac{I\mathrm{d}l}{r^2}\sin\varphi$$

式中,$\sin\varphi = \dfrac{R}{r}$。对于给定点 P,r、I 和 R 都是常量,所以

$$B = \frac{\mu_0}{4\pi}\frac{IR}{r^3}\int_0^{2\pi R}\mathrm{d}l = \frac{\mu_0 I}{2}\frac{R^2}{(R^2+x^2)^{3/2}} \tag{11-34}$$

$\boldsymbol{B}$ 的方向垂直于圆形导线所在平面,并与圆形电流有右手螺旋关系。

在式(11-34)中,令 $x=0$,得到圆心处的磁感应强度为

$$B = \frac{\mu_0 I}{2R} \tag{11-35}$$

在轴线上,远离圆心(即 $x \gg R$)处的磁感应强度为

$$B = \frac{\mu_0 IR^2}{2x^3} = \frac{\mu_0 IS}{2\pi x^3}$$

式中,$S = \pi R^2$ 为圆形导线所包围面积。记 $\boldsymbol{p}_\mathrm{m} = IS\boldsymbol{n}_0$,$\boldsymbol{n}_0$ 为面积 S 法线方向的单位矢量,它的方向和圆电流垂直轴线上的磁感应强度的方向一样,与圆电流成右手螺旋关系,则上式可改写成矢量式,即

$$\boldsymbol{B} = \frac{\mu_0 \boldsymbol{p}_\mathrm{m}}{2\pi x^3} \tag{11-36}$$

式(11-36)与电偶极子沿轴线上的电场强度公式相似,只是把电场强度 $\boldsymbol{E}$ 换成磁感应强度 $\boldsymbol{B}$,系数 $\dfrac{1}{2\pi\varepsilon_0}$ 换成 $\dfrac{\mu_0}{2\pi}$,而电矩 $\boldsymbol{p}_\mathrm{e}$ 换成 $\boldsymbol{p}_\mathrm{m}$。由此可见 $\boldsymbol{p}_\mathrm{m}$ 应称为载流圆形线圈的磁矩。式(11-36)可推广到一般平面载流线圈。若平面线圈共有 N 匝,每匝包围的面积为 S,通有电流为 I,线圈平面的法线单位矢量方向的指向与线圈中的电流方向成右手螺旋关系,那么该线圈的磁矩为

$$\boldsymbol{p}_\mathrm{m} = NIS\boldsymbol{n}_0 \tag{11-37}$$

例 11-7 真空中,一无限长载流导线,AB、DE 部分平直,中间弯曲部分为半径 $R = 4.00$ cm 的半圆环,各部分均在同一平面内,如图 11-22 所示。若通以电流 $I = 20.0$ A,求半圆环的圆心 O 处的磁感应强度。

解 由磁场叠加原理,O 点处的磁感应强度 $\boldsymbol{B}$ 是由 AB、BCD 和 DE 三部分电流产生的磁感应强度的叠加。AB 部分为"半无限长"直线电流,在 O 点产生的 $\boldsymbol{B}_1$ 大小为

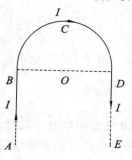

图 11-22

$$B_1 = \frac{\mu_0 I}{4\pi R}(\sin\beta_2 - \sin\beta_1)$$

因
$$\beta_2 = \frac{\pi}{2}, \quad \beta_1 = 0$$

故
$$B_1 = \frac{\mu_0 I}{4\pi R} = \frac{4\pi \times 10^{-7} \times 20.0}{4\pi \times 4.00 \times 10^{-2}} \text{ T} = 5.00 \times 10^{-5} \text{ T}$$

B_1 的方向垂直纸面向里。同理, DE 部分在 O 点产生的 B_2 的大小与方向均与 B_1 相同,即

$$B_2 = \frac{\mu_0 I}{4\pi R} = 5.00 \times 10^{-5} \text{ T}$$

BCD 部分在 O 点产生的 B_3 要用积分计算,即

$$B_3 = \int dB$$

式中, dB 为半圆环上任一电流元 $I dl$ 在 O 点产生的磁感应强度,其大小为

$$dB = \frac{\mu_0 I dl \sin\theta}{4\pi R^2}$$

因为
$$\theta = \frac{\pi}{2}$$

故
$$dB = \frac{\mu_0 I dl}{4\pi R^2}$$

dB 的方向垂直纸面向里。半圆环上各电流元在 O 点产生 dB 方向都相同,则

$$B_3 = \int dB = \int_0^{\pi R} \frac{\mu_0 I dl}{4\pi R^2} = \frac{\mu_0 I}{4R} = \frac{4\pi \times 10^{-7} \times 20.0}{4 \times 4.00 \times 10^{-2}} \text{ T} = 1.57 \times 10^{-4} \text{ T}$$

因 B_1、B_2、B_3 的方向都相同,所以 O 点处总的磁感应强度 B 的大小为

$$B = B_1 + B_2 + B_3 = 5.00 \times 10^{-5} \text{ T} + 5.00 \times 10^{-5} \text{ T} + 1.57 \times 10^{-4} \text{ T}$$
$$= 2.57 \times 10^{-4} \text{ T}$$

B 的方向垂直纸面向里。

11.7 磁场的高斯定理和安培环路定理

为了了解磁场的性质,下面将讨论磁场的高斯定理和安培环路定理。

11.7.1 磁感应线

为了形象地描述磁场分布情况,我们类似地用电场中的电场线来描述电场的分布那样,用磁感应线来表示磁场的分布。为此,规定:

(1) 磁感应线上任一点的切线方向与该点的磁感应强度 B 的方向一致;

（2）磁感应线的密度表示 **B** 的大小,即通过某点处垂直于 **B** 的单位面积上的磁感应线条数等于该点处 **B** 的大小,有

$$B=\frac{\mathrm{d}\Phi_{\mathrm{m}}}{\mathrm{d}S_{\perp}}$$ 　　　　　　(11-38)

式中,$\mathrm{d}\Phi_{\mathrm{m}}$ 为穿过与 **B** 垂直的面积元 $\mathrm{d}S_{\perp}$ 的磁感应线的条数。显然磁感应线稠密处磁场较强,稀疏处磁场较弱。

图 11-23 给出了长直导线、圆环导线、螺线管的磁感应线的分布。从图中可以看出磁感应线都是环绕着电流既无起点又无终点的闭合曲线,并且永不相交。磁感应线的环绕方向与电流方向之间具有右手螺旋关系。

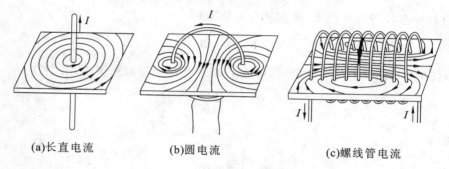

(a)长直电流　　　　(b)圆电流　　　　(c)螺线管电流

图 11-23　几种载流导线的磁感应线

11.7.2　磁通量

与电场中电通量的概念相似,在磁场中穿过任一曲面的磁感应线的条数,定义为穿过该曲面的磁通量(见图 11-24),根据式(11-38),穿过 $\mathrm{d}S_{\perp}$ 上的磁通量为

$$\mathrm{d}\Phi_{\mathrm{m}}=B\mathrm{d}S_{\perp}=B\cos\theta\mathrm{d}S=\boldsymbol{B}\cdot\mathrm{d}\boldsymbol{S}$$ 　(11-39)

式中,$\mathrm{d}\boldsymbol{S}$ 为面积元矢量,其大小等于 $\mathrm{d}S$,其方向沿法线 **n** 的方向。

穿过任意曲面 S 的磁通量等于通过此面积上所有面积元磁通量的代数和,即

$$\Phi_{\mathrm{m}}=\int_{S}\mathrm{d}\Phi_{\mathrm{m}}=\int_{S}\boldsymbol{B}\cdot\mathrm{d}\boldsymbol{S}=\int_{S}B\cos\theta\mathrm{d}S$$
(11-40)

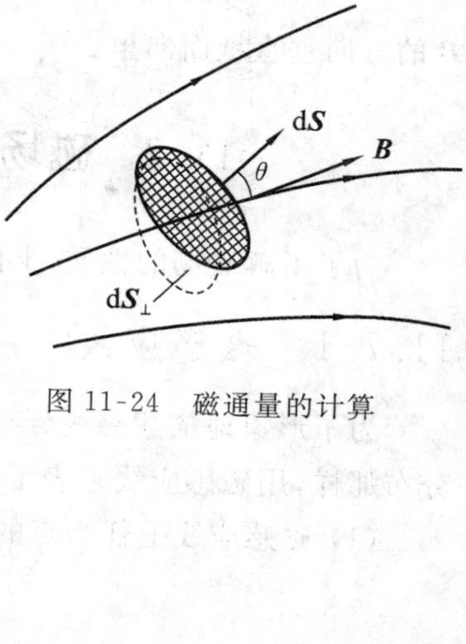

在国际单位制中,磁通量的单位是韦伯,符号为 Wb,即

图 11-24　磁通量的计算

$$1\ \mathrm{Wb}=1\ \mathrm{T/m^2}$$

11.7.3　磁场的高斯定理

对闭合曲面来说,规定取垂直于曲面向外的指向为法线 n 的正方向,于是磁感应线从闭合曲面穿出时的磁通量为正值($\theta<\pi/2$),磁感应线穿入闭合曲面时的磁通量为负值($\theta>\pi/2$)。由于磁感应线是无头无尾的闭合线,所以穿入闭合曲面的磁感应线数必然等于穿出闭合曲面的磁感应线条数。因此,通过磁场中任一闭合曲面的总磁通量恒等于零。这一结论称作磁场中的高斯定理,即

$$\oint_S \boldsymbol{B} \cdot d\boldsymbol{S} = 0 \tag{11-41}$$

式(11-41)称为磁场的高斯定理,是电磁场理论的基本方程之一。在稳恒磁场中,穿过任一闭合曲面的磁通量为零,说明稳恒磁场是无源场,这是磁场的一个重要特征。式(11-41)与静电场中的高斯定理 $\oint_S \boldsymbol{D} \cdot d\boldsymbol{S} = \sum_i q_i$ 相比较不难发现,两者有本质上的区别。在静电场中,由于自然界有独立存在的自由电荷,所以通过某一闭合曲面的电通量可以不为零,说明静电场是有源场。在磁场中,因自然界没有单独存在的磁极,所以通过任一闭合面的磁通量必恒等于零,即 $\oint_S \boldsymbol{B} \cdot d\boldsymbol{S} = 0$,说明磁场是无源场,或者说是涡旋场。

例 11-8　求图 11-25 中穿过与无限长直电流 I 共面的 $\triangle ABC$ 的磁通量。

解　建立如图所示的 Oxy 坐标系,长直导线在空间所激发磁场的磁感应强度的大小为

$$B = \frac{\mu_0 I}{2\pi x}$$

方向垂直纸面向里,显然该磁场不是均匀场。$\triangle ABC$ 中的阴影部分的面积为

$$dS = y dx = (x-a)\tan\theta dx$$

取小面元的正法线方向与 $\boldsymbol{B}$ 的方向一致,

$$d\Phi_m = \boldsymbol{B} \cdot d\boldsymbol{S} = B dS = \frac{\mu_0 I}{2\pi x}(x-a)\tan\theta dx$$

故整个 $\triangle ABC$ 上的总磁通量为

$$\begin{aligned}\Phi_m &= \int d\Phi_m = \int_a^{a+b} \frac{\mu_0 I}{2\pi x}(x-a)\tan\theta dx \\ &= \frac{\mu_0 Ib}{2\pi}\tan\theta - \frac{\mu_0 Ia}{2\pi}\tan\theta \ln\frac{a+b}{a}\end{aligned}$$

请读者认真思考一下,是否可以先求出 $B = \int_a^{a+b} \frac{\mu_0 I}{2\pi x}dx$,再求 $\Phi_m = \boldsymbol{B} \cdot \boldsymbol{S}_\triangle$,为什么?

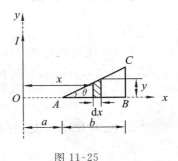

图 11-25

11.7.4　安培环路定理

　　静电场中的电场线不是闭合曲线,电场强度沿任意闭合路径的环流恒等于零,即 $\oint_L \boldsymbol{E} \cdot \mathrm{d}\boldsymbol{l} = 0$。这是静电场的一个重要特征。但是在磁场中,磁感应线都是环绕电流的闭合曲线,因而可预见磁感应强度的环流 $\oint_L \boldsymbol{B} \cdot \mathrm{d}\boldsymbol{l}$ 不一定为零:如果积分路径是沿某一条磁感应线,则在每一线段元上的 $\boldsymbol{B} \cdot \mathrm{d}\boldsymbol{l}$ 都是大于零,所以 $\oint_L \boldsymbol{B} \cdot \mathrm{d}\boldsymbol{l} > 0$。这种环流可以不等于零的场称为涡旋场。磁场是一种涡旋场,这一性质决定了在磁场中不能引入类似电势的概念。

　　在真空中,各点磁感应强度 $\boldsymbol{B}$ 的大小和方向与产生该磁场的电流分布有关。可以预见环流 $\oint_L \boldsymbol{B} \cdot \mathrm{d}\boldsymbol{l}$ 的值也与场源电流的分布有关。下面先给出定理表述,然后再说明正确性。

1. 定理表述

　　磁感应强度 $\boldsymbol{B}$ 沿任意闭合回路 L 的线积分等于这个环路所包围的所有电流强度的代数和的 μ_0 倍,即

$$\oint \boldsymbol{B} \cdot \mathrm{d}\boldsymbol{l} = \mu_0 \sum_i I_i \tag{11-42}$$

其中电流的正负规定如下:任选定一个回路方向,凡是 L 的绕向与 I 满足右手螺旋法则时为正,反之为负。若 I 未穿过回路,则它对式(11-42)右端的贡献为零。

2. 定理验证

　　安培环路定理的普遍证明要用到较多的数学工具,这里不便详述,现在只以长直导线为例,简要地验证本定理的正确性。

　　(1)环路中只包含电流 I,电流的流向为垂直纸面向外。在垂直于导线的平面内,作一包围电流的任意闭合曲线 L,如图 11-26(a)所示。根据式(11-42),K 点的磁感应强度 $\boldsymbol{B}$ 的大小为

$$B = \frac{\mu_0 I}{2\pi r}$$

　　磁感应线是以电流 I 为圆心的一系列同心圆,且成右手螺旋关系,故 $\boldsymbol{B}$ 的方向如图 11-26(a)所示。在 K 点取一绕行方向如图 11-26(a)所示的线元 $\mathrm{d}\boldsymbol{l}$,则有

$$\boldsymbol{B} \cdot \mathrm{d}\boldsymbol{l} = \frac{\mu_0 I}{2\pi r} \cos\theta \mathrm{d}l$$

因为 $\cos\theta \mathrm{d}l \approx KM = r\mathrm{d}\varphi$,所以上式可写为

$$\boldsymbol{B} \cdot \mathrm{d}\boldsymbol{l} = \frac{\mu_0 I}{2\pi r} r\mathrm{d}\varphi = \frac{\mu_0 I}{2\pi} \mathrm{d}\varphi$$

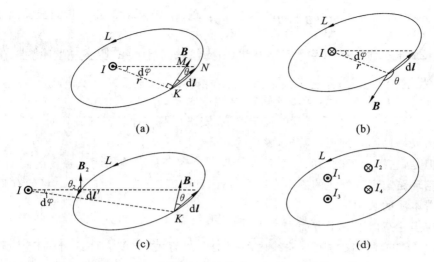

图 11-26　利用长直导线验证安培环路定理

B 的环流为

$$\oint_L \boldsymbol{B} \cdot \mathrm{d}\boldsymbol{l} = \frac{\mu_0 I}{2\pi}\oint_L \mathrm{d}\varphi = \frac{\mu_0 I}{2\pi}2\pi = \mu_0 I$$

（2）如果电流的流向为垂直纸面向里，如图 11-26(b)所示，B 与 $\mathrm{d}\boldsymbol{l}$ 的夹角 θ 介于 $\frac{\pi}{2}\sim\pi$ 之间，则

$$r\mathrm{d}\varphi = \mathrm{d}l\cos(\pi-\theta) = -\mathrm{d}l\cos\theta$$

所以

$$\boldsymbol{B} \cdot \mathrm{d}\boldsymbol{l} = \frac{\mu_0 I}{2\pi r}(-r\mathrm{d}\varphi) = -\frac{\mu_0 I}{2\pi}\mathrm{d}\varphi$$

于是有

$$\oint_L \boldsymbol{B} \cdot \mathrm{d}\boldsymbol{l} = -\mu_0 I$$

（3）如果所取环路不包含电流，如图 11-26(c)所示，那么对应于一个 $\mathrm{d}\varphi$，会在闭合环路中出现两个与之对应的线元 $\mathrm{d}\boldsymbol{l}$ 和 $\mathrm{d}\boldsymbol{l}'$，有

$$\mathrm{d}l\cos\theta_1 = r_1\mathrm{d}\varphi, \quad \mathrm{d}l'\cos\theta_2 = -r_2\mathrm{d}\varphi$$

则两线元与各自点处 B 的数积之和为

$$\boldsymbol{B}_1 \cdot \mathrm{d}\boldsymbol{l} + \boldsymbol{B}_2 \cdot \mathrm{d}\boldsymbol{l}' = 0$$

故对于整个环路有

$$\oint_L \boldsymbol{B} \cdot \mathrm{d}\boldsymbol{l} = 0$$

（4）如果环路中包围的电流不止一个（见图 11-26(d)），利用磁场的叠加原理，也可以求出其环流值，即

$$\oint_L (\boldsymbol{B}_1 + \boldsymbol{B}_2 + \cdots + \boldsymbol{B}_n) \cdot \mathrm{d}\boldsymbol{l} = \mu_0 \sum_i I_i$$

式中，$\sum_i I_i$ 为环路包围电流的代数和，当 I_i 与 L 的环绕方向成右手螺旋时为正，反之为负。

综合以上四种情况，安培环路定理都是成立的。理论上由毕奥-萨伐尔定理可以进一步证明，对任意形状的恒定电流，安培环路定理是普遍成立的。

由安培环路定理可以看出，磁场的环流一般不等于零，所以稳恒磁场不是保守场。但是，它揭示了磁场的一个重要特性——磁场是有旋场的。磁场的高斯定理和安培环路定理所阐述的磁场有两个特性，即无源、有旋，它们与静电场的有源、无旋有着本质的区别。

应当注意以下三个方面。

（1）$\boldsymbol{B}$ 的环流仅与闭合曲线内所围的电流有关，与闭合曲线外的电流无关。但是，闭合曲线上任一点的 $\boldsymbol{B}$ 是由空间所有电流决定的，即与闭合曲线内外的电流有关。

（2）安培环路定理中的电流 I 必须是闭合、恒定的，而且与闭合曲线呈铰链状。对于一段恒定电流的磁场，安培环路定理是不成立的。对于非恒定电流的磁场，安培环路定理也不成立。无限长直导线可认为在无限远处是闭合的。

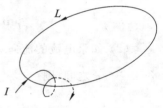

图 11-27

（3）如果一根导线呈螺旋状，多次穿入同一闭合环路，则在 $\sum I$ 中要多次计入，在图 11-27 中，$\sum_i I_i = -2I$。

11.7.5　安培环路定理的应用举例

1. 无限长直圆柱形载流导线内外的磁场

设圆柱体的截面半径为 R，恒定电流 I 沿轴线方向流动，并均匀分布在截面上。因圆柱体是无限长的，所以磁场对圆柱体也呈轴对称分布，磁感应线是在垂直轴线平面内以该平面与轴线交点为中心的一个个同心圆（见图 11-28（a）），那么以这样的圆为积分的闭合路径，并使电流方向与积分路径环绕方向成右手螺旋关系，$\boldsymbol{B}$ 的方向处处与 $\mathrm{d}\boldsymbol{l}$ 平行，在同一圆周上 $\boldsymbol{B}$ 的大小是一样的，所以，$\boldsymbol{B}$ 的环流为

$$\oint_L \boldsymbol{B} \cdot \mathrm{d}\boldsymbol{l} = B 2\pi r$$

对于圆柱体外距轴线距离为 r 的 P 点，因全部电流 I 穿过积分回路，且与积分路径成右手螺旋关系，由安培环路定理得

$$B 2\pi r = \mu_0 I$$

所以 $\qquad\qquad\qquad B=\dfrac{\mu_0 I}{2\pi r}$ （11-43）

显然,无限长载流圆柱体外的磁场与无限长直载流导线所激发的磁场相同,其大小与该点到轴线的距离 r 成反比。

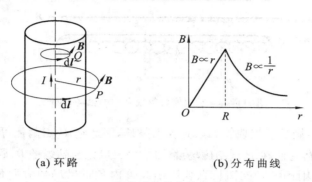

(a) 环路　　　　　　　　　　(b) 分布曲线

图 11-28　圆柱形导线内外的磁场分布

对于圆柱体内距轴线为 r 的 Q 点,以过 Q 点的圆作积分路径(见图 11-28 (a))。此时,闭合路径内所包围的电流仅是总电流 I 的一部分 I',在电流均匀分布时,$I' = \dfrac{I}{\pi R^2}\pi r^2 = I\dfrac{r^2}{R^2}$,由安培环路定理得

$$\oint_L \boldsymbol{B} \cdot \mathrm{d}\boldsymbol{l} = B2\pi r = \mu_0 \frac{I}{R^2}r^2$$

所以,导体内 Q 点的磁感应强度为

$$B = \frac{\mu_0 Ir}{2\pi R^2} \qquad\qquad (11\text{-}44)$$

由此可见,圆柱体导线内部的磁感应强度 $\boldsymbol{B}$ 的大小与离开轴线的距离 r 成正比,$B\text{-}r$ 曲线如图 11-28(b)所示。

如果电流全部均匀分布在圆柱形导线的表面(即载流圆柱面)上,则对于导线外的磁场分布与原来一样,由式(11-43)给出。但对于圆柱内的任一点,因积分路径中不包围电流,$I=0$,所以,由安培环路定理得

$$B = 0 \qquad\qquad (11\text{-}45)$$

2. 载流长直密绕螺线管内的磁场

设螺线管长为 l,直径为 D,且 $l \gg D$,导线均匀密绕在管的圆柱面上,单位长度上的匝数为 n,导线中的电流强度为 I。

用磁场叠加原理作对称性分析:可将长直密绕载流螺线管看作由无穷多个共轴的载流圆环构成,其周围磁场是各匝圆电流所激发磁场的叠加。在长直载流螺线管的中部任选一点 P,在 P 点两侧对称地选择两匝圆电流,曲圆电流的磁场分

布可知两者磁场叠加的结果,磁感强度 B 的方向与螺线管的轴线方向平行,如图 11-29 所示。

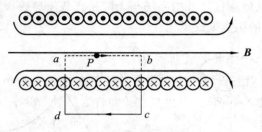

图 11-29　长直密绕螺线管中的磁场分布

由于 $l \gg D$,则长直螺线管可以看成无限长,因此在 P 点两侧可以找到无穷多匝对称的圆电流,它们在 P 点的磁场叠加结果也应该与轴线的 B 是同向的。由于 P 点是任选的,因此可以推知长直载流螺线管内各点磁场的方向均沿轴线方向。磁场分布如图 11-29 所示。

从图 11-29 可以看出,在管内的中央部分,磁场是均匀的,其方向与轴线平行,并可按右手螺旋法则判定其指向;而在管的中央部分外侧,磁场很微弱,可忽略不计,即 $B=0$。据此,选择如图 11-29 所示的过管内任意点 P 的一矩形闭合曲线 $abcda$ 为积分路径 L。在环路的 ab 段上,dl 方向与磁场 B 的方向一致,故在 ab 段上,$B \cdot dl = Bdl$;在环路的 cd 段上,$B=0$,则 $B \cdot dl = 0$;在环路的 bc 段和 da 段上,管内部分 B 与 dl 垂直,管外部分 $B=0$,都有 $B \cdot dl = 0$,因此,沿此闭合路径 L,磁感强度 B 的环流为

$$\oint_L B \cdot dl = \int_{ab} B \cdot dl + \int_{bc} B \cdot dl + \int_{cd} B \cdot dl + \int_{da} B \cdot dl = \int_{ab} Bdl = B\overline{ab}$$

螺线管上每单位长度有 n 匝线圈,通过每匝的电流是 I,则闭合路径所围绕的总电流为 $n\overline{ab}I$,根据右手螺旋法则,其方向是正的。由安培环路定理 $B\overline{ab} = \mu_0 n \overline{ab}I$ 得

$$B = \mu_0 nI \tag{11-46}$$

螺线管为在实验上建立一已知的均匀磁场提供了一种方法,正如平行板电容器提供了建立均匀电场的方法一样。

3. 环形载流螺钱管内外的磁场

均匀密绕在环形管上的圆形线圈称为环形螺线管(常称螺绕环),设总匝数为 N(见图 11-30(a)、(b))。通有电流 I 时,由于线圈绕得很密,所以每一匝线圈相当于一个圆形电流。

下面根据对称性来分析环形螺线管的磁场分布。对于如图 11-30(a)所示的

均匀密绕环形螺线管也称螺绕环,由于整个电流的分布具有中心轴对称性,因而磁场的分布也应具有轴对称性,且不论在螺线管内还是螺线管外,磁场的分布都是轴对称。由于磁感应线总是闭合曲线,所以所有磁感应线只能是圆心在轴线上,并与环面平行的同轴圆。

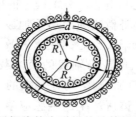

　　　(a)环形螺线管　　　　　　　(b)环形螺线管内磁场的计算用图

图 11-30　环形载流螺线管(常称螺绕环)

将通有电流 I 的矩形螺绕环沿直径切开,其剖面图如图 11-30(b)所示,在环内作一个半径为 r 的环路 L,其绕行方向如图 11-30(b)所示。环路上各点的磁感应强度大小相等,方向由右手螺旋法则可知,与环路绕行方向一致。磁感应强度 $\boldsymbol{B}$ 沿此环路的环流为

$$\oint_L \boldsymbol{B} \cdot \mathrm{d}\boldsymbol{l} = \boldsymbol{B} \cdot \oint_L \mathrm{d}\boldsymbol{l} = B2\pi r$$

环路内包围电流的代数和为 NI。根据安培环路定理,有

$$B2\pi r = \mu_0 NI$$

得
$$B = \frac{\mu_0 NI}{2\pi r} \quad (R_1 < r < R_2) \tag{11-47}$$

可见,螺绕环内任意点处的磁感应强度随着环心的距离而变,即螺绕环内的磁场是不均匀的。

　　用 R 表示螺绕环的平均半径,当 $R \gg R_2 - R_1$ 时,可近似认为环内任一与环共轴的同心圆的半径 $r \approx R$,则式(11-47)可变换为

$$B = \mu_0 \frac{N}{2\pi R} I = \mu_0 nI \quad (R_1 < r < R_2) \tag{11-48}$$

式中,$n = N/(2\pi R)$ 为环上单位长度所绕的匝数。因此,当螺绕环的平均半径比环的内、外半径之差大得多时,管内的磁场可视为均匀的,计算公式与长直螺线管相同。

　　根据同样的分析,在管的外部,也选取与环共轴的圆 L(半径为 r')作积分路径,则 $\oint_L \boldsymbol{B} \cdot \mathrm{d}\boldsymbol{l} = B2\pi r'$。因为 L 所围成的电流强度的代数和为零,由安培环路定理,有 $B2\pi r' = 0$,所以 $B = 0$。也就是说,对均匀密绕螺绕环,由于环上的线圈绕得很密,所以磁场几乎全部集中于管内,在环的外部空间,磁感应强度处处为零。

例 11-9　在半径为 R 的无限长金属圆柱体内部挖去一半径为 r 的无限长圆柱体，两圆柱的轴线平行，相距为 d，如图 11-31 所示，今有电流沿空心柱体的轴线方向流动，电流 I 均匀分布在空心柱体的截面上，分别求圆柱轴线上和空心部分轴线上的磁感应强度的大小。

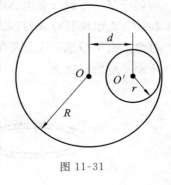

图 11-31

解　利用补偿法和磁场叠加原理计算空间任一点的磁场。将无限长空心圆柱体等效于电流密度大小相同、方向相反、电流沿轴线的两个载流圆柱体(半径分别为 R、r)的叠加，则空间任一点的 **B** 等效于一个完整的载流大圆柱体所产生的磁感应强度与一个反向流动的载流小圆柱体所产生的磁感应强度的矢量和。

由已知条件得，导体横截面上电流密度的大小为

$$j = \frac{I}{\pi(R^2 - r^2)}$$

根据安培环路定理，可求得无限长实心大圆柱体电流。圆柱体电流在其外、内所产生的感应强度的大小 B_1、B_2 分别为

$$B_1 = \frac{\mu_0}{2\pi r_1} \frac{I}{\pi(R^2 - r^2)} \cdot \pi R^2 = \frac{\mu_0 I}{2\pi r_1} \frac{R^2}{R^2 - r^2}$$

$$B_2 = \frac{\mu_0}{2\pi r_2} \frac{I}{\pi(R^2 - r^2)} \cdot \pi r_2^2 = \frac{\mu_0 I}{2\pi} \frac{r^2}{R^2 - r^2}$$

其方向与电流成右手螺旋关系，r_1、r_2 为柱外、内某点到轴线的距离，轴线上磁感应强度为零。同理可得小圆柱体产生的磁感应强度的分布，其形式与上述结果一样，只是方向与大圆柱所产生的 **B** 相反。于是，圆柱轴线上的 $B_大$ 和空心部分轴线上的 $B_小$ 应为

$$B_大 = B_{小外} = \frac{\mu_0}{2\pi d} \frac{I r^2}{R^2 - r^2}$$

$$B_小 = B_{大内} = \frac{\mu_0}{2\pi} \frac{I d}{R^2 - r^2}$$

从以上讨论，可以总结出利用安培环路定理求 **B** 的方法：

(1) 进行对称性分析；

(2) 选取合适的闭合积分路径，使 $\oint_L \boldsymbol{B} \cdot \mathrm{d}\boldsymbol{l}$ 中待求的 **B** 在路径上各点大小相同，方向沿路径切向，并以标量形式提出积分号外，或者使积分路径上的一些点满足 $\boldsymbol{B} \perp \mathrm{d}\boldsymbol{l}$ 或 $B = 0$；

(3) 求 L 内所包围的电流的代数和 $\sum_i I_i$；

（4）由 $\oint_L \boldsymbol{B} \cdot \mathrm{d}\boldsymbol{l} = \mu_0 \sum_i I_i$ 求出 B 的大小，并指出其方向；

（5）某些复杂的载流导体的磁场虽不能直接用安培环路定理求解，但有时可看成几个简单导体的组合（通常说的填补法），而各简单导体产生的磁场可用安培环路定理求解，将各导体产生的磁场进行叠加求得复杂载流导体的磁场。

11.8 运动电荷的磁场

前面我们在讨论基本磁现象时讲过，电流之间的作用是通过磁场来传递的，从电流的形成使我们想到，这种作用可以归结为运动电荷对运动电荷的作用，即运动电荷在周围空间产生磁场，磁场再对位于其中的运动电荷施以力的作用。现在就来研究运动电荷所产生的磁场。

由毕奥-萨伐尔定律，有

$$\mathrm{d}\boldsymbol{B} = \frac{\mu_0}{4\pi} \frac{I\mathrm{d}\boldsymbol{l} \times \boldsymbol{r}}{r^3}$$

因为 $I = qnSv$（见图 11-2），其中 n 是导体中单位体积的电荷数，S 是导体的截面积，v 是电荷 q 运动的速度，所以 $I\mathrm{d}\boldsymbol{l} = qnS\mathrm{d}l\boldsymbol{v}$。又由于 $nS\mathrm{d}l$ 是长为 $\mathrm{d}l$ 一段导体的电荷数 $\mathrm{d}N$，故

$$I\mathrm{d}\boldsymbol{l} = q\boldsymbol{v}\,\mathrm{d}N$$

$$\mathrm{d}\boldsymbol{B} = \frac{\mu_0}{4\pi} \frac{I\mathrm{d}\boldsymbol{l} \times \boldsymbol{r}}{r^3} = \frac{\mu_0 q\,\mathrm{d}N\boldsymbol{v} \times \boldsymbol{r}}{r^3}$$

所以，一个电量为 q 以速度 v 运动的电荷产生的磁场为

$$\boldsymbol{B} = \frac{\mathrm{d}\boldsymbol{B}}{\mathrm{d}N} = \frac{\mu_0}{4\pi} \frac{q\,\boldsymbol{v} \times \boldsymbol{r}}{r^3} \tag{11-49}$$

其方向为垂直 v 与 r 组成的平面，由右手螺旋法则确定。

例 11-10 如图 11-32 所示，一半径为 R_2 带电薄圆盘，其中半径为 R_1 的阴影部分均匀带正电荷，电荷面密度为 $+\sigma$，其余部分均匀带负电荷，电荷面密度为 $-\sigma$，当圆盘以角速度 ω 旋转时，测得圆盘中心点 O 的磁感应强度为零，问 R_1 与 R_2 满足什么关系？

解 当带电圆盘转动时，可看作无数个圆电流的磁场在 O 点的叠加。

半径为 r，宽为 $\mathrm{d}r$ 的圆电流为

$$\mathrm{d}I = \frac{\sigma 2\pi r\mathrm{d}r\omega}{2\pi} = \sigma r\,\mathrm{d}r\omega$$

形成的磁场为

$$\mathrm{d}B = \frac{\mu_0 \mathrm{d}I}{2r} = \frac{1}{2}\mu_0\sigma\omega\,\mathrm{d}r$$

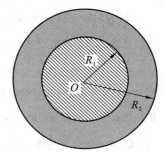

图 11-32

斜线部分产生的磁感应强度为

$$B_+ = \int_0^{R_1} \frac{1}{2} \mu_0 \sigma \omega \, \mathrm{d}r = \frac{\mu_0 \sigma \omega R_1}{2}$$

其余部分产生的磁场为

$$B_- = \int_{R_1}^{R_2} \frac{1}{2} \mu_0 \sigma \omega \, \mathrm{d}r = \frac{1}{2} \mu_0 \sigma \omega (R_2 - R_1)$$

已知 $B_+ = B_-$，则有

$$R_2 = 2R_1$$

习　　题

一、填空题

1. 两段不同金属导体电阻率之比为 $\rho_1 : \rho_2 = 1 : 2$，横截面积之比为 $S_1 : S_2 = 1 : 4$，将它们串联在一起后两端加上电压 u，则各段导体内电流之比 $I_1 : I_2 = \underline{\qquad}$，电流密度之比 $j_1 : j_2 = \underline{\qquad}$，导体内场强之比 $E_1 : E_2 = \underline{\qquad}$。

2. 电压、电流强度、电流密度、电动势、电阻、电导、电导率、电阻率、电功率、热功率密度等属点函数的为 $\underline{\qquad}$。

3. 在一根通有电流 I 的长直导线旁，与之共面地放着一个长、宽各为 a 和 b 的矩形线框，线框的长边与载流长直导线平行，且两者相距为 b，如图 11-33 所示，在此情况下，线框内的磁通量为 $\underline{\qquad}$。

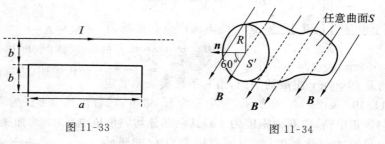

图 11-33　　　　　　　　　　　图 11-34

4. 在匀磁强场 B 中，取一半径为 R 的圆，圆的法线 n 与 B 成 60°角，如图 11-34 所示，则通过以该圆周为边线的如图所示的任意曲面 S 的磁通量 $\Phi_m = \iint\limits_S \boldsymbol{B} \cdot \mathrm{d}\boldsymbol{S} = \underline{\qquad}$。

5. 一半径为 a 的无限长直载流导线，沿轴向均匀地流有电流 I。若作一个半径为 $R = 5a$、高为 l 的柱形曲面，已知此柱形曲面的轴与载流导线的轴平行且相距 $3a$（见图 11-35），则 B 在圆柱侧面 S 上的积分 $\iint\limits_S \boldsymbol{B} \cdot \mathrm{d}\boldsymbol{S} = \underline{\qquad}$。

6. 载有电流 I 的导线由两根半无限长的直导线和半径为 R、以 $Oxyz$ 坐标系原点 O 为中心的 3/4 圆弧组成，圆弧在 Oyz 平面内，两根半无限长直导线分别在 Oxy 平面和 Oxz 平面内且与 x 轴平行，电流流向如图 11-36 所示，O 点的磁感应强度 $B = \underline{\qquad}$（用坐标轴正方向单位矢

量 i, j, k 表示）。

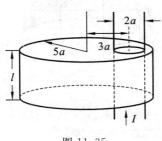　　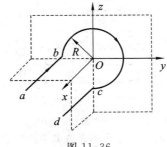

图 11-35　　　　　　　　　　　图 11-36

7. 一质点带有电荷 $q = 8.0 \times 10^{-19}$ C，以速度 $v = 3.0 \times 10^{5}$ m/s 在半径为 $R = 6.00 \times 10^{-8}$ m 的圆周上作匀速圆周运动，该带电质点在轨道中心所产生的磁感应强度 $\boldsymbol{B} =$ _____；该带电质点轨道运动的磁矩 $\boldsymbol{p}_{\mathrm{m}} =$ _____。（$\mu_0 = 4\pi \times 10^{-7}$ H/m）

8. 两根长直导线通有电流 I，图 11-37 所示有三种环路；在每种情况下，$\oint \boldsymbol{B} \cdot \mathrm{d}\boldsymbol{l}$ 等于：

_____（对于环路 a）；

_____（对于环路 b）；

_____（对于环路 c）。

9. 如果电池分别处于充、放电状态，则电池两端的端电压与电源电动势的关系分别是 _____ 和 _____。

10. 两截面不同的铜杆串接在一起，如图 11-38 所示，两端加有电压 U，则关于两杆的电流、电流密度、电场强度、电压 4 个量中相同的量是 _____。

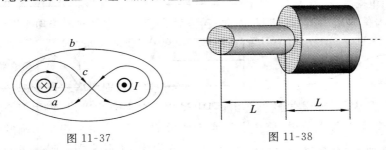

图 11-37　　　　　　　　　　　图 11-38

二、选择题

1. 两根截面大小相同的直铁丝和直铜丝串联后接入一直流电路，铁丝和铜丝内的电流密度和电场强度分别为 j_1、E_1 和 j_2、E_2，则（　　）。

A. $j_1 = j_2$，$E_1 = E_2$　　　　　　　　B. $j_1 > j_2$，$E_1 = E_2$

C. $j_1 = j_2$，$E_1 < E_2$　　　　　　　　D. $j_1 = j_2$，$E_1 > E_2$

2. 如图 11-39 所示的电路中，R_L 为可变电阻，当 R_L 为何值时它将有最大功率消耗（　　）。

A. 18 Ω　　　　　　B. 6 Ω　　　　　　C. 4 Ω　　　　　　D. 12 Ω

3. 如图 11-40 所示，在磁感应强度为 $\boldsymbol{B}$ 的均匀磁场中作一半径为 r 的半球面 S，S 边线所在平面的法线方向单位矢量 $\boldsymbol{n}$ 与 $\boldsymbol{B}$ 的夹角为 α（见图 11-40），则通过半球面 S 的磁通量为（　　）。

A. $\pi r^2 B$　　　　　　　　　　　　　B. $2\pi r^2 B$

C. $-\pi r^2 B \sin\alpha$　　　　　　　　　D. $-\pi r^2 B \cos\alpha$

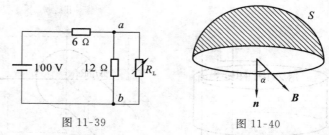

图 11-39　　　　　　　　　　图 11-40

4. 边长为 l 的正方形线圈,分别用图 11-41 所示的两种方式通以电流 I(其中 ab、cd 与正方形共面),在这两种情况下,线圈在其中产生的磁感应强度大小分别为( )。

A. $B_1 = 0, B_2 = 0$

B. $B_1 = 0, B_2 = \dfrac{2\sqrt{2}u_0 I}{\pi l}$

C. $B_1 = \dfrac{2\sqrt{2}u_0 I}{\pi l}, B_2 = 0$

D. $B_1 = 2\sqrt{2}\dfrac{u_0 I}{\pi l}, B_2 = 2\sqrt{2}\dfrac{u_0 I}{\pi l}$

图 11-41

5. 下列哪一条曲线能确切描述载流圆线圈在其轴线上任意点所产生的 **B** 随 x 的变化关系?(见图 11-42,x 坐标轴垂直于圆线圈平面,原点在圆线圈中心 O。)( )

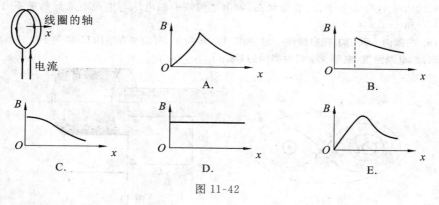

图 11-42

6. 载流的圆形线圈(半径 a_1)与正方形线圈(边长 a_2)通有相同电流 I,若两个线圈的中心 O_1、O_2 处的磁感应强度大小相同(见图 11-43),则半径 a_1 与边长 a_2 之比 $a_1 : a_2$ 为( )。

A. $1:1$　　　　　B. $\sqrt{2}\pi : 1$　　　　　C. $\sqrt{2}\pi : 4$　　　　　D. $\sqrt{2}\pi : 8$

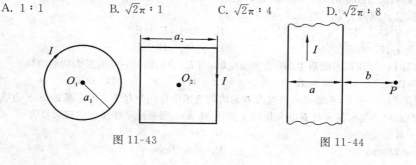

图 11-43　　　　　　　　　　图 11-44

7. 有一无限长通有电流 I、宽度为 a、厚度不计的扁平铜片,电流 I 在铜片上均匀分布,在铜片外与铜片共面、离铜片右边缘 b 处的 P 点(见图 11-44)的磁感应强度 $\boldsymbol{B}$ 的大小为(   )。

A. $\dfrac{u_0 I}{2\pi(a+b)}$ 　　　　　　　　　　B. $\dfrac{u_0 I}{2\pi a}\ln\dfrac{a+b}{b}$

C. $\dfrac{u_0 I}{2\pi b}\ln\dfrac{a+b}{b}$ 　　　　　　　D. $\dfrac{u_0 I}{2\pi\left(\dfrac{1}{2}a+b\right)}$

8. 如图 11-45 所示,两根直导线 ab 和 cd 沿半径方向被接到一个截面处处相等的铁环上,稳恒电流 I 从 a 端流入而从 d 端流出,则磁感应强度 $\boldsymbol{B}$ 沿图中闭合路径 L 的积分 $\oint_L \boldsymbol{B}\cdot \mathrm{d}\boldsymbol{l}$ 等于(   )。

A. $u_0 I$ 　　　　B. $\dfrac{1}{3}u_0 I$ 　　　　C. $\dfrac{1}{4}u_0 I$ 　　　　D. $\dfrac{2}{3}u_0 I$

9. 如图 11-46 所示,A、B 两点间的电压为(   )。

A. 8 V 　　　　B. 0 V 　　　　C. 4 V 　　　　D. 2 V

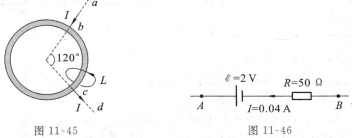

图 11-45　　　　　　　　　　　　　　图 11-46

10. 如图 11-47 所示,有两个完全相同的回路 L_1 和 L_2,回路内包含有无限长直电流 I_1 和 I_2,但在图 11-47(b)中 L_2 外又有一无限长直电流 I_3。P_1 和 P_2 是回路上两位置相同的点,则下列说法正确的是(   )。

A. $\oint_{L_1} \boldsymbol{B}\cdot \mathrm{d}\boldsymbol{l}=\oint_{L_2} \boldsymbol{B}\cdot \mathrm{d}\boldsymbol{l}$,且 $B_{P_1}=B_{P_2}$

B. $\oint_{L_1} \boldsymbol{B}\cdot \mathrm{d}\boldsymbol{l}\neq\oint_{L_2} \boldsymbol{B}\cdot \mathrm{d}\boldsymbol{l}$,且 $B_{P_1}=B_{P_2}$

C. $\oint_{L_1} \boldsymbol{B}\cdot \mathrm{d}\boldsymbol{l}=\oint_{L_2} \boldsymbol{B}\cdot \mathrm{d}\boldsymbol{l}$,且 $B_{P_1}\neq B_{P_2}$

D. $\oint_{L_1} \boldsymbol{B}\cdot \mathrm{d}\boldsymbol{l}=\oint_{L_2} \boldsymbol{B}\cdot \mathrm{d}\boldsymbol{l}$,且 $B_{P_1}\neq B_{P_2}$

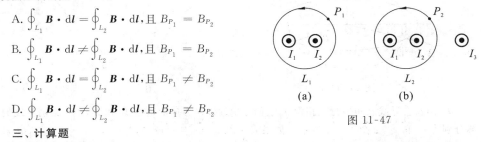

(a)　　　　　　　(b)

图 11-47

三、计算题

1. 有两个同轴导体圆柱面,它们的长度均为 20 m,内圆柱面的半径为 3.0 mm,外圆柱面的半径为 9.0 mm,若两圆柱面之间有 10 μA 电流沿径向流过,求通过半径为 6.0 mm 的圆柱面上的电流密度。

2. 四个电阻均为 6.0 Ω 的灯泡,工作电压为 12 V,把它们并联起来接到一个电动势为 12 V,内阻为 0.20 Ω 的电源上。问:(1) 开一盏灯时,此灯两端的电压多大? (2) 四盏灯全开时,灯两端的电压多大?

3. 有一适用于电压为 110 V 的电烙铁,允许通过的电流为 0.7 A,今准备接入电压为 220 V 的电路中,问应串联多大的电阻?

4. 如图 11-48 所示,$\mathscr{E}_1 = \mathscr{E}_2 = 2.0$ V,内阻 $R_{i1} = R_{i2} = 0.1$ Ω,$R_1 = 5.0$ Ω,$R_2 = 4.8$ Ω,试求:(1) 电路中的电流;(2) 电路中消耗的功率;(3) 两电源的端电压。

5. 一简单串联电路中的电流为 5 A,当我们把另外一个 2 Ω 的电阻插入时,电流减小为 4 A,问原来电路中的电阻是多少?

6. 在图 11-49 中,$\mathscr{E}_1 = 24$ V,$r_{i1} = 2.0$ Ω,$\mathscr{E}_2 = 6$ V,$r_{i2} = 1.0$ Ω,$R_1 = 2.0$ Ω,$R_2 = 1.0$ Ω,$R_3 = 3.0$ Ω,求:(1) 电路中的电流;(2) a、b、c 和 d 各点的电位。

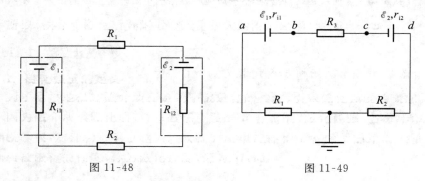

图 11-48   图 11-49

7. 沿边长为 a 的等边三角形导线,流过电流 I,求:

(1) 等边三角形中心的磁感应强度;

(2) 以此三角形为底的正四面体顶角的磁感应强度。

8. 两个半径相同、电流强度相同的圆电流,圆心重合,圆面正交,如图 11-50 所示,如果半径为 R,电流为 I,求圆心处的磁感应强度。

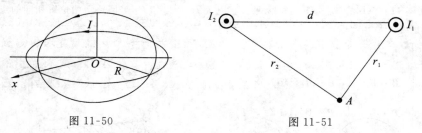

图 11-50   图 11-51

9. 两长直导线互相平行并相距 d,它们分别通以同方向的电流 I_1 和 I_2,A 点到两导线的距离分别为 r_1 和 r_2,如图 11-51 所示。如果 $d = 10.0$ cm,$I_1 = 12$ A,$I_2 = 10$ A,$r_1 = 6.0$ cm,$r_2 = 8.0$ cm,求 A 点的磁感应强度。

10. 在安培环路定理

$$\oint_L \boldsymbol{B} \cdot \mathrm{d}\boldsymbol{l} = \mu_0 I$$

中,安培环路上的 $\boldsymbol{B}$ 是否完全由式中的 I 所产生? 如果 $I = 0$,是否必定有 $B = 0$? 反之,如果在安培环路上 B 处处为零,是否必定有 $I = 0$?

11. 如果把磁场中的总电流分为两类,一类是被安培环路 L 所包围的电流,其代数和用 I

表示,它们共同在安培环路上产生的磁感应强度为 B',另一类是处于安培环路 L 之外的电流,它们共同在安培环路上产生的磁感应强度为 B'',显然安培环路上任一点的磁感应强度 $B = B' + B''$,试证明:

(1) $\oint_L B' \cdot \mathrm{d}l = \mu_0 I$;　　　　　(2) $\oint_L B'' \cdot \mathrm{d}l = 0$。

12. 一长直空心圆柱状导体,电流沿圆柱轴线方向流动,并且电流密度各处均匀,若导体的内、外半径分别为 R_1、R_2,求空心处、导体内部和导体以外磁感应强度的分布。

第12章 磁场对电流的作用力 磁介质中的磁场

已经知道,位于磁场中的载流导线会受到磁场力的作用,而载流导线中只有参与导电的电荷在其中运动。不难想象,载流导线在磁场中所受的磁场的作用力,必定是参与导电的运动电荷所受作用力的总体表现。因此,为了从本质上看清载流导线在磁场中所受的作用力,先研究运动电荷在磁场所受的作用力。

12.1 磁场对运动电荷的作用

我们是通过运动电荷在磁场中的受力来定义磁感应强度的,实验表明:当 B 垂直于 v 时,电荷偏离最厉害,这说明,当 B 垂直于 v 时,电荷受力最大,并把 B 的大小定义为

$$B = \frac{F_{\max}}{qv}$$

反过来,在已知 B 的情况下,由上式就可以求出当 v 垂直于 B 时电荷在磁场中受的磁场力

$$F_{\max} = qvB$$

这种力称为洛伦兹力。

12.1.1 带电粒子在磁场中运动

带电粒子在磁场中受的磁场力称为洛伦兹力。

如图 12-1 所示,一般情况下,当 v 与 B 的夹角为 θ 时,有

$$F_{洛} = qvB\sin\theta \qquad (12\text{-}1)$$

其方向为垂直于 v、B 组成的平面,且满足右手螺旋法则,即

$$F = qv \times B \qquad (12\text{-}2)$$

讨论:

(1) 当 q 为正时,F 的方向为 $v \times B$ 的方向;

(2) 当 q 为负时,F 的方向为 $v \times B$ 的反方向;

(3) 当 v 平行于 B 时,$F = 0$,电荷的运动不受 B 的影响;

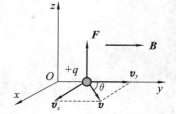

图 12-1 洛伦兹力

（4）当 v 垂直于 B 时，$F=qvB$，电荷做闭合曲线运动，如图 12-2(a)所示。由洛伦兹力提供向心力有

$$F_{tm}=\frac{mv^2}{r}=qvB$$

可以求出曲率半径，即

$$r=\frac{mv}{qB} \tag{12-3}$$

当 B 均匀时，电荷作匀速圆周运动，运动半径和运动周期分别为

$$r=R=\frac{mv}{qB}, \quad T=\frac{2\pi R}{v}=\frac{2\pi m}{qB}$$

（5）当 v 与 B 的夹角为 θ 时，将 v 分解为垂直与平行于 B 的两个分量，$v_{\perp}=v\sin\theta$，$v_{//}=v\cos\theta$，则 q 在 $v_{\perp}$ 分量的作用下作圆周运动，在 $v_{//}$ 分量的作用下 q 匀速前进，故 q 的合运动为等距螺旋运动，如图 12-2(b)所示。

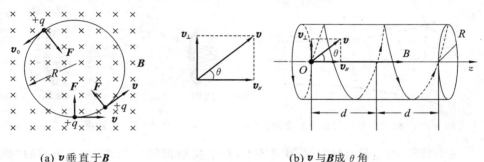

(a) v 垂直于 B 　　　　　　(b) v 与 B 成 θ 角

图 12-2　带电粒子在匀强磁场中运动

螺旋半径为

$$R=\frac{mv\sin\theta}{qB}=\frac{mv_{\perp}}{qB}$$

螺距

$$d=v_{//}T=\frac{2\pi m}{qB}v\cos\theta=v_{//}\frac{2\pi mR}{v_{\perp}}$$
$$=v_{//}\frac{2\pi m}{qB}=v\frac{2\pi m}{qB}\cos\theta \tag{12-4}$$

一束发散角不大的带电粒子束，当它们在磁场 B 的方向上具有大致相同的速度分量时，它们有相同的螺距。经过一个周期它们将重新会聚在另一点，这种发散粒子束会聚到一点的现象与透镜将光束聚焦现象十分相似，因此叫磁聚焦，如图 12-3 所示。磁聚焦广泛应用于电子显微镜等电真空器件

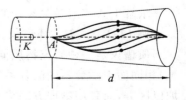

图 12-3　磁聚焦

中，它具有与光学仪器中的透镜类似的作用。

（6）当磁场非均匀时，在非均匀磁场（见图 12-4）中带
电粒子运动的特征如下。

① 向磁场较强方向运动时，螺旋半径不断减小，这是
因为

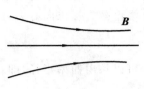

图 12-4　非均匀磁场

$$R = \frac{mv}{qB}, \text{即} R \propto \frac{1}{B}$$

② 粒子受到的洛伦兹力。恒有一个指向磁场较弱方向的分力，从而阻止粒子
向磁场较强方向运动（见图 12-5）。

效果：可使粒子沿磁场方向的速度减小到零，从而反向运动。

其很重要的应用就是磁约束（又称为磁镜）。

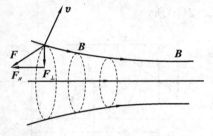

图 12-5　粒子在非均匀磁场的受力

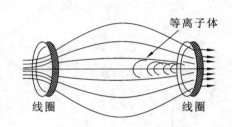

图 12-6　磁约束

在中间弱、两边强且轴对称的磁场中，粒子将被束缚在如图 12-6 所示的"磁
瓶"中，这样粒子在"磁瓶"的两个端面间往返反射（这就是磁镜名称的来源）。用磁
约束可以在受控热核反应中约束等离子体。

12.1.2　带电粒子在电场和磁场中的运动

如果在电荷运动的空间中既有电场又有磁场，则电荷既受电场力作用也受磁
场力的作用，合力为

$$\boldsymbol{F} = q\boldsymbol{E} + q\boldsymbol{v} \times \boldsymbol{B}$$

由牛顿第二定律得电荷的运动方程为

$$\boldsymbol{F} = m\boldsymbol{a} = q\boldsymbol{E} + q\boldsymbol{v} \times \boldsymbol{B} \qquad (12\text{-}5)$$

求解上式一般是很复杂的，现就几种简单情况予以说明。

例 12-1　试叙述质谱仪（见图 12-7）的工作原理。

质谱仪是一种研究物质同位素的装置，所谓同位素是指原子序数（核内质子
数）相同而中子数不同的各种原子。由于它们的化学性质相同，故不能用化学方法
加以区分，而要用物理方法将其分开。

其工作原理是：将电离了的物质经 S_1、S_2 加速电场加速后，使不同质量的粒子

以不同的速度进入电场、磁场中(加在 P_1、P_2 之间的 E 和 B,P_1、P_2 就构成了速度选择器),从速度选择器射出的速度相同、质量不同的粒子经由 A 点垂直射入匀强磁场(磁感应强度也是 B)中作圆周运动,最后打在照像底片 DC 上,不同质量的原子,在 v 一定时,$R = \dfrac{mv}{qB}$ 是不同的,将落在底片的不同位置上,从这些位置就可以求出 m 或 q/m(称为荷质比)。由此可见,要完成这项任务,必须做下列工作。

(1) 使物质电离。将物质加热使之气化,在气化过程中,由于物质系统中的原子、分子作剧烈的热运动,就可能使一部分原子电离成离子,在强电场的加速下,再与其他原子碰撞,进一步使其他原子电离,并以不同的速度冲入加速区。

(2) 将电离后的离子加速(由加在 S_1、S_2 上的加速电压完成)。

(3) 只允许相同速度的离子进入 B 中,由速度选择器 P_1、P_2 完成。

当 $qE = qvB$ 时,离子不偏转,且只有沿细缝 S_1、S_2 的延长线运动的粒子,才能经 A 点进入偏转磁场中,故

$$v = E/B$$

(4) 冲洗底片,量出 R,最后算出 m 或 q/m。

由式 $v = E/B$ 和式(12-3),可以求出

$$m = \frac{RqB^2}{E} \tag{12-5a}$$

或

$$\frac{q}{m} = \frac{E}{RB^2} \tag{12-5b}$$

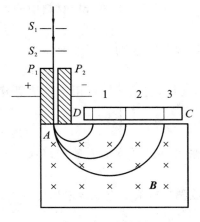

图 12-7 质谱仪

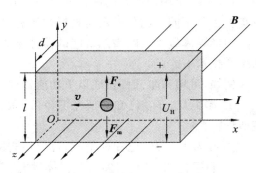

图 12-8 霍尔效应示意图

例 12-2 试说明霍尔效应及其应用。

将通有电流 I 的金属板(或半导体板)置于磁感应强度为 B 的均匀磁场中,磁场方向与电流方向垂直,如图 12-8 所示,在金属板的上、下表面间就显示出横向电

势差,这一现象称为霍尔效应,U_H 则称为霍尔电势差。

实验测定,霍尔电势差的大小和电流 I 及磁感强度 B 成正比,而与板的厚度 d 成反比。这种现象可用载流子受到洛伦兹力来解释。

设一导体薄片宽为 l、厚为 d,把它放在磁感应强度为 $\boldsymbol{B}$ 的均匀磁场中,通以电流 I,方向如图 12-8 所示。如果载流子(金属导体中为电子)作宏观定向运动的平均速度为 $\boldsymbol{v}$,则每个载流子受到的平均洛伦兹力 $\boldsymbol{F}_m$ 的大小为 $F_m = qvB$,它的方向为矢积 $q\boldsymbol{v} \times \boldsymbol{B}$ 的方向,即图中向下的方向。在洛伦兹力作用下,使正载流子聚集于上表面,下表面因缺少正载流子而积累等量异号的负电荷。随着电荷的积累,在两表面之间出现电场强度为 $\boldsymbol{E}_H$ 的横向电场,使载流子受到与洛伦兹力方向相反的电场力 $\boldsymbol{F}_e (= q\boldsymbol{E}_H)$ 的作用。达到动态平衡时,两力方向相反而大小相等,于是有

$$qvB = qE_H$$

所以
$$E_H = vB$$

由于半导体内各处,载流子的平均漂移速度相等,而且磁场是均匀磁场,所以动态平衡时,半导体内出现的横向电场是均匀电场。于是霍尔电压为 $U_H = E_H \cdot l = vlB$,由于电流 $I = nqvS = nqvld$,n 为载流子密度,上面两式消去 v,即得

$$U_H = \frac{1}{nq} \frac{IB}{d} \tag{12-6a}$$

或写成
$$U_H = R_H \frac{IB}{d} \tag{12-6b}$$

式中,$R_H = 1/nq$ 称为材料的霍尔系数。如果载流子是负电荷($q < 0$),霍尔系数是负值,则霍尔电压也是负值。因此,可根据霍尔电压的正负来判断导电材料中的载流子是正的还是负的。

在电流、磁场均相同的前提下,应特别注意:P 型半导体和 N 型半导体的霍尔电势差正负不同。霍尔系数与材料性质有关。

用半导体做成反映霍尔效应的器件称为霍尔元件,它已广泛应用于科学研究和生产技术上。

例如,可用霍尔元件做成以下功能器件。

① 在 I、U_H、R_H 已知的情况下,可以做成测量磁感应强度的磁敏传感仪——高斯计。

② 在 B、U_H、R_H 已知的情况,可以用它来做成测量电流的电流或电压传感器。

③ 利用霍尔效应,可实现磁流体发电。

燃料(油、煤气或原子能反应堆)加热而产生的高温气体(约 3000 K),以高速 v(约 1000 m/s)通过耐高温材料制成的导电管,气体在高温情况下,原子中的一部分电子克服了原子核引力的束缚而变成自由电子,同时原子则因失去了电子变成带正电的离子;在这种高温气流中加入少量容易电离的物质(如钾盐或钠盐),更能

促进气体的电离,从而提高气流的导电率,使气体差不多达到等离子状态。若在垂直于气体运动的方向加上磁场,如图 12-9 所示,则气流中的正、负离子由于受洛伦兹力的作用,将分别向垂直于 v 和 B 的两个相反方向偏转,结果在导电管两侧的电极上产生电势差。如果能不断提供高温高速的等离子气体,便能在电极上连续输出电能。这种发电方式没有转动的机械部分,因损耗少,故可以提高效率,但目前还存在某些技术上的问题有待解决,所以磁流体发电还没有达到实用阶段,它是目前许多国家都在积极研制的一项高新技术。

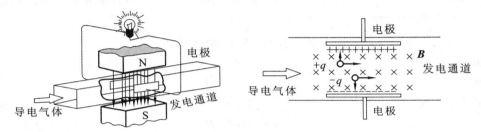

图 12-9　电离气体的霍尔效应

例 12-3　把一宽 2.0 cm、厚 1.0 mm 的铜片,放在 $B=1.5$ T 的磁场中,磁场垂直通过铜片(图 12-8)。如果铜片载有电流 200 A,求呈现在铜片上、下两侧间的霍尔电势差。

解　每个铜原子中只有一个自由电子,故单位体积内的自由电子数 n 即等于单位体积内的原子数。已知铜的相对原子质量为 64,1 mol 铜(0.064 kg)有 6.0×10^{23} 个原子(阿伏加德罗常数),铜的密度为 9.0×10^3 kg/m³,所以铜片中自由电子的密度为 9.0×10^3,那么

$$n = 6.0 \times 10^{23} \times \frac{9.0 \times 10^3}{0.064} \text{ m}^{-3} = 8.4 \times 10^{28} \text{ m}^{-3}$$

由式(12-6a),得霍尔电势差为

$$U_H = \frac{1}{nq}\frac{IB}{d} = -\frac{IB}{ned} = -\frac{200 \times 1.5}{8.4 \times 10^{28} \times 1.6 \times 10^{-19} \times 0.01} \text{ V}$$
$$= -2.2 \times 10^{-5} \text{ V} = -22 \text{ } \mu\text{V}$$

铜片中电流为 200 A 时,霍尔电势差只有 22 μV。可见在通常情况下,铜片中的霍尔效应是很弱的。

在半导体中,载流子浓度 n 远小于金属中自由电子的浓度,因此可得到较大的霍尔电势差。在这些材料中能产生电流的数量级约为 1 mA,如果选用与例 12-3 中铜片大小相同的材料,取 $I=0.1$ mA,$n=10^{20}$ m⁻³,则可算出其霍尔电势差约为 9.4 mV,用一般的毫伏表就能测量出来。

12.2 磁场对载流导线的作用

12.2.1 安培定律

设将电流强度为 I 的导线置于磁场 B 中,则此导线的受力可以用以下方法求得:在导线中取长为 $\mathrm{d}l$ 的一段电流元 $I\mathrm{d}l$,设导体中电荷以速度 v 作定向运动,单位体积的电荷数为 n,则此段导线含有的电荷总数 $N = nS\mathrm{d}l$,各电荷所受洛伦兹力的矢量和即为此电流元的受力,即

$$\mathrm{d}\boldsymbol{F} = qN\boldsymbol{v} \times \boldsymbol{B} = nqS\mathrm{d}l\boldsymbol{v} \times \boldsymbol{B}$$

因为　　　　　　　　　　　　$I = nSvq$

所以　　　　　　　　　　　　$qnS\mathrm{d}l\boldsymbol{v} = I\mathrm{d}\boldsymbol{l}$

最后得

$$\mathrm{d}\boldsymbol{F} = I\mathrm{d}\boldsymbol{l} \times \boldsymbol{B} \tag{12-7}$$

式(12-7)则是安培定律的数学表达式,反映了电流元 $I\mathrm{d}l$ 在 B 中受力的大小和方向,它是安培从大量的实验结果总结得到的。

任意的一段导线所受的力可表示为

$$\boldsymbol{F} = \int \mathrm{d}\boldsymbol{F} = \int I\mathrm{d}\boldsymbol{l} \times \boldsymbol{B} \tag{12-8}$$

将式(12-8)写成分量式,则有

$$\begin{cases} F_x = \int_L I(B_y\mathrm{d}z - B_z\mathrm{d}y) \\ F_y = \int_L I(B_z\mathrm{d}x - B_x\mathrm{d}z) \\ F_z = \int_L I(B_x\mathrm{d}y - B_y\mathrm{d}x) \end{cases} \tag{12-9}$$

例 12-4 求通有电流 I 的半圆形导线在图示磁场中所受的磁场力(见图 12-10)。

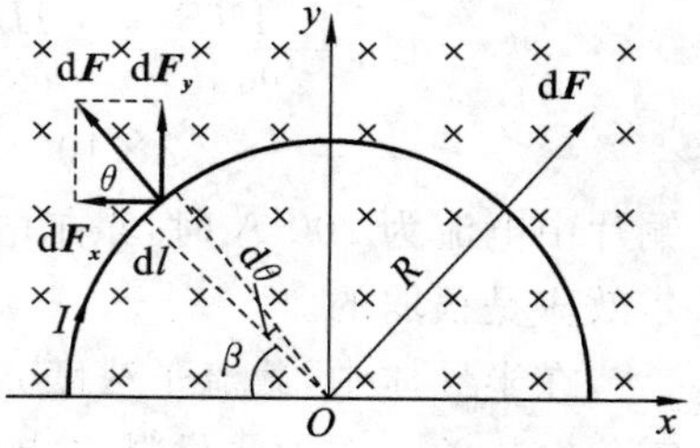

解 已知

$$B_x = B_y = 0, \quad B_z = -B$$

因为　　　　　　　　　$F_x = F_z = 0$

$$F_y = -\int_{-R}^{R} IB_z\mathrm{d}x = IB\int_{-R}^{R}\mathrm{d}x = 2RIB$$

所以　　　　　　　　　$F = F_y = 2RIB$

其方向沿 y 方向。

图 12-10

可见,两端点相距为 $2R$ 的平面导线,当 B 垂直于平面时,所受的力与长为 $2R$

的载流直导线(通有等大电流)的受力大小、方向都相同。

12.2.2　磁场对载流线圈的作用

设将边长为 l_1、l_2 的矩形线圈放入 B 中,若线圈平面法线与 B 成 φ 角,则由图 12-11 可见(通过的电流为 I):ab 边受力向外,大小为 IBl_2;cd 边受力向里,大小同 ab;da 边与 bc 边受力大小为 Ibl_1,方向相反;da 边受力向上,bc 边受力向下,这对力对线圈绕 OO' 轴转动无贡献。

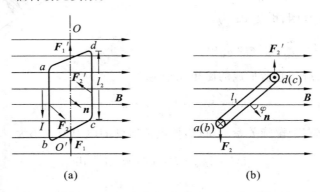

(a)　　　　　　　　　　　(b)

图 12-11　载流线圈在磁场中所受的力矩

整个线圈在力偶矩的作用下,将绕 OO' 轴转动,力偶矩为

$$M=F_{ab}l_1\sin\varphi=IBl_2l_1\sin\varphi=IBS\sin\varphi=p_mB\sin\varphi$$

如果线圈有 N 匝,那么线圈所受的磁力偶矩为

$$M=Np_mB\sin\varphi \tag{12-10}$$

写成矢量式,有

$$\boldsymbol{M}=\boldsymbol{p}_m\times\boldsymbol{B} \tag{12-11}$$

对于非矩形线圈,式(12-11)也成立。

可见,平面载流线圈在均匀磁场中任意位置上所受的合力均为零,整个线圈不会发生平动。因此,在均匀磁场中的平面载流线圈只发生转动,其结果是力矩将使线圈平面的法线有沿外场取向的趋势。

磁场对载流线圈作用力矩的规律是制成各种电动机、动圈式电表和电流计等的基本原理。

在非匀强磁场中线圈所受磁力总和不为零,所以,一般说来平面载流线圈在非均匀磁场既有转动又有平动。这里不作进一步的讨论。

例 12-5　半径为 R、张角为 θ 的扇形薄片,其上带有正电荷,面密度 $\sigma=kr$,k 为常数,r 为薄片上一点到顶点的距离,薄片放在一均匀磁场 B 中,其法线方向与 B 垂直。该薄片以角速度 ω 绕过顶点 O 且垂直于薄片平面的轴作逆时针旋转时,求薄片所受磁力矩的大小和方向。

解　在扇形薄片上取一个半径为 r、宽为 dr 的弧,当它绕 O 点以角速度 ω 旋转时,相当于一个圆电流,整个扇形薄片旋转时相当于半径不同的多个圆线圈的组合,因而在匀强磁场受磁力矩的作用。

如图 12-12 所示,取一半径为 r、宽为 dr 的圆弧,其上所带电荷为

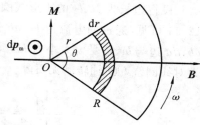

图 12-12

$$dq = \sigma r \theta dr$$

旋转时,形成圆线圈,电流 dI 为

$$dI = \frac{\omega}{2\pi} dq = \sigma r \theta \frac{\omega}{2\pi} dr$$

流向为逆时针方向,它所形成的磁矩大小为

$$dp_m = dI \cdot S = \sigma r \theta \frac{\omega}{2\pi} dr \cdot \pi r^2 = \sigma r^3 \theta \frac{\omega}{2} dr$$

其方向与 dI 成右手螺旋关系。所以,该电流所受的磁力矩大小为

$$dM = dp_m \cdot B\sin\alpha = \sigma r^3 B \frac{\omega\theta}{2} dr$$

式中,$\alpha = \frac{\pi}{2}$ 为 dp_m 与 B 的夹角。方向为在扇形平面内垂直于 B 向上,如图 12-12 所示。整个扇形薄片上所有圆电流的磁力矩的方向是一样的,并注意到 σ 不是常数,$\sigma = kr$,所以扇形薄片所受的磁力矩为

$$M = \int dM = \int_0^R kr^4 B \frac{\omega\theta}{2} dr = R^5 \frac{\omega\theta kB}{10}$$

其方向垂直于 B 向上。

12.2.3　平行电流间的相互作用力

1. 任意两段载流导线之间的相互作用力

任意两段载流导线 $I_1 dl_1$ 与 $I_2 dl_2$ 间的相互作用力不服从牛顿第三定律,因为它们是通过各自在对方处产生的磁场对对方作用的,不是两个直接作用的物体。

由安培定律知,$I_2 dl_2$ 受 I_1 的作用力为

$$dF_2 = I_2 dl_2 \times B_1$$

由毕奥-萨伐尔定律,有

$$B_1 = \int_{L_1} \frac{\mu_0}{4\pi} \frac{I_1 dl_1 \times r}{r^3}$$

电流元 $I_2 dl_2$ 受的力为

$$dF_2 = I_2 dl_2 \times \int_{L_1} \frac{\mu_0}{4\pi} \frac{I_1 dl_1 \times r}{r^3}$$

载流导线 2 受的合力为

$$F_2 = \frac{\mu_0}{4\pi} \int_{L_2} I_2 \mathrm{d}l_2 \times \int_{L_1} \frac{\mu_0}{4\pi} \frac{I_1 \mathrm{d}l_1 \times r}{r^3} \qquad (12\text{-}12\mathrm{a})$$

同理可以算出,载流导线 1 受载流导线 2 的作用力为

$$F_1 = \frac{\mu_0}{4\pi} \int_{L_1} I_1 \mathrm{d}l_1 \times \int_{L_2} \frac{\mu_0}{4\pi} \frac{I_2 \mathrm{d}l_2 \times r}{r^3} \qquad (12\text{-}12\mathrm{b})$$

这是两载流导线间相互作用力的最一般公式。

请注意,任意两个电流元之间的相互作用力不满足牛顿第三定律,但实践证明,任意两个载流回路之间的相互作用力仍然满足等大反向、作用力共线的规律。

2. 特例

上式是最普遍的形式,实际计算时是相当复杂的,这里只就一种特殊情况,即两根无限长、相距为 a 的平行载流导线 L_1、L_2 的相互作用力(见图 12-13)进行讨论。

因为 L_1 在 L_2 处产生的磁场 B 为

$$|B_1| = \left| \int \frac{\mu_0}{4\pi} \frac{I_1 \mathrm{d}l_1 \times r}{r^3} \right| = \frac{\mu_0 I_1}{2\pi a}$$

$$(12\text{-}13\mathrm{a})$$

其方向垂直于纸面向外,即 $\odot$。

L_2 上各电流元受力均同向向右,所以,L_2 受的合力为

$$F_2 = \int_{L_2} I_2 \mathrm{d}l_2 B_1 = L_2 \frac{\mu_0 I_1 I_2}{2\pi a}$$

$$(12\text{-}13\mathrm{b})$$

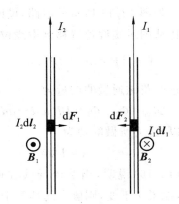

图 12-13　平行电流间的相互作用力

其方向垂直于 L_2 指向 L_1。

同理,可得

$$|B_2| = \left| \int \frac{\mu_0}{4\pi} \frac{I_2 \mathrm{d}l_2 \times r}{r^3} \right| = \frac{\mu_0 I_2}{2\pi a} \qquad (12\text{-}14\mathrm{a})$$

其方向垂直于纸面向里,即 $\otimes$。

L_1 受的合力为

$$F_1 = \int_{L_1} I_1 \mathrm{d}l_1 B_2 = L_1 \frac{\mu_0 I_1 I_2}{2\pi a} \qquad (12\text{-}14\mathrm{b})$$

其方向垂直于 L_1 指向 L_2。

L_2 上单位长度受力为

$$\frac{F_2}{L_2} = \left| \frac{\mu_0}{2\pi} \frac{I_1 I_2}{a} \right| = 2 \times 10^{-7} \frac{I_2 I_1}{a} \qquad (12\text{-}15\mathrm{a})$$

L_1 上单位长度受力为

$$\frac{F_1}{L_1} = \left| \frac{\mu_0}{2\pi} \frac{I_1 I_2}{a} \right| = 2 \times 10^{-7} \frac{I_2 I_1}{a} \tag{12-15b}$$

上式中令 $a = 1$ m，$I_1 = I_2$，则当 $F/L = 2 \times 10^{-7}$ N/m（即每米受力）时，流过 L_1、L_2 的电流称为 1 A，这就是电流单位"安培"的定义，这是一个基本单位，其他的电学单位可以由此单位导出。

12.3　磁 力 的 功

载流导线在磁场 **B** 中要受磁场力作用，当它在磁场中运动时，磁力必对它做功，下面讨论磁场力的功。

12.3.1　载流导线在磁场中运动时，磁力的功

如图 12-14 所示的电路，设回路电阻不变，当通有电流 I、长度 $ab = l$ 的载流导体棒从图示实线位置移到虚线位置 $a'b'$ 时，磁场力做的功为

$$A = \int \boldsymbol{F} \cdot \mathrm{d}\boldsymbol{l} = BIl\,\overline{aa'} = BIlx$$

穿过回路磁通量的增量为

$$\Delta \Phi_m = \Phi_2 - \Phi_1 = Bl(\overline{a'd} - \overline{ad}) = Blx$$

所以，磁力所做的功为

$$A = I\Delta \Phi_m \tag{12-16}$$

式（12-16）说明，当载流导线在磁场中运动时，如果 I 不变，则磁力的功等于 I 乘以回路通量的增量。

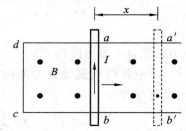

图 12-14　载流导线在磁场中运动，磁力所做的功

12.3.2　载流线圈在磁场中转动时，磁力的功

当线圈从实线位置转到虚线位置处时，磁力的功（见图 12-15）为

$$\mathrm{d}A = -M\mathrm{d}\varphi = -BIS\sin\varphi\mathrm{d}\varphi = BIS\mathrm{d}(\cos\varphi)$$
$$= I\mathrm{d}(BS\cos\varphi) = I\mathrm{d}\Phi_m \quad (\mathrm{d}\varphi < 0)$$

当穿过线圈的磁通量 Φ_m 从 Φ_{m1} 到 Φ_{m2} 时，总功为

$$A = \int_{\Phi_{m1}}^{\Phi_{m2}} I\mathrm{d}\Phi = I(\Phi_{m2} - \Phi_{m1}) = I\Delta\Phi_m \tag{12-17}$$

可以证明，$A = \displaystyle\int_{\Phi_{m1}}^{\Phi_{m2}} I\mathrm{d}\Phi$ 是一个普遍表达式，即使 $I = I(t)$ 也适用。

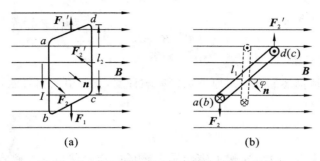

图 12-15　载流线圈在磁场中转动时磁力矩的功

12.4　磁　介　质

到目前为止，我们不但知道了为什么磁场对电流、电流对电流、电流对电荷、电荷对电荷会有作用，而且能够定量计算这些力的大小和确定其方向。但是不要忘记，还有一类最基本的磁现象我们还没有给出合理的解释，即为什么磁铁会吸引铁钉，对铁钉的吸引力为什么会比对铝钉的吸引力大得多，为什么线圈要绕在铁芯上或硅钢片上而不绕在木棒上。这些正是本节要解释的问题。

12.4.1　物质的磁化

如果在载流螺线管中分别放入不同的物质（如 Fe、Al、Cu 等）就会发现，放入 Fe 时，螺线管周围的磁场比真空状态时大很多倍；放入 Al 时，磁场比原来稍大一点；放入 Cu 时，磁场不但不加大，反而略有减小。显然，这是因为放入不同介质而引起的。

1. 磁介质

放入磁场中的实体物质称为磁介质。

在电介质中讲过，将电介质放入电场中后，由于外场的影响，电介质会进入一种特殊的状态——极化状态，由于极化而产生极化电荷，极化电荷也会产生电场，从而使空间的电场由原来的 E_0 变成 E。

与此类似，将磁介质放入磁场中，由于磁介质与原磁场 B_0 的相互作用，也会使磁介质进入一种称为磁化的特殊状态，进入磁化状态的物质也会产生附加磁场，从而使 B_0 变为 B，这就是物质的磁化。

2. 磁化

把位于磁场中处于特殊状态的物质称为物质的磁化。

12.4.2　磁介质中的磁场

1. 介质中磁场

设磁介质磁化后产生的附加磁场为 B'，则空间某点的磁场将是未加介质时的

磁场 $\boldsymbol{B}_0$ 与 $\boldsymbol{B}'$ 的叠加,即

$$\boldsymbol{B} = \boldsymbol{B}' + \boldsymbol{B}_0$$

2. 相对磁导率

为了定量地描述磁介质对原磁场的影响程度,我们引入相对磁导率的概念,表示为

$$\mu_r = \frac{B}{B_0} \tag{12-18}$$

μ_r 是一个无单位的纯数,反映了磁介质在磁场中被磁化后对原磁场的影响程度,其值由磁介质本身的性质决定。

3. 磁介质的分类

$\mu_r > 1$ 的磁介质称为顺磁质,如 Al、O_2、Mn 等。

$\mu_r < 1$ 的磁介质称为抗磁质,如 Cu、Cl 等。

$\mu_r \gg 1$ 的磁介质称为铁磁质,如 Fe、Co 等。

磁介质在磁场中为什么会发生磁化? 磁化的微观本质是什么呢?

12.4.3　磁化微观解释

1. 分子电流与分子磁矩

为了解释物质的磁化,人们引入了分子电流的概念。

我们知道,物质总是由分子、原子组成的,在原子中,核外电子一边绕核高速旋转(公转),一边自转。单个电子绕核高速旋转好像一个圆电流环绕核一样,这个圆电流也会产生磁矩。一个分子中所有电子运动等效的圆电流称为分子电流,分子电流产生的磁矩称为分子磁矩,以 $\boldsymbol{p}_{m分}$ 表示。

前面讨论过磁矩为 $\boldsymbol{p}_m$ 的载流线圈在磁场 $\boldsymbol{B}$ 中要受力矩 $\boldsymbol{M} = \boldsymbol{p}_m \times \boldsymbol{B}$ 的作用,此力矩的作用结果是使 $\boldsymbol{p}_m$ 有沿外场方向取向的趋势。下面将结合具体的磁介质来解释磁化的起因。

2. 顺磁质的磁化

顺磁质的电结构与有极分子电介质类似,其各个分子的磁矩 $\boldsymbol{p}_{m分}$ 的空间取向是杂乱无章的,故无外场时顺磁质对外不显出磁性,或者说各个分子在外部产生的磁感应强度的矢量和为零。当加上外场 $\boldsymbol{B}_0$ 后,各分子都将受到磁力矩 $\boldsymbol{M} = \boldsymbol{p}_{m分} \times \boldsymbol{B}$ 的作用,结果是所有分子的磁矩 $\boldsymbol{p}_{m分}$ 或多或少地沿外场取向,从而使各 $\boldsymbol{p}_{m分}$ 沿外场 $\boldsymbol{B}_0$ 方向的分量之和不再为零,进而使介质内部的合场强 $|\boldsymbol{B}| > |\boldsymbol{B}_0|$。这就是顺磁质的磁化过程,即顺磁质的磁化是各个 $\boldsymbol{p}_{m分}$ 在外场作用下沿外场方向取向造成的。

3. 抗磁质的磁化

抗磁质的电结构: $\boldsymbol{p}_{m分} = \boldsymbol{0}$,即各个分子中电子产生的磁矩的矢量和为零矢量。

这与无极分子电介质类似。因为 $p_\text{m分} = 0, M = 0$，似乎抗磁质不会被磁化。但是，事实说明，抗磁质放入外磁场后对原磁场是有影响的，即会被磁化。那么，它的磁化机制又是什么呢？要弄清楚这个问题，还得从力学中的进动讲起。

如图 12-16 所示为一个高速旋转的陀螺。我们知道，一个倾斜的不转动陀螺，会在重力矩的作用下倾倒，但是如果让它高速旋转，它不但不会倾倒，反而会在外力矩的作用下沿外力矩方向作附加的转动，这种转动称为进动。这个例子说明了以下两个问题。

（1）高速旋转的物体在外力矩（$r \times F$）的作用下不但不会倾倒，还会沿外力矩方向旋转（从角动量的端点看很明显）的现象称为进动。

（2）电子进动产生附加磁矩是抗磁质形成的根本原因（图 12-17）。

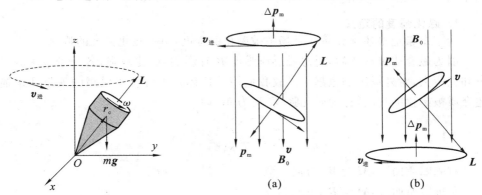

图 12-16　陀螺的进动　　　　图 12-17　分子进动形成附加磁矩的示意图

图 12-17 画出了各种可能的情况，从图可见，不论电子沿何方向旋转，进动形成电流所引起的附加磁矩 $\Delta p_\text{m分}$ 总是与外场 B_0 反向，故 $|B| < |B_0|$。

对顺磁质而言，$\Delta p_\text{m分}$ 也不为零，但是 $p_\text{m分} \gg \Delta p_\text{m分}$，故附加磁矩可以不计。所以，抗磁质的磁化是由于分子中电子的进动产生与外场方向相反的附加磁矩，从而使介质中的总磁场小于原来的磁场。

4. 铁磁质的磁化

铁磁质的电结构：无外场时，铁磁质就有自发饱和磁化的小区域，此区域叫磁畴，其线度最大可达到几个毫米，含有 $10^{17} \sim 10^{21}$ 个原子。各磁畴有自己的磁矩，但是其取向杂乱无章，故对外不显磁性，即 $\sum p_\text{m} = 0$。

有外场时，磁化过程（见图 12-18）分以下两步。

第一步：壁移——磁矩方向与外场方向接近时，磁畴边界扩大，反向时磁畴边界减小。

第二步：转向——当 B_0 增大到一定程度时，所有磁矩方向严格转向外磁场方向。

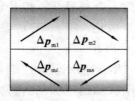

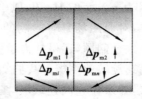
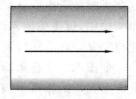

(a) 无外场时　　　　　　　(b) 外场较弱时　　　　　　(c) 外场较强时

图 12-18　铁磁质的磁化

所以,铁介质磁化后其附近会产生很大的附加磁场,使 $|\boldsymbol{B}|\gg|\boldsymbol{B}_0|$。

12.4.4　磁化强度

1. 磁化强度的定义

为了定量地描述磁介质在磁场中被磁化的程度,引入磁化强度的概念。

因为磁介质被磁化后,对总磁感应强度 $\boldsymbol{B}$ 有影响,磁化越强,各分子 $\boldsymbol{p}_{m分}$ 的矢量和就越大,对外场影响也越大。故我们用单位体积中各分子磁矩的矢量和来描述介质被磁化的程度,称为磁化强度,记为 $\boldsymbol{M}$,即

$$\boldsymbol{M} = \frac{\sum\limits_{\Delta V}\boldsymbol{p}_{m分}}{\Delta V} \tag{12-19}$$

对顺磁质而言,$\boldsymbol{M}$ 与 $\boldsymbol{B}_0$ 方向一致;
对抗磁质而言,$\boldsymbol{M}$ 与 $\boldsymbol{B}_0$ 方向相反。

2. 磁化电流 I_S

磁介质被磁化后,产生附加磁场 $\boldsymbol{B}'$,由电流的磁效应,使我们很容易想到这个附加磁场可以看成是一个电流产生的,由于这个附加磁场是介质磁化后产生的,故把这个电流称为磁化电流 I_S。显然 $\boldsymbol{B}'$ 越大,I_S 也越大,磁化越强。它也是反映介质被磁化程度的物理量。图 12-19 为物质磁化的示意图。

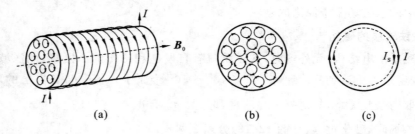

图 12-19　物质磁化

既然磁化电流与磁化强度都是反映介质被磁化程度的物理量,那么 I_S 与 $\boldsymbol{M}$ 必有某种关系,现在就来寻找这种关系。

12.4.5　磁化电流 I_S 与磁化强度 $\boldsymbol{M}$ 的关系

为了便于说明问题，以无限长直螺线管为例来讨论。

在螺线管中放入均匀的顺磁质磁介质，磁介质将被均匀磁化。无磁场 $\boldsymbol{B}_0$ 时，各 $\boldsymbol{p}_{\mathrm{m}分}$ 取向无规则，有 $\boldsymbol{B}_0$ 后各 $\boldsymbol{p}_{\mathrm{m}分}$ 趋向沿外场方向取向，各分子电流在介质内部是抵消的，只有表面上有，这种电流称为安培表面电流。

1. 磁化强度 $\boldsymbol{M}$ 与磁化电流密度 j_s 的关系

由式（12-19）知，用磁化强度表示的分子的总磁矩为

$$\left| \sum_{\Delta V} \boldsymbol{p}_{\mathrm{m}分} \right| = MSL$$

用磁化电流表示分子的总磁矩为

$$\left| \sum_{\Delta V} \boldsymbol{p}_{\mathrm{m}分} \right| = I_\mathrm{S}S = j_\mathrm{s}SL$$

式中，j_s 为磁化电流密度的大小。可见

$$M = j_\mathrm{s} \tag{12-20}$$

2. 磁化强度线积分 $\oint_L \boldsymbol{M} \cdot \mathrm{d}l$ 与磁化电流 I_S 的关系

取回路 $L = abcda$，如图 12-20 所示。

$$\oint_L \boldsymbol{M} \cdot \mathrm{d}l = \int_{ab} \boldsymbol{M} \cdot \mathrm{d}l + \int_{bc} \boldsymbol{M} \cdot \mathrm{d}l$$
$$+ \int_{cd} \boldsymbol{M} \cdot \mathrm{d}l + \int_{da} \boldsymbol{M} \cdot \mathrm{d}l$$

因为 $\boldsymbol{M}$ 的方向为 $\boldsymbol{B}_0$ 的方向，所以

$$\oint_L \boldsymbol{M} \cdot \mathrm{d}l = \int_{ab} \boldsymbol{M} \cdot \mathrm{d}l = M\overline{ab}$$

$$= j_\mathrm{s} \overline{ab} = I_\mathrm{S} \tag{12-21}$$

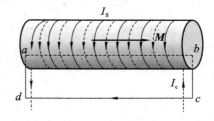

图 12-20　磁化电流与磁化强度

12.5　磁介质中的磁场

现在考察介质磁化后附近的磁场。为此，考察磁介质中的安培环路定理。

12.5.1　有磁介质时的安培环路定理

在讨论安培环路定理时，曾强调过 $\boldsymbol{B}$ 是空间所有电流产生的磁场，而 $\sum_L I_i$ 是 L 内所有电流的代数和，并没有强调 I 是什么电流。现在学了磁化电流概念后，大

家应该想到在 $\sum_L I_i$ 中,除了传导电流和运流电流外,还应该包括磁化电流 I_S,即安培环路定理为

$$\oint_L \boldsymbol{B} \cdot \mathrm{d}l = \mu_0 \sum_L I_i = \mu_0 \sum_L (I_{i0} + I_S) = \mu_0 \left(\sum_L I_{i0} + \oint_L \boldsymbol{M} \cdot \mathrm{d}l \right)$$

即

$$\oint_L \left(\frac{\boldsymbol{B}}{\mu_0} - \boldsymbol{M} \right) \cdot \mathrm{d}l = \sum_L I_{i0}$$

令

$$\boldsymbol{H} = \frac{\boldsymbol{B}}{\mu_0} - \boldsymbol{M} \tag{12-22}$$

则

$$\oint_L \boldsymbol{H} \cdot \mathrm{d}l = \sum_L I_{i0} \tag{12-23}$$

式(12-23)称为磁介质中的安培环路定理。也就是说,H 矢量沿闭合回路 L 的线积分等于此回路所围电流的代数和,与磁化电流无关。将

$$\boldsymbol{H} = \frac{\boldsymbol{B}}{\mu_0} - \boldsymbol{M}$$

称为磁场强度。

注意:磁场强度 H 的环流与磁化电流无关,但磁场强度 H 本身与磁化有关。

12.5.2　磁化强度 M 与磁场强度 H 的关系

实验表明:对于各向同性的非铁磁介质内某点,其磁化强度 M 与磁场强度 H 成正比,即

$$\boldsymbol{M} = \chi_m \boldsymbol{H} \tag{12-24}$$

对各向同性的磁介质,χ_m 等于恒量;对各向异性的磁介质,χ_m 为变量,数值随方向而异。χ_m 是一个没有单位的纯数,称为磁化率。

12.5.3　磁感应强度 B 与磁场强度 H 的关系

因为

$$\boldsymbol{H} = \boldsymbol{B}/\mu_0 - \boldsymbol{M}$$

所以

$$\boldsymbol{B} = (\boldsymbol{H} + \boldsymbol{M})\mu_0 = (1 + \chi_m)\boldsymbol{H}\mu_0$$

$$= \mu_0 \mu_r \boldsymbol{H} = \mu \boldsymbol{H} \tag{12-25}$$

$$u_r = \chi_m + 1 \tag{12-26}$$

称为相对磁导率。

$$\mu = \mu_r \mu_0 \tag{12-27}$$

称为磁导率。

例 12-6　一无限长圆柱形直导线外包一层相对磁导率为 μ_r 的圆筒形磁介质,导

线半径为 R_1，磁介质的外半径为 R_2，导线内有电流 I 通过，如图 12-21(a)所示。求：

（1）磁介质内、外的磁场强度和磁感应强度的分布，并作出 H-r、B-r 曲线；

（2）磁介质内表面的磁化电流密度 j_S。

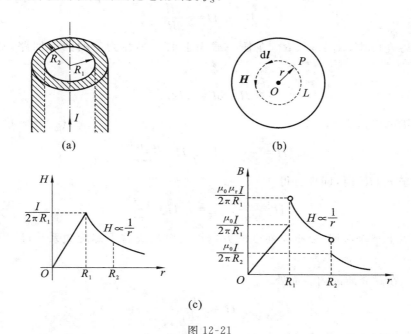

图 12-21

解　（1）利用有磁介质时的安培环路定理求解。对于 $r<R_1$，在导体任一截面上任取一点 P，以圆柱轴线为圆心，以 $\overline{OP}=r$ 为半径作一圆形回路 L，如图 12-21(b)所示，磁场强度 H 沿此回路的线积分为

$$\oint_L \boldsymbol{H} \cdot \mathrm{d}\boldsymbol{l} = \sum_{L内} I_i$$

由对称性可知，在所取圆形回路上各点的磁场强度的大小相等，方向沿切线方向，可以做到回路的环绕方向与 $\boldsymbol{H}$ 的方向处处相同，于是

$$\oint_L \boldsymbol{H} \cdot \mathrm{d}\boldsymbol{l} = H 2\pi r$$

$\sum_{L内} I_i$ 为回路内所围传导电流的代数和，即

$$\sum_{L内} I_i = \frac{I}{\pi R_1^2} \pi r^2$$

其流向与 $\mathrm{d}\boldsymbol{l}$ 成右手螺旋关系，因而有

$$H = \frac{Ir}{2\pi R_1^2}$$

相应的磁感应强度为

$$B = \mu_0 H = \frac{\mu_0 Ir}{2\pi R_1^2}$$

在磁介质中，$R_1 < r < R_2$，在任一截面上取一半径为 r 的圆形回路，对此回路有

$$\oint_L \boldsymbol{H} \cdot \mathrm{d}\boldsymbol{l} = H 2\pi r$$

其内所围的电流为 I，所以

$$H = \frac{I}{2\pi r}, \quad B = \mu H = \frac{\mu_0 \mu_r I}{2\pi r}$$

对于 $r > R_2$ 时，同理可得

$$H = \frac{I}{2\pi r}, \quad B = \mu_0 H = \frac{\mu_0 I}{2\pi r}$$

在以上三个区域，磁感应强度的方向均与电流成右手螺旋关系。H-r、B-r 曲线如图 12-21(c) 所示。

（2）在磁介质的内表面处

$$H = \frac{I}{2\pi R_1}$$

根据式（12-20）及式（12-24）知，磁化电流密度为

$$j_S = M = \chi_m H$$

又由式（12-26）得

$$j_S = (\mu_r - 1) H = (\mu_r - 1) \frac{I}{2\pi R_1}$$

若 $\mu_r > 1$，则 $j_S > 0$，表明磁化电流与传导电流同向，附加场 $\boldsymbol{B}'$ 与原场 $\boldsymbol{B}_0$ 也同向，磁介质是顺磁质；若 $\mu_r < 1$，则 $j_S < 0$，表明磁化电流与传导电流反向，附加磁场 $\boldsymbol{B}'$ 与原场 $\boldsymbol{B}_0$ 反方向，磁介质是抗磁质，显然图 12-21(c) 表示的是顺磁质。

例 12-7　一截面为长方形的螺绕环，其尺寸如图 12-22 所示，共有 N 匝，其上通有电流 I，其中充满相对磁导率为 μ_r 的各向同性均匀磁介质。求：(1) 穿过螺绕管的磁通量；(2) 磁介质内表面的总的磁化电流 I_S。

解　(1) 要求磁通量，必须首先知道磁感应强度 $\boldsymbol{B}$，所以应先求螺绕管中的磁感应强度 $\boldsymbol{B}$。

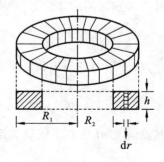

图 12-22

在环内任取一点,过该点作一条与环同心、半径为 r 的圆形回路 L,磁场强度 $\boldsymbol{H}$ 沿此回路的线积分为

$$\oint_L \boldsymbol{H} \cdot \mathrm{d}\boldsymbol{l} = H 2\pi r$$

回路所围电流为 NI,于是

$$H 2\pi r = NI$$

或

$$H = \frac{NI}{2\pi r}$$

环中的磁感应强度为

$$B = \mu H = \frac{\mu_0 \mu_r NI}{2\pi r}$$

显然,B 是位置 r 的函数,各个不同的环上的 B 各不相同。由磁通量的定义知,任一截面上的磁通量为

$$\Phi_m = \int \boldsymbol{B} \cdot \mathrm{d}\boldsymbol{S} = \int_{R_1}^{R_2} \frac{\mu_0 \mu_r NI}{2\pi r} h\, \mathrm{d}r = \frac{\mu_0 \mu_r NI}{2\pi} h \ln \frac{R_2}{R_1}$$

螺绕管上的总磁通量为

$$N\Phi_m = \frac{\mu_0 \mu_r N^2 I}{2\pi r} h \ln \frac{R_2}{R_1}$$

（2）由式(12-21)知

$$\oint_L \boldsymbol{M} \cdot \mathrm{d}\boldsymbol{l} = I_S$$

因此

$$I_S = \oint_L \chi_m \boldsymbol{H} \cdot \mathrm{d}\boldsymbol{l} = \oint_L (\mu_r - 1) \frac{NI}{2\pi R_1} \mathrm{d}l = (\mu_r - 1) \frac{NI}{2\pi R_1} 2\pi R_1 = (\mu_r - 1) NI$$

12.5.4　稳恒电场与稳恒磁场的比较

稳恒电场与稳恒磁场的比较如下。

稳恒磁场	稳恒电场
一、基本物理量	一、基本物理量
（1）磁感应强度 $\boldsymbol{B}$	（1）电场强度 $\boldsymbol{E}$
描述磁场性质的物理量,其大小为	描述电场性质的物理量,其大小为
$$B = \frac{F_{max}}{qv}$$	$$E = \frac{F}{q}$$
方向:小磁针 N 极所指的方向。	方向:正电荷在该点的受力方向。
对电流磁场 $\boldsymbol{B}$ 方向的判断:右手螺旋法则。	

(2) 磁感应线

磁通量:穿过某一曲面的磁感应线数目。

$$\mathrm{d}\Phi_{\mathrm{m}} = \boldsymbol{B} \cdot \mathrm{d}\boldsymbol{S}$$

磁矩 $\boldsymbol{p}_{\mathrm{m}}$:描述载流线圈本身性质的物理量,即

$$\boldsymbol{p}_{\mathrm{m}} = I\boldsymbol{S} = IS\boldsymbol{n}$$

方向:与 I 成右手螺旋关系。

(3) 磁介质

放入磁场中的实物物质

顺磁质 $\mu_{\mathrm{r}} > 1$,抗磁质 $\mu_{\mathrm{r}} < 1$,

铁磁质 $\mu_{\mathrm{r}} \gg 1$

磁化电流

二、基本规律

(1) 毕奥-萨伐尔定律

$$\boldsymbol{B} = \int \mathrm{d}\boldsymbol{B} = \int_L \frac{I\mathrm{d}\boldsymbol{l} \times \boldsymbol{r}_0}{r^2}$$

(2) 安培定律

$$\boldsymbol{F} = \int \mathrm{d}\boldsymbol{F} = \int I \mathrm{d}\boldsymbol{l} \times \boldsymbol{B}$$

三、基本定理

(1) 磁场中的高斯定理

$$\oint_S \boldsymbol{B} \cdot \mathrm{d}\boldsymbol{S} = 0$$

(2) 磁场中的环路定理

$$\oint_L \boldsymbol{H} \cdot \mathrm{d}\boldsymbol{l} = \sum_L I_{i0}$$

四、基本关系

$$\mu = \mu_0 \mu_{\mathrm{r}}$$

$$\boldsymbol{H} = \frac{\boldsymbol{B}}{\mu_0} - \boldsymbol{M}$$

$$\oint_L \boldsymbol{M} \cdot \mathrm{d}\boldsymbol{l} = I_S$$

$$\boldsymbol{M} = \boldsymbol{j}_S$$

(2) 电场线

电通量:穿过某一曲面的电场线数目。

$$\mathrm{d}\Psi_{\mathrm{e}} = \boldsymbol{E} \cdot \mathrm{d}\boldsymbol{S}$$

电偶极矩 $\boldsymbol{p}_{\mathrm{e}}$:描述带电量为 $+q$、$-q$,相距为 l 的一对电荷系统性质的量。

$$\boldsymbol{p}_{\mathrm{e}} = q\boldsymbol{l}$$

方向:从 $-q \rightarrow +q$。

(3) 电介质

放入电场中的不导电的绝缘物质有极分子电介质,无极分子电介质极化电荷。

二、基本规律

(1) 库仑定律

$$\boldsymbol{E} = \int \mathrm{d}\boldsymbol{E} = \int \frac{1}{4\pi\varepsilon_0} \frac{\mathrm{d}q}{r^2} \boldsymbol{r}_0$$

(2) 电场力

$$\boldsymbol{F} = q\boldsymbol{E}$$

三、基本定理

(1) 电场中的高斯定理

$$\oiint_S \boldsymbol{D} \cdot \mathrm{d}\boldsymbol{S} = \iiint_V \rho_0 \mathrm{d}V$$

(2) 电场中的环路定理

$$\oint_L \boldsymbol{E} \cdot \mathrm{d}\boldsymbol{l} = 0$$

四、基本关系

$$\varepsilon = \varepsilon_0 \varepsilon_{\mathrm{r}}$$

$$\boldsymbol{D} = \varepsilon \boldsymbol{E}$$

$$\oint_S \boldsymbol{P} \cdot \mathrm{d}\boldsymbol{S} = -\sum_{S_{\mathrm{内}}} q_i'$$

$$\boldsymbol{P}_{\mathrm{e}} \cdot \boldsymbol{n} = \sigma'$$

习 题

一、填空题

1. 如图 12-23 所示的空间区域内,分布着方向垂直于纸面向里的匀强磁场,在该面内有一正方形边框 $abcd$(磁场以边框为界),而 a、b、c 三个角顶处开有很小的缺口,今有一束具有不同速度的电子由 a 缺口沿 ad 方向射入磁场区域,若 b、c 两缺口处分别有电子射出,则此两处电子的速率之比 $v_b/v_c =$ _____。

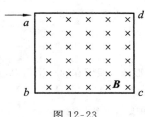

图 12-23

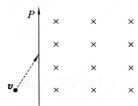

图 12-24

2. 如图 12-24 所示,一个均匀磁场 B 只存在于垂直图面的 P 平面右侧,B 的方向垂直于图面向里。一质量为 m,电荷为 q 的粒子以速度 v 射入磁场,v 在图面内与界面 P 成某一角度。那么粒子在从磁场中射出前是作半径为 _____ 的圆周运动。如果 $q>0$ 时,粒子在磁场中的路径与边界围成的平面区域的面积为 S,那么 $q<0$ 时,其路径与边界围成的平面的区域的面积为 _____。

3. 如图 12-25 所示,在真空中有一半径为 a 的 3/4 圆弧形的导线,其中通以稳恒电流 I,导线置于均匀外磁场 B 中,且 B 与导线所在平面垂直,则该载流导线 $\overgroup{bc}$ 所受的磁力大小为 _____。

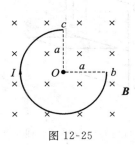

图 12-25

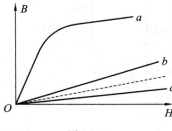

图 12-26

4. 如图 12-26 所示为三种不同的磁介质的 B-H 关系曲线,其中虚线表示的是 $B=\mu_0 H$ 的关系。说明 a、b、c 各代表哪一类磁介质的 B-H 关系曲线。

a 代表 _____ 的 B-H 关系曲线。

b 代表 _____ 的 B-H 关系曲线。

c 代表 _____ 的 B-H 关系曲线。

5. 长直电缆由一个圆柱导体和一共轴圆筒状导体组成,两导体中有等值反向均匀电流 I

通过,其间充满磁导率为 μ 的均匀磁介质。介质中离中心轴距离为 r 的某点处的磁场强度大小为_____,磁感应强度的大小为_____。

二、选择题

1. 无限长载流空心圆柱导体的内外半径分别为 a、b,电流在导体截面上均匀分布,则空间各处 $\boldsymbol{B}$ 的大小与场点到圆柱中心轴线的距离 r 的关系如图 12-27 所示,正确的图是(　　)。

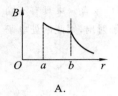　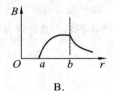　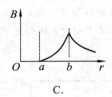　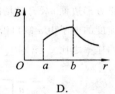

A.　　　　　　　　　B.　　　　　　　　　C.　　　　　　　　　D.

图 12-27

2. 如图 12-28 所示,无限长直载流导线与正三角形载流线圈在同一平面内,若长直导线固定不动,则载流三角形线圈将(　　)。

A. 向着长直导线平移　　　　　　　　　B. 离开长直导线平移

C. 转动　　　　　　　　　　　　　　　D. 不动

3. 下列关于真空中电流元 $I_1 d l_1$ 与电流元 $I_2 d l_2$ 之间的相互作用说法正确的是(　　)。

A. $I_1 d l_1$ 与 $I_2 d l_2$ 直接进行作用,且服从牛顿第三定律

B. 由 $I_1 d l_1$ 产生的磁场与 $I_2 d l_2$ 产生的磁场之间相互作用,且服从牛顿第三定律

C. 由 $I_1 d l_1$ 产生的磁场与 $I_2 d l_2$ 产生的磁场之间相互作用,但不服从牛顿第三定律

D. 由 $I_1 d l_1$ 产生的磁场与 $I_2 d l_2$ 进行作用,或由 $I_2 d l_2$ 产生的磁场与 $I_1 d l_1$ 进行作用,且不服从牛顿第三定律

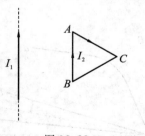　　　　　　　　　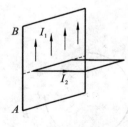

图 12-28　　　　　　　　　　　　图 12-29

4. 一固定的载流大平板,在其附近有一载流小线框能自由转动或平动。线框平面与大平板垂直,大平板的电流与线框中电流方向如图 12-29 所示,则通电线框的运动情况从大平板向外看是(　　)。

A. 靠近大平板 AB　　　　　　　　　B. 顺时针转动

C. 逆时针转动　　　　　　　　　　　D. 离开大平板向外运动

5. 关于稳恒磁场磁场强度 $\boldsymbol{H}$ 的下列几种说法中正确的是(　　)。

A. $\boldsymbol{H}$ 仅与传导电流有关

B. 若闭合曲线内没有包围传导电流,则曲线上各点的 H 必为零

C. 若闭合曲线上各点的 H 均为零,则该曲线所包围传导电流的代数和为零

D. 以闭合曲线 L 为边缘的任意曲面的 H 通量均相等

6. 取一闭合积分回路 L,使三根载流导线穿过它所围成的面。现改变三根导线之间的相互间隔,但不越出积分回路,则(　　)。

A. 回路 L 内的 $\sum I$ 不变,L 上各点的 B 不变

B. 回路 L 内的 $\sum I$ 不变,L 上各点的 B 改变

C. 回路 L 内的 $\sum I$ 改变,L 上各点的 B 不变

D. 回路 L 内的 $\sum I$ 改变,L 上各点的 B 改变

7. 一铜条置于均匀磁场中,铜条中电子流的方向如图 12-30 所示,试问下述哪种情况将会发生?(　　)

A. 在铜条上 a、b 两点产生电势差,且 $U_a > U_b$

B. 在铜条上 a、b 两点产生电势差,且 $U_a < U_b$

C. 在铜条上产生涡流

D. 电子受到洛伦兹力而加速

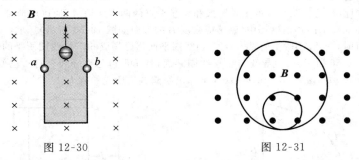

图 12-30　　　　　　　　　　　图 12-31

8. 一均匀磁场,其磁感应强度方向垂直于纸面向外,两带电粒子在磁场中的运动轨迹如图 12-31 所示,则(　　)。

A. 两粒子的电荷必然同号

B. 两粒子的电荷可以同号也可以异号

C. 两粒子的动量大小必然不同

D. 两粒子的运动周期必然不同

9. 一质量为 m、电量为 q 的粒子,以与均匀磁场 B 垂直的速度 v 射入磁场内,则粒子运动轨道所包围范围内的磁通量 Φ_m 与磁感应强度 B 大小的关系曲线如图 12-32 所示,其中正确的是(　　)。

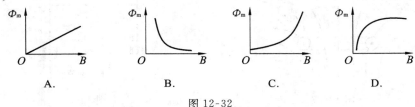

A.　　　　　　B.　　　　　　C.　　　　　　D.

图 12-32

10. 如图 12-33 所示,匀强磁场中有一矩形通电线圈,它的平面与磁场平行,在磁场作用下,线圈发生转动,其方向是( )。

A. ab 边转入纸内,cd 边转出纸外　　　　B. ab 边转出纸外,cd 边转入纸内

C. ab 边转入纸内,bc 边转出纸外　　　　D. ab 边转出纸外,bc 边转入纸内

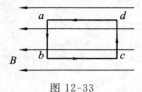

图 12-33

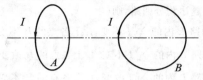

图 12-34

11. 有两个半径相同的圆环形载流导线 A、B,它们可以自由转动和移动,把它们放在相互垂直的位置上,如图 12-34 所示,将发生哪一种运动?( )

A. A、B 均发生转动和平动,最后两线圈电流同方向并紧靠一起

B. A 不动,B 在磁力作用下发生转动和平动

C. A、B 都在运动,但运动的趋势不能确定

D. A 和 B 都在转动,但不平动,最后两线圈磁矩同方向平行

三、计算题

1. 一线圈由半径为 0.2 m 的 1/4 圆弧和相互垂直的两直线组成,通以电流 2 A,把它放在磁感应强度为 0.5 T 的均匀磁场中(磁感应强度 $\boldsymbol{B}$ 的方向如图 12-35 所示)。求:(1) 当线圈平面与磁场垂直时,圆弧 $\overparen{AB}$ 所受的磁力;(2) 当线圈平面与磁场成 60° 时,线圈所受的磁力矩。

2. 如图 12-36 所示,长直导线与矩形线圈共面,且 DF 边与直导线平行。已知 $I_1 = 20$ A,$I_2 = 10$ A,$d = 1.0$ cm,$a = 9.0$ cm,$b = 20.0$ cm,求线圈各边所受的磁力。

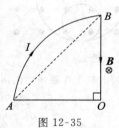

图 12-35

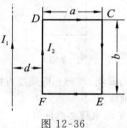

图 12-36

3. 一半径为 4.0 cm 的圆环,放在磁场内,对环而言,各处磁场的方向是对称发射的,如图 12-37 所示。圆环所在处的磁感应强度的量值为 0.1 T,磁场的方向与环面法向成 60°。当圆环中通有电流 $I = 15.8$ A 时,求圆环所受合力的大小和方向。

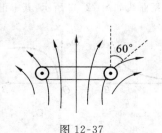

图 12-37

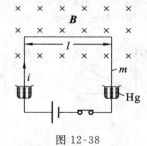

图 12-38

4. 有一根质量为 m 的倒 U 形导线,两端浸没在水银槽中,导线的上段处在均匀磁场 $\boldsymbol{B}$ 中,如图 12-38 所示,如果使一个电流脉冲,即电量 $q=\int i\,dt$ 通过导线,这导线就会跳起来,假定电流脉冲的持续时间与导线跳起来的时间相比为非常小,试由导线所达高度 h 计算电流脉冲的大小。(设 $B=0.10$ T, $m=10\times10^{-3}$ kg, $l=0.20$ m 和 $h=0.30$ m。)

5. 横截面积 $S=2.0$ mm² 的铜线,弯成 U 形,其中 OA 和 $O'D$ 两段保持水平方向不动,AB-BC-CD 段是边长为 a 的正方形的三边,U 形部分可绕 OO' 轴转动,如图 12-39 所示,整个导线放在匀强磁场 $\boldsymbol{B}$ 中,$\boldsymbol{B}$ 的方向竖直向上。已知铜的密度 $\rho=8.9\times10^3$ kg/m³,当这铜线中的电流 $I=10$ A 时,在平衡情况下,AB 段和 CD 段与竖直方向的夹角 $\alpha=15°$,求磁感应强度 $\boldsymbol{B}$。

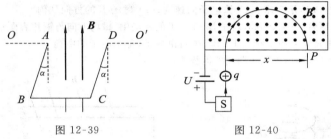

图 12-39　　　　　　　　　　图 12-40

6. 质谱仪的构造原理如图 12-40 所示。离子源 S 产生质量为 M、电荷为 q 的离子,离子产生出来时速度很小,可以看作是静止的;离子飞出 S 后经过电压 U 加速,进入磁感应强度为 $\boldsymbol{B}$ 的均匀磁场,沿着半个圆周运动,达到记录它的底片上的 P 点,可以测得 P 点的位置到入口的距离为 x,试证明离子的质量 $M=\dfrac{qB^2}{8U}x^2$。

7. 在一个电视显像管里,电子在水平面内从南到北运动,动能 $E_k=1.0\times10^4$ eV。该处地球磁场在竖直方向的分量向下,大小为 $B=5.5\times10^{-5}$ T。问:

(1)电子受地球磁场的影响往哪个方向偏转?

(2)电子的加速度有多大?

(3)电子在显像管内南北方向上飞经 20 cm 时,偏转有多大?

8. 如图 12-41 所示,P、Q 处为两根"无限长"的载流直导线,载有电流为 I。今有一电子在 A 点,其速度 v 与电流同向,求电子所受洛伦兹力的大小及方向。

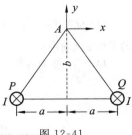

图 12-41

9. 汤姆逊测定电子荷质比所用的仪器如图 12-42 所示。自热阴极 K 射出的电子束经 K、A 间的加速后,穿过 B 孔以匀速进入电容器的两极板 C、D 之间,受电场的偏转,射到荧光屏上 F' 点(不加电场时射在 F 点),设电子进入电容器两极板的初速为 v_0,极板宽度为 l,两极板间匀场强为 E,自极板端点到荧光屏上距离为 L,电子束在荧光屏上光点偏离的距离 FF' 为 y,电子所受重力影响可以忽略不计。试证明电子的荷质比 $\dfrac{e}{m}=\dfrac{v_0^2}{E}y\left(lL+\dfrac{l^2}{2}\right)^{-1}$。

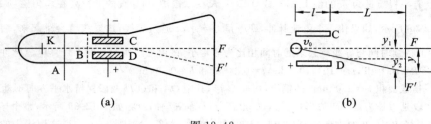

图 12-42

10. 一电子在 $B = 20 \times 10^{-4}$ T 的磁场中沿半径为 $R = 2.0$ cm 的螺旋线运动,螺距为 $h = 5.0$ mm,如图 12-43 所示。求:(1) 该电子的速度;(2) 磁场 B 的方向如何?

11. 一铜片厚为 $d = 1.0$ mm,放在 $B = 1.5$ T 的磁场中,磁场方向与铜片表面垂直,如图 12-44 所示,已知铜片里每立方厘米有 8.4×10^{22} 个自由电子,每个电子的电荷 $e = -1.6 \times 10^{-19}$ C,当铜片中有 $I = 200$ A 电流时,求铜片两侧的电势差。

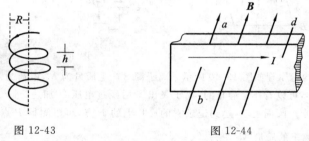

图 12-43　　　　　　　　　图 12-44

12. 样品如图 12-45 所示,已知它的横截面积为 S,宽为 W,载有电流 I。外磁场 B 垂直于电流(图中 B 垂直纸面向外)。设单位体积中有 n 个载流子,每个载流子的电荷为 q,平均定向速率为 v。

(1) 证明:这块样品中存在一个大小为 $E = vB$ 的电场,并指出 E 的方向。

(2) 求横截面两边 a、b 的电势差 V,哪边电势高?

(3) 霍尔常数定义为 $R_H = \dfrac{ES}{IB}$,证明 $R_H = \dfrac{1}{nq}$。

(4) 证明 $R_H = \dfrac{u_m}{\gamma}$,式中,$\gamma$ 为样品的电导率,u_m 为载流子的迁移率(即单位电场强度所产生的平均定向速率)。

13. Oxy 平面内有一载流线圈 $abcd$,其中电流 $I = 20$ A,线圈尺寸与电流方向如图 12-46 所

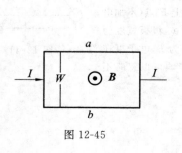

图 12-45

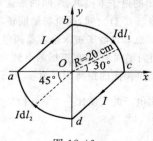

图 12-46

示,设该线圈处于磁感应强度 $B=8.0\times10^{-2}$ T 的均匀外磁场中,B 的方向沿 x 轴正方向。

(1) 电流元 Idl_1 和 Idl_2 所受安培力 dF_1 和 dF_2 的方向和大小各如何?(设 $dl_1=dl_2=0.10$ mm。)

(2) 线圈上直线段 ab 和 cd 所受的安培力如何?(求出合力的大小、方向和作用点。)

(3) 线圈上圆弧段 bc 和 da 所受的安培力如何?(求出合力的大小和方向即可。)

如果外磁场 B 的方向恰好与 ab 段平行,与 Ox 轴成 45°角,其他条件不变,再回答以上问题。

14. 放在水平面内的圆形导线上某一点 A 与中心 C 之间以一电池 $\mathcal{E}$ 经电阻 R 加上电压。由中心至圆周有一能绕经过 C 点的铅直轴旋转的活动半径 BC,BC 长为 l,质量为 m。旋转时,半径与导线之间有一摩擦力,正比于 B 点的速度,比例系数为 k(见图 12-47)。

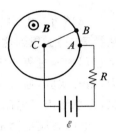

图 12-47

(1) 不计电磁感应,求 BC 旋转角速度 ω 增加的规律;

(2) 应以多大的力 F 在垂直于半径的方向作用于 B 点,而使半径不致转动?

15. 螺绕环中心半径为 2.90 cm,环上均匀密绕线圈 400 匝。在下述情况下,如果要在管内产生磁感应强度为 0.35 T 的磁场,需要在导线中通以多大的电流?

(1) 螺绕环铁芯由退火的铁($\mu_r=1400$)制成;

(2) 螺绕环铁芯由硅钢片($\mu_r=5200$)制成。

16. 螺绕环中心周长为 0.1 m,环上均匀密绕线圈 200 匝,线圈中通有电流 0.1 A。试求:

(1) 环内的 B 和 H;

(2) 若环内充满相对磁导率 $\mu_r=4200$ 的磁介质,则环内的 B 和 H 为多大?

(3) 磁介质内由导线中的电流产生的磁感应强度 B_0 和由磁化电流产生的磁感应强度 B' 分别为多大?

第13章 电磁感应

    1819年，奥斯特的发现第一次揭示了电流能够产生磁，善于抓住新生事物的法拉第，马上想到这个过程的逆过程能否实现？也就是说磁能否生电？并坚信这个过程的逆过程一定存在，即磁一定能生电！为了寻找答案，他以坚韧不拔的毅力，精心实验，通过10多年的艰苦努力，终于在1831年第一次发现了电磁感应现象，并总结出了电磁感应定律。

    电磁感应定律是电磁学中最重要的发现之一，它展示了电与磁的相互转换的规律。它的发现，不仅丰富了人类对电磁现象的认识，推动了电磁理论的发展，而且在电工、电子技术、电气化、自动化方面的广泛应用，对推动社会生产力和科学技术的发展发挥了重要的作用，并在实践中开拓了广阔的应用前景。

    本章着重介绍电磁感应的现象、基本概念和定律，使读者更深入地认识电与磁之间的联系，为后续课程的学习打下基础。

13.1 电磁感应的基本定律

13.1.1 电磁感应现象及其条件

1. 电磁感应现象

结合几个实验来回答以下两个问题。

第一，什么是电磁感应现象？

第二，产生电磁感应的条件是什么？

（1）实验一。

如图13-1所示，将空心螺线管接在检流计两端后，将磁棒插入，可以看到电流表发生偏转，这说明回路有电流流过，这种电流称为感应电流。这种电流是由于磁棒插入线圈后使其中具有磁场产生的吗？

① 磁棒插入后不动，则电流 $I=0$，可见，这不是由于线圈中拥有磁感应强度 B 引起的。

② 拔出磁棒时，电流 I 反向。

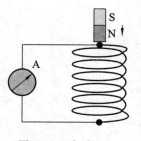

图 13-1　实验一

（2）实验二。

将小载流线圈插入大线圈中，如图 13-2（a）所示，与实验一得出同样的结果，这不仅说明了电磁感应现象，也说明了载流螺线管通电后，确实相当于一根磁铁，即验证了电流的磁效应。

若小载流线圈插入大线圈中后不动，或如图 13-2(b)所示将两线圈平行放置，只要将其电路通、断，仍然可见到电流 I 不等于零。

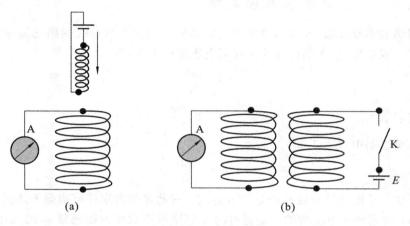

图 13-2 实验二

由实验一、实验二可知，电流 I 是线圈中磁感应强度 B 的变化所引起的。

（3）实验三。

手握导线 ab，让它以速度 v 在磁场中做切割磁感应线运动，如图 13-3 所示，则流过电表的电流 I 也不等于零。

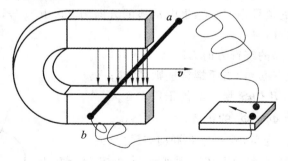

图 13-3 实验三

由实验一、实验二、实验三可知，把回路电流 I 的产生归结为穿过回路磁感应强度 B 的变化是不全面的，应该理解为穿过闭合回路磁通量 Φ 发生量变。

2. 产生电磁感应条件

当回路的磁通量变化时，回路就有感生电流出现。回顾实验一、实验二、实验三发现，当插入或通断电的速度不同时，回路产生的电流大小不同，由此可知感生电流的大小与磁通量 Φ 变化的快慢有关，即磁通量的变化率越大，回路产生的感应电流 I 也越大。

因为感应电流 I 不为零，意味着回路必有感生电动势 $\mathscr{E}$。

所有条件可以说明：当回路的磁通量发生变化时，回路才有感生电动势 $\mathscr{E}$ 出现。

13.1.2　法拉第电磁感应定律

精确的实验表明：导体回路中感应电动势 $\mathscr{E}$ 的大小与穿过回路磁通量的变化率 $\mathrm{d}\Phi/\mathrm{d}t$ 成正比，这个结论称为法拉第电磁感应定律，即

$$\mathscr{E} \propto \frac{\mathrm{d}\Phi}{\mathrm{d}t}$$

用等式表示为
$$\mathscr{E} = -K\frac{\mathrm{d}\Phi}{\mathrm{d}t} \tag{13-1}$$

在国际单位制中，$K=1$，即

$$\mathscr{E} = -\frac{\mathrm{d}\Phi}{\mathrm{d}t} \tag{13-2}$$

这就是法拉第电磁感应定律的数学表达式。对此定律大家应该明确下述问题。

（1）决定感生电动势的不是通过闭合电路所围面积的磁通量 Φ 的大小，而是 Φ 的变化率。

（2）利用公式求得的电动势是整个回路上各部分感应电动势的总和，方向与闭合回路感应电流一致，即导体回路全部（或一部分）的每一微小部分都是电源，如当 $\mathrm{d}\boldsymbol{B}/\mathrm{d}t \neq \boldsymbol{0}$ 时，各部分都相当于电源。

（3）感生电流的大小与回路电阻 R 有关，但感生电动势 $\mathscr{E}$ 与 R 无关。

（4）公式中的负号指明了感生电动势的方向与 $\mathrm{d}\Phi/\mathrm{d}t$ 反号，判断感生电动势方向的方法（见图 13-4）：

① 先任选回路的绕行方向 L；

② 判断 S 的正负（由右手螺旋法则判定）；

③ 由 $\boldsymbol{B}\cdot\boldsymbol{S}=\boldsymbol{B}\cdot\boldsymbol{n}S$ 判断 Φ 的正负；

④ 判断 $\mathrm{d}\Phi=\Phi_2-\Phi_1$ 的正负；

⑤ 若 $\Phi_2-\Phi_1$ 为负，则 $\mathscr{E}$ 与 L 同向，反之反向。

（5）在运算中，方向由上述法则判断，大小按 $\mathscr{E}=\mathrm{d}\Phi/\mathrm{d}t$ 计算。

① 一般情况下 $\Phi=\displaystyle\int\boldsymbol{B}\cdot\mathrm{d}\boldsymbol{S}=\int B\cos\theta\mathrm{d}S$，可见，引起 $\mathscr{E}=\mathrm{d}\Phi/\mathrm{d}t$ 有三个方面的因素，即 $\boldsymbol{B}=\boldsymbol{B}(t)$，$\boldsymbol{S}=\boldsymbol{S}(t)$，$\theta=\theta(t)$，也可以是其中两个或三个因素并存。

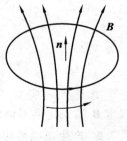

图 13-4

② 如果回路是由 N 匝形状相同的线圈密绕而成,则整个回路的总电动势 $\mathscr{E}_{总}$ 应是单匝的 N 倍,即

$$\mathscr{E}_{总}=-N\frac{\mathrm{d}\Phi}{\mathrm{d}t} \tag{13-3}$$

③ 当 $B=B(r)$ 时,求 Φ 要用积分计算。

④ 由公式算出的电动势 $\mathscr{E}$ 可以是 t 的函数,也可以是空间位置 r 的函数。

13.1.3　楞次定律

楞次定律是楞次在总结了大量实验现象的基础上,于 1833 年提出来的。其内容是:闭合回路中感应电流的方向,总是使它所激发的磁场来阻止引起感应电流的磁通量的变化。如图 13-5 所示,感应电流的方向为逆时针的。

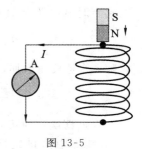

图 13-5

13.1.4　感应电流与感应电量

1. 感应电流

$$I=\frac{\mathscr{E}}{R}=-\frac{\mathrm{d}\Phi/\mathrm{d}t}{R}$$

2. 感应电量

$$q=\int_{t_1}^{t_2}I\mathrm{d}t=-\frac{1}{R}\int_{\Phi_1}^{\Phi_2}\mathrm{d}\Phi=\frac{\Phi_1-\Phi_2}{R} \tag{13-4}$$

式(13-4)说明:感应电量 q 与磁通量 Φ 的变化量有关,与磁通量 Φ 的变化率无关。也就是说,若已知回路电阻 R,测出通过回路的电量 q,则可以根据这个公式算出 $\Delta\Phi$,磁通计就是根据这个原理做成的。

例 13-1　在时间间隔 $(0,t_0)$ 中,长直导线通以 $I=kt(0<t<t_0)$ 的变化电流,方向向上,式中 I 为瞬时电流,k 是常量。在此导线近旁平行地放一长方形线圈,长为 b,宽为 a,线圈的一边与导线相距为 d,设磁导率为 μ 的磁介质充满整个空间,求任一时刻线圈中的感应电动势。

解　如图 13-6 所示,长直导线中的电流随时间变化时,在它的周围空间里产生随时间变化而变化的磁场,穿过线圈的磁通量也随时间变化而变化,所以在线圈中就产生感应电动势。

先求出某一时刻穿过线圈的磁通量。在该时刻距直导线为 r 处的磁感应强度 $\boldsymbol{B}$ 的大小为 $B=\frac{\mu I}{2\pi r}$。在线圈所在范围内,$\boldsymbol{B}$ 的方向都垂直于纸面向里,但它的大小各处一般不相同。

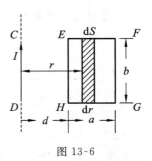

图 13-6

　　将矩形面积划分成无限多个与直导线平行的细长条面积元 $dS=bdr$，设其中某一面积元(图中斜线部分)dS 与 CD 相距 r，dS 上各点 $\boldsymbol{B}$ 的大小视为相等。取 dS 的方向(也就是矩形面积的法线方向)也是垂直纸面向里，则穿过面积元 dS 的磁通量为

$$d\varPhi_m=\boldsymbol{B}\cdot d\boldsymbol{S}=\frac{\mu I}{2\pi r}bdr=\frac{\mu kt}{2\pi r}bdr$$

在给定时刻(t 为定值)，通过线圈所包围面积(S)的磁通量为

$$\varPhi_m=\int_S d\varPhi_m=\int_d^{a+d}\frac{\mu kt}{2\pi r}bdr=\frac{\mu bkt}{2\pi}\ln\frac{a+d}{d}$$

它随 t 的延长而增加，所以线圈中的感应电动势大小为

$$\mathscr{E}_i=\left|\frac{-d\varPhi_m}{dt}\right|=\left|-\frac{d}{dt}\left(\frac{\mu bkt}{2\pi}\ln\frac{a+d}{d}\right)\right|=\frac{\mu bk}{2\pi}\ln\frac{a+d}{d}$$

　　根据楞次定律可知，为了反抗穿过线圈所包围面积、垂直纸面向里的磁通量的增加，线圈中 $\mathscr{E}_i$ 的绕行方向是逆时针的。

　　例 13-2　如图 13-7 所示，直导线 OA、OB 的夹角为 $60°$，在图示的范围内的磁感应强度为 $\boldsymbol{B}$，从 $t=0$ 开始，以不变的速率 $\dfrac{dB}{dt}$ 增加。半圆形导线以速度 $\boldsymbol{v}$ 沿半径方向向圆心匀速运动(在二直线上滑动)，设半环的半径为 r，且在 t 时刻，其圆心正好与 O 点重合，求此时闭导体回路中的感应电动势。

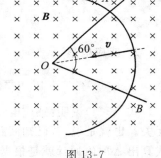

图 13-7

　　解　由电磁感应定律，有

$$\mathscr{E}=\frac{d\varPhi}{dt}=\frac{d(\boldsymbol{B}\cdot\boldsymbol{S})}{dt}$$

选 OAB 为绕行正方向，则 $\boldsymbol{S}$ 与 $\boldsymbol{B}$ 同向。所以

$$\mathscr{E}=\frac{d(\boldsymbol{B}\cdot\boldsymbol{S})}{dt}=\frac{d(B)}{dt}\cdot S+B\cdot\frac{d(S)}{dt}$$

因为 t 时刻该半圆圆心正好与 O 点重合，所以 $S=\dfrac{\pi r^2}{6}$，故

$$\mathscr{E}=\frac{d(B)}{dt}\frac{\pi r^2}{6}+B\cdot\frac{d(S)}{dt}$$

　　注意：$\dfrac{d(S)}{dt}\neq\dfrac{d(\pi r^2/6)}{dt}=\dfrac{\frac{1}{3}\pi rdr}{dt}=\dfrac{1}{3}\pi rv$。

　　因为 r 是半圆环的半径，不是任意时刻圆环到 O 点的距离，任意时刻的 $S\neq\pi r^2/6$，那么 $\boldsymbol{B}\cdot d(\boldsymbol{S})/dt$ 等于多少目前还是一个未知数，但是我们却知道它是由导线运动引起的电动势。

由上式可见,此导线回路的电动势由两部分组成,一部分是由于磁感应强度变化引起的电动势,称为感生电动势;另一部分由导线运动引起的回路 S 变化产生的电动势,称为动生电动势。下面先讨论动生电动势。

13.2　动生电动势

13.2.1　动生电动势

如图 13-8 所示,导线在 $ab=L$ 导体框上匀速运动,t 时刻穿过线框 $abcd$ 的磁通量为

$$\Phi=LxB$$

$$\mathscr{E}=\frac{\mathrm{d}\Phi}{\mathrm{d}t}=BvL \tag{13-5}$$

方向:$b\to a$。

13.2.2　动生电动势的微观解释

t 时刻在 ab 棒中的电子 e 同时受 $\boldsymbol{F}_{洛}$ 和 $\boldsymbol{F}_{静}$ 作用,当 $\boldsymbol{F}_{洛}=-\boldsymbol{F}_{静}$ 时,电荷的堆积达到稳定状态,ab 两端出现稳定的电势差。

由电动势的定义,有

$$\mathscr{E}=\oint_{L}\boldsymbol{E}_{k}\cdot\mathrm{d}\boldsymbol{l}=\oint_{L}\frac{\boldsymbol{F}}{q}\cdot\mathrm{d}\boldsymbol{l}=\oint_{L}\frac{-e\boldsymbol{v}\times\boldsymbol{B}}{-e}\cdot\mathrm{d}\boldsymbol{l}$$

$$=\oint_{L}(\boldsymbol{v}\times\boldsymbol{B})\cdot\mathrm{d}\boldsymbol{l}=\int_{a}^{b}(\boldsymbol{v}\times\boldsymbol{B})\cdot\mathrm{d}\boldsymbol{l} \tag{13-6}$$

式(13-6)就是计算动生电动势的最一般的公式。

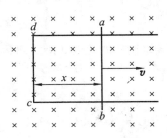

图 13-8　动生电动势

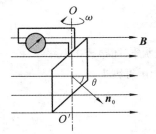

图 13-9　线圈转动产生的电动势

13.2.3　线圈在磁场中转动产生的动生电动势

设面积为 S 的矩形线圈,以角速度 ω 绕 OO' 轴转动,t 时刻线圈法线 $\boldsymbol{n}_0$ 与 $\boldsymbol{B}$ 成 θ 角,如图 13-9 所示,则

$$\Phi=BS\cos\theta$$

若线圈有 N 匝,则总磁通量

$$\Phi_{总} = NBS\cos\theta$$

若 $t=0$ 时,线圈平面与磁感应线垂直,即 $\theta=0$,则 t 时刻后,线圈平面与磁感应线的夹角为 $\theta=\omega t$。

由电磁感应定律知

$$\mathscr{E} = -\mathrm{d}\Phi_{总}/\mathrm{d}t = NBS\omega\sin\omega t \qquad (13\text{-}7)$$

令

$$\mathscr{E}_0 = BNS\omega$$

$\mathscr{E}_0 = BNS\omega$ 表示线圈平面平行于磁场方向的瞬时动生电动势,也是线圈中最大的动生电动势的量值。于是,转动线圈中的动生电动势可写为

$$\mathscr{E} = \mathscr{E}_0 \sin\omega t \qquad (13\text{-}8)$$

可见,在均匀磁场内转动的线圈中产生的电动势是交变电动势,周期为

$$T = 2\pi/\omega \qquad (13\text{-}9)$$

式(13-8)也就是发电机工作的基本原理。

例 13-3 求在载有电流强度为 I 的长直导线附近以速度 $\boldsymbol{v}$ 运动的任意一段导线 ab 中产生的动生电动势(设导线与载流直导线共面,$\boldsymbol{v}$ 的方向如图 13-10 所示)。

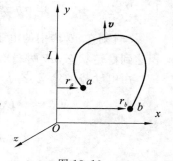

图 13-10

解 由 $\quad \mathscr{E} = \int_a^b (\boldsymbol{v}\times\boldsymbol{B})\cdot\mathrm{d}\boldsymbol{l}$

$$= \int(v_yB_z - v_zB_y)\mathrm{d}x + \int(v_zB_x - v_xB_z)\mathrm{d}y$$

$$+ \int(v_xB_y - v_yB_x)\mathrm{d}z$$

又 $\quad B_z = -B,\ B_x = B_y = 0,\ v_x = v_z = 0,\ v_y = v$

得

$$\mathscr{E} = \int_{r_a}^{r_b} v_y B_z \mathrm{d}x = \frac{\mu_0 Iv}{2\pi}\ln\frac{r_b}{r_a}$$

而垂直于载流长直导线的长为 $l = r_b - r_a$ 的直导线以同样的速度 $\boldsymbol{v}$ 沿同向运动时,产生的动生电动势为

$$\mathrm{d}\mathscr{E} = Bv\mathrm{d}x$$

$$\mathscr{E} = \frac{\mu_0 Iv}{2\pi}\int_{r_a}^{r_b}\frac{\mathrm{d}r}{r} = \frac{\mu_0 Iv}{2\pi}\ln\frac{r_b}{r_a}$$

可见,此段以 a、b 为端点的平面导线产生的电动势,与 $l = r_b - r_a$ 的一段直导线横切磁力线时产生的电动势相同(见图 13-11)。

也可以这样来考虑:设想有一段导线 acb 与原来导线组成闭合回路,因为穿过闭合回路 $acba$ 的磁通量增量 $\mathrm{d}\Phi=0$,所以 $\mathscr{E}_{总}=0$,即

$$\mathscr{E}_{曲线ab} + \mathscr{E}_{直线acb} = \mathscr{E}_{曲线ab} + \mathscr{E}_{直线ac} + \mathscr{E}_{直线cb}$$

又因 cb 不切割磁力线,所以

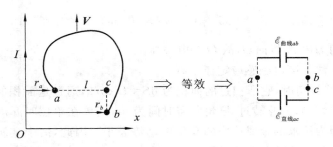

图 13-11

$$\mathscr{E}_{直线cb}=0$$

则
$$\mathscr{E}_{曲线ab}+\mathscr{E}_{直线acb}=\mathscr{E}_{曲线ab}+\mathscr{E}_{直线ac}+0=0$$

所以 $\mathscr{E}_{曲线ab}=-\mathscr{E}_{直线ac}$，即闭合回路中 $\mathscr{E}_{曲线}$ 对 $\mathscr{E}_{直线}$ 来说是等大同向的。因此，例 13-2 中 BdS/dt 也可以用此方法计算。

设接触点为 a、b，则 t 时刻 ab 段弦产生的动生电动势为

$$BdS/dt=Brv \quad ，\quad 方向为\quad b\rightarrow a$$

所以，例 13-2 回路产生的总的电动势为

$$\mathscr{E}=Brv-\frac{\pi r^2}{6}\frac{dB}{dt}$$

例 13-4 如图 13-12 所示，一金属棒 $OA(L)=50$ cm，在大小为 $B=0.50\times 10^{-4}$ Wb/m² 、方向垂直纸面向内的均匀磁场中，以一端 O 为轴心作逆时针的匀速转动，转速 $\omega=2$ rad/s。求此金属棒的动生电动势，并指出哪一端电势高？

解 如图 13-12 所示，因为 OA 棒上各点的速度不同，在棒距轴心 O 为 x 处取沿 OA 指向的线元 dx，其速度大小为 $v=x\omega$，方向垂直于 OA，也垂直于磁场 $\boldsymbol{B}$。按右手螺旋法则，矢量 $\boldsymbol{v}\times\boldsymbol{B}$ 与 $d\boldsymbol{x}$ 方向相反。于是，由动生电动势公式(13-6)，得该小段在磁场中运动时所产生的动生电动势 $d\mathscr{E}_i$ 为

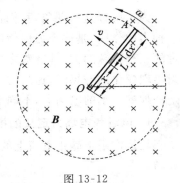

图 13-12

$$d\mathscr{E}_i=(\boldsymbol{v}\times\boldsymbol{B})\cdot d\boldsymbol{x}=-vB\sin(\boldsymbol{v}\widehat{},\boldsymbol{B})dx$$
$$=-Bvdx=-Br\omega dx$$

$d\mathscr{E}_i$ 的方向与矢积 $\boldsymbol{v}\times\boldsymbol{B}$ 的方向相同，即从 A 指向 O。对长度为 L 的金属棒来说，可以分成许多小段，各小段均有 $d\mathscr{E}_i$，而且方向都相同。对整个金属棒，可以看作是各小段的串联，其总电动势等于各小段动生电动势的代数和。于是有

$$\mathscr{E}_i=\int_O^A d\mathscr{E}_i=\int_0^L Bx\omega dx=\frac{1}{2}B\omega L^2$$

代入题设数据，得动生电动势为

$$\mathscr{E}_i = \frac{1}{2}B\omega L^2 = \frac{1}{2} \times 0.5 \times 10^{-4} \times 2 \times (0.50)^2 \text{ V} = 1.25 \times 10^{-5} \text{ V}$$

$\mathscr{E}_i$ 的方向为由 A 指向 O，故 O 端电势高。

下面再用法拉第电磁感应定律求解。

当棒转过 $\mathrm{d}\theta$ 角时，它所扫过的面积为 $\mathrm{d}S = L^2\mathrm{d}\theta/2$，通过这面积的磁感应线显然都被此棒所切割，如棒转过 $\mathrm{d}\theta$ 角所需时间为 $\mathrm{d}t$，则棒在单位时间内所切割的磁感应线数目即为所求的金属棒中的动生电动势大小。因此，由于金属棒是在均匀磁场中转动，则 $\mathrm{d}t$ 时间内扫过面积的磁通量为 $\mathrm{d}\Phi_m = \boldsymbol{B} \cdot \mathrm{d}\boldsymbol{S} = B\mathrm{d}S$，则

$$\mathscr{E}_i = \frac{B\mathrm{d}S}{\mathrm{d}t} = \frac{1}{2}BL^2 \frac{\mathrm{d}\theta}{\mathrm{d}t} = \frac{1}{2}BL^2\omega$$

这与前一解法所得的结果一致。

13.3 感生电动势 感生电场

感应电动势的形成有三个原因，即①B 变引起的 Φ 变，②θ 变引起的 Φ 变，③S 变引起的 Φ 变。我们从电子在磁场中定向运动时要受到洛伦兹力作用，在洛伦兹力的作用下电荷会在导体中移动并在两端堆积的角度，给②、③产生电动势的成因从微观上作出了解释。对成因①，因为电子没有定向运动，所以不能用洛伦兹力来解释回路激发出感应电动势。那么，此时电荷为什么还会沿回路运动形成感应电流呢？

13.3.1 感生电场

为了解释这一现象，我们首先应承认，位于变化磁场中的导体的电子肯定受到一种力的作用，是这个力促使电子沿导线作定向运动，这个力是以前我们没有接触过的一种特殊的力，其特殊之处就在于：在静止磁场中的电子不受这种力的作用，当出现变化的磁场时，这种力才会出现。我们的前人仍将它定义为电场力，但是它是一种推广了的电场力，不同于静电场或稳恒电场对电荷作用的电场力。

1. 电场和电场力定义的推广

凡是作用于静止电荷上的力均称为电场力。凡是能提供电场力的空间均称为电场。

作了这种推广后，电场就起因来说可分为以下两种：

(1) 由静止电荷激发的电场称为静电场；

(2) 由变化磁场激发的电场称为感生电场。

一般情况下，空间既有静电场又有感生电场时，总场强就为两者的矢量和，即

$$\boldsymbol{E} = \boldsymbol{E}_静 + \boldsymbol{E}_感 \tag{13-10}$$

感生电流的起因：静止电子在感生电场的电场力作用下，沿闭合回路流动形成

了感生电流,与感生电流对应的电动势称为感生电动势。

变化的磁场会在周围空间激发感生电场,它是一种能提供非静电力的非静电性场强。

2. 感生电场的性质

以前在讨论静电场、稳恒电场时,都是从它们的通量和环流(线积分)来考虑的,对感生电场我们也用类似的方法。

(1) 先考察 $\oint_L \boldsymbol{E}_感 \cdot \mathrm{d}\boldsymbol{l}$。由电动势的定义 $\mathscr{E} = \oint_L \boldsymbol{E}_感 \cdot \mathrm{d}\boldsymbol{l} = -\dfrac{\mathrm{d}\Phi}{\mathrm{d}t}$,有

$$\oint_L \boldsymbol{E}_感 \cdot \mathrm{d}\boldsymbol{l} = -\frac{\mathrm{d}\Phi}{\mathrm{d}t} \tag{13-11}$$

其中,Φ 是以 L 为边界所围曲面的磁通量,即

$$\Phi = \int_S \boldsymbol{B} \cdot \mathrm{d}\boldsymbol{S}$$

所以

$$\oint_L \boldsymbol{E}_感 \cdot \mathrm{d}\boldsymbol{l} = -\frac{\mathrm{d}\int_S \boldsymbol{B} \cdot \mathrm{d}\boldsymbol{S}}{\mathrm{d}t}$$

对给定的曲面和 $\boldsymbol{B}(x,y,z,t)$,则对时间的微分与对坐标的积分可以互换,但是完成 $\int_S \boldsymbol{B} \cdot \mathrm{d}\boldsymbol{S}$ 积分后,结果只与变量 t 有关,与 x、y、z 无关,而积分前 $\boldsymbol{B}$ 与 x、y、z、t 有关,所以在改变微分与积分的次序时,应将原来的常微分改为偏微分,即

$$\oint_L \boldsymbol{E}_感 \cdot \mathrm{d}\boldsymbol{l} = -\int_S \frac{\partial}{\partial t}\boldsymbol{B} \cdot \mathrm{d}\boldsymbol{S} \tag{13-12}$$

由式(13-12)可见,感生电场的环流不为零,即 $\boldsymbol{E}_感$ 不是保守场,它像 $\boldsymbol{B}$ 一样是涡旋的,即电场线是闭合的,所以往往称感生电场为涡旋电场。

考虑到 $\oint_L \boldsymbol{E}_静 \cdot \mathrm{d}\boldsymbol{l} = 0$,所以,空间电场强度的线积分可以写为

$$\oint_L \boldsymbol{E} \cdot \mathrm{d}\boldsymbol{l} = \oint_L (\boldsymbol{E}_感 + \boldsymbol{E}_静) \cdot \mathrm{d}\boldsymbol{l} = -\int_S \frac{\partial \boldsymbol{B}}{\partial t} \cdot \mathrm{d}\boldsymbol{S} \tag{13-13}$$

(2) 再考察电场强度的通量 $\oint_S E \cdot \mathrm{d}\boldsymbol{S}$。因为感生电场的电场线是闭合的,所以

$$\oint_S \boldsymbol{E}_感 \cdot \mathrm{d}\boldsymbol{S} = 0$$

对静电性电场,有

$$\oint_S \boldsymbol{E} \cdot \mathrm{d}\boldsymbol{S} = \frac{\sum_S q_i}{\varepsilon_0}$$

所以

$$\oint_S \boldsymbol{E} \cdot \mathrm{d}\boldsymbol{S} = \oint_S (\boldsymbol{E}_感 + \boldsymbol{E}_静) \cdot \mathrm{d}\boldsymbol{S} = \frac{\sum_S q_i}{\varepsilon_0} \tag{13-14}$$

因为 $\oint_L \boldsymbol{E} \cdot \mathrm{d}l \neq 0$，所以感生电场不是保守场。也正因为它不是保守场，所以就不能引入电势、电势差的概念，这是由于在存在非静电性场强的空间，从空间一点沿不同的路径移到该点，电场力的功的大小不同的缘故。但对确定的路径，电场力的功为 $\oint_L \boldsymbol{E} \cdot \mathrm{d}l = \mathscr{E}$ 是确定的。所以，对一确定路径上的任意两点间，涡旋电场做功有确定的量值和符号。为了方便表达，我们仍可以借用电势差的概念来反映在涡旋电场中，由指定路径的指定点到各点间电场力的功的差异。

3. 感生电场的计算

一般情况下，感生电场的分布受变化的磁场在空间的分布及磁场的边界条件等诸多因素的影响，较难计算。下面介绍一个简单的例子。

如图 13-13 所示，半径为 R 的圆柱形空间（仅分析某横截面）内分布着均匀磁场（如长直载流螺线管的内部）。当磁感应强度 $\boldsymbol{B}$ 随时间作线性变化时，试求感生电场的分布。

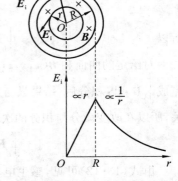

图 13-13　长直螺线管内外的感生电场

由于 $\dfrac{\mathrm{d}\boldsymbol{B}}{\mathrm{d}t}$ 处处相同，圆柱体内磁场分布始终保持轴对称性，所以变化的磁场所激发的感生电场的电场线是一系列与圆柱同轴的同心圆。电场线处处与圆相切，在同一条电场线上各点的电场强度大小相等。

选半径为 r 的圆周 L 为积分路径，取顺时针方向为环路 L 的正绕向，由式(13-13)得

$$\oint_L \boldsymbol{E}_{感} \cdot \mathrm{d}l = \oint_L E_{感}\, \mathrm{d}l = 2\pi r E_{感} = -\int_s \frac{\partial}{\partial t}\boldsymbol{B} \cdot \mathrm{d}\boldsymbol{S}$$

$$E_{感} = \frac{-\int_s \dfrac{\partial}{\partial t}\boldsymbol{B} \cdot \mathrm{d}\boldsymbol{S}}{2\pi r}$$

在圆柱体内($r < R$)，有

$$-\int_s \frac{\partial}{\partial t}\boldsymbol{B} \cdot \mathrm{d}\boldsymbol{S} = \int_s \frac{\partial B}{\partial t}\mathrm{d}S = \pi r^2 \frac{\mathrm{d}B}{\mathrm{d}t}$$

$$E_{感} = -\frac{r}{2}\frac{\mathrm{d}B}{\mathrm{d}t} \tag{13-15}$$

在圆柱体外($r > R$)，有

$$-\int_s \frac{\partial}{\partial t}\boldsymbol{B} \cdot \mathrm{d}\boldsymbol{S} = \int_s \frac{\partial B}{\partial t}\mathrm{d}S = \pi r^2 \frac{\mathrm{d}B}{\mathrm{d}t}$$

$$E_{感} = -\frac{R^2}{2r}\frac{dB}{dt} \tag{13-16}$$

在圆柱体内部和外部,感生电场的方向均取决于磁感应强度 B 随时间的变化率。当 $dB/dt>0$ 时,电场线方向与回路绕行方向相反,为逆时针方向。当 $dB/dt<0$ 时,电场线方向与回路绕行方向相同,为顺时针方向。

由此可见,只要存在变化的磁场,就会在整个空间(不管该处是否存在磁场)激发感生电场。

例 13-5　如图 13-14 所示,圆形均匀分布的磁场半径为 R,磁场随时间均匀增加,即 $dB/dt=k$。在磁场中放置一长为 L 的导体棒,求棒中的感生电动势。

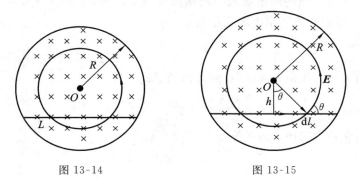

图 13-14　　　　　　　　　　　　　　　图 13-15

解　如图 13-15 所示,$E_{感}$ 作用在导体棒上,使导体棒上产生一个向右的感生电动势,沿 $E_{感}$ 线作半径为 r 的环路,分割导体元 dl,在 dl 上产生的感生电动势为

$$d\mathscr{E}_i = E_{感}\cos\theta dl$$

$$\mathscr{E}_i = \int d\mathscr{E}_i = \int_-^+ E_{感}\cos\theta dl$$

圆形区域内部的感生电动势为

$$\mathscr{E}_i = \int_0^L E_{感}\cos\theta dl = \int_0^L \frac{h}{r}E_{感}\,dl$$

由于

$$\int_0^L \frac{h}{2}\frac{dB}{dt}dl = L\frac{h}{2}\frac{dB}{dt}$$

其中

$$h = \sqrt{R^2 - \left(\frac{L}{2}\right)^2}$$

所以

$$\mathscr{E}_i = \frac{L}{2}\frac{dB}{dt}\sqrt{R^2 - \left(\frac{L}{2}\right)^2}$$

其方向向右。

13.3.2　涡旋电场的实验验证

涡旋电场的存在不仅被许多实验所证实,而且在现代科学技术中得到了广泛

应用，下面仅以电子感应加速器为例加以说明。

　　电子感应加速器是应用感生电场加速电子的装置。用圆柱形电磁铁产生一圆形区域的交变磁场，在电磁铁的两极之间安置一个环形真空室，如图 13-16 所示。当用交变电流激励电磁铁时，在环形室内就会感生出很强的、同心环状的感生电场。用电子枪将电子注入环形室，电子在涡旋电场作用下被加速，并在洛伦兹力的作用下沿圆形轨道运动。

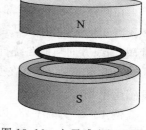

图 13-16　电子感应加速器

　　设在以 r 为半径的圆形区域中磁场的空间平均值为 $\overline{B}$，则电子所在处的感生电场强度为

$$E_i = \frac{r}{2}\frac{\mathrm{d}\overline{B}}{\mathrm{d}t}$$

电子受切向电场力作用而加速，在圆环内的运动方程为

$$\frac{\mathrm{d}(mv)}{\mathrm{d}t} = eE_i = \frac{er}{2}\frac{\mathrm{d}\overline{B}}{\mathrm{d}t}$$

　　电子还受到指向环心的洛伦兹力

$$Bev = \frac{mv^2}{r}$$

式中，B 为电子所在的环形室的磁感应强度。将上式整理后对时间求导，并与电子运动方程比较，得到

$$B = \frac{\overline{B}}{2}$$

这是使电子维持在恒定的圆形轨道上加速磁场必须满足的条件。在电子感应加速器的设计中，两极间的空隙从中心向外逐渐增加，为的是使磁场的分布能满足这一要求。

　　由于电子感应加速器的电磁铁用交流电激励，所以磁场是交变的，从而导致涡旋电场的方向也是交变的，而且电子受到的洛伦兹力也并非总是指向圆心。因此，在电流交变的一个周期中，不是所有的时间内电子都可以得到加速。图 13-17 表示了一个周期内磁场、感生电场及电子受到的洛伦兹力的变化。我们可以看到，只有在第一个 1/4 周期内，电子才受到感生电场的加速，并且洛伦兹力的方向指向圆心。

　　实际上，若交流电的周期为 50 Hz，则在磁场变

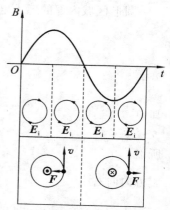

图 13-17　电子感应加速器的
　　　　　一个变化周期

化的第一个 1/4 周期（约 5 ms）内，电子就能在感生电场的作用下，在圆形轨道上经历回旋数十万圈的持续加速，从而获得足够高的能量，并在第一个 1/4 周期结束时被引出加速器至靶室。

　　加速器的种类很多，用途也不同，有静电加速器、电子回旋加速器、电子感应加速器、同步辐射加速器等。电子感应加速器主要用于核物理的研究，用被加速的电子轰击各种靶时，将发出穿透力很强的电磁辐射。另外，电子感应加速器还应用于工业探伤和癌症的医疗。目前，我国最大的三个加速器是北京的高能正负电子对撞机、合肥的同步辐射加速器和兰州的重离子加速器。

13.4　涡　电　流

13.4.1　涡电流

　　感应电流不仅能在一圈圈相互绝缘的导体回路中产生，也可以在大块的导体中产生，因为整块导体可以看成是由很多相互不绝缘的导体回路粘连在一起组成的。所以，当磁场变化时，在大块导体中也会产生涡旋状感应电流，这种电流称为涡电流。

13.4.2　涡电流的应用

1. 在冶金工业中的应用

　　在冶金工业中，熔化某些活泼的稀有金属时，这些稀有金属在高温下容易氧化，将其放在真空环境的坩埚中，如图 13-18 所示，坩埚外绕着通有交流电的线圈，对金属加热防止其氧化。

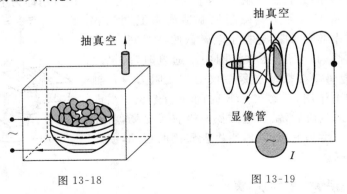

图 13-18　　　　　　　　　　　　　图 13-19

2. 用涡电流加热金属电极

　　制造电子管、显像管或激光管后要抽气封口，但管子里金属电极上吸附的气体不易很快放出，必须加热到高温才能放出而被抽走，利用如图 13-19 所示的涡电流加热的方法,一边加热,一边抽气,然后封口。

3. 电磁炉

市面上出售的一种加热炊具——电磁炉,这种电磁炉加热时炉体本身并不发热。在炉体内有一线圈,当接通交流电时,在炉体周围产生交变的磁场,如图13-20所示。

当金属容器放在炉上时,在容器上产生涡电流,使容器发热以达到加热食物的目的。

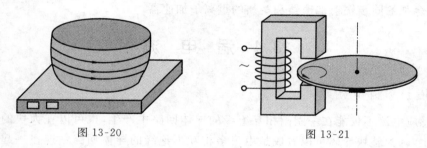

图 13-20　　　　　　　　　　　　　图 13-21

4. 电度表记录电量

电度表记录用电量,就是利用如图 13-21 所示的装置。当线圈中通以交变电流时,就会在绕有线圈的铁芯中产生交变的磁场,利用缝隙处铝盘上产生涡电流,涡电流的磁场与电磁铁的磁场作用,表盘受到一转动力矩,使表盘转动。

5. 电磁阻尼

利用涡电流所产生的电磁阻尼作用可在仪器、仪表中制成电动阻尼器。当大块金属在磁场中运动时,在金属中产生的涡电流会受到磁场力的作用。根据楞次定律可知,磁力的方向总是阻碍它们之间的相对运动,这种作用即为电磁阻尼。如图 13-22 所示即为利用电磁阻尼制造的阻尼摆示意图。用金属片做成的摆,悬挂于电磁铁两极之间,并能在两极之间摆动。当电磁铁线圈中不通电时,两极之间无磁场,金属摆在摆动过程中仅受空气阻力及转轴处的摩擦力矩作用,故经过较长时间才会停止。当电磁铁线圈中通电流后,由于电磁铁两极有了磁场,将在运动的摆中产生涡电流,其作用将阻碍摆的摆动,使之很快停止下来。

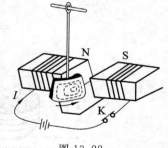

图 13-22

13.4.3　涡电流的危害

在有些情况下,涡电流也是很有害的。如在发电机、发动机、变压器等电器设备的铁芯中,由于交变磁场激起的涡电流,将把一部分电能转变成焦耳热而被损耗掉,

这种能量损失称为涡流损失。同时,由于铁芯温度的升
高,还会造成电器设备的损坏。为了减少涡流损失,而
不使电器设备受损,常把铁芯做成层状并用薄层绝缘材
料将各层隔开。图 13-23 就展示了为了减小涡电流在
导体中产生热效应,在制造变压器时,就不能把铁芯制成
实心的,而是用多片硅钢片相互绝缘叠合而成的,以使导
体横截面减小,电阻增大,涡电流减小,减少铁芯发热。

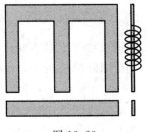

图 13-23

13.5 自感应与互感应

13.5.1 自感现象

由法拉第电磁感应定律知,当回路的磁通量发生变化时,回路中就有感应电动
势出现,从所举的例子来看,回路磁通量的变化都是由外界引起的,这就给我们一
个错觉,似乎法拉第电磁感应定律中的磁通量变化全是由外界电流产生的磁感应
强度 B 的变化引起的。显然,回路自身电流变化也会引起穿过回路自身磁通量的
变化,那么回路自身电流变化会不会在自身回路中产生感生电动势呢?

我们知道,当回路中通有电流时,就有这一电流所产生的磁通量通过回路本
身。当回路中的电流或回路的形状或回路周围的磁介质发生变化时,通过自身回
路的磁通量也将发生变化,从而在自己回路中也将产生感应电动势。这种由于回
路中的电流产生的磁通量发生变化,而在自己回路中激起感应电动势的现象,称为
自感现象。对应的感应电动势,称为自感电动势,通常用 $\mathscr{E}_L$ 来表示。

设闭合回路中的电流强度为 I,根据毕奥-萨伐尔定律,空间任意一点的磁感
应强度 B 的大小都与回路中的电流强度 I 成正比。当通有电流的回路是一个密
绕线圈,或是一个环形螺线管,或是一个边缘效应可忽略的直螺线管时,由回路电
流 I 产生的穿过每匝线圈的磁通量 Φ_m 都可看作是相等的,因而穿过 N 匝线圈的
磁通链 $\Phi_总 = N\Phi_m$ 与线圈中的电流强度 I 成正比,即

$$\Phi_总 = LI \tag{13-17}$$

式中,比例系数 L 称为回路的自感系数,简称自感。可见,自感系数在量值上等于
线圈中通有单位电流时穿过回路自身的磁通链数。

自感系数也可以用法拉第电磁感应定律来定义,由法拉第电磁感应定律,有

$$\mathscr{E}_L = -\frac{d\Phi_总}{dt} = -\frac{d(LI)}{dt} = -I\frac{dL}{dt} - L\frac{dI}{dt}$$

若线圈的形状、大小、周围介质的磁导率 μ 不变,则 $dL/dt = 0$,即有

$$\mathscr{E}_L = -L\frac{dI}{dt} \tag{13-18}$$

所以
$$L = -\frac{\mathscr{E}_L}{\mathrm{d}I/\mathrm{d}t}$$
(13-19)

即自感系数等于电流变化率为一个单位时，在自身回路激发的自感电动势。

在国际单位制中，自感系数 L 的单位为亨利，简称亨，用符号 H 表示。

$$1 \text{ 亨利（H）} = 10^3 \text{ 毫亨（mH）} = 10^6 \text{ 微亨（}\mu\text{H）}$$

实验表明，自感系数由线圈回路的几何形状、大小、匝数及线圈内介质的磁导率决定，而与回路中的电流无关。当线圈中有铁芯时，L 还受线圈中电流强度的影响。

自感系数的值一般采用实验的方法来测定，对于一些简单的情况也可根据毕奥-萨伐尔定律和公式进行计算。

例 13-6　求长直螺线管的自感系数。

解　设长直螺线管的长度为 l，横截面积为 S，总匝数为 N，充满磁导率为 μ 的磁介质，且 μ 为恒量。当通有电流 i 时，螺线管内的磁感应强度为

$$B = \mu n i = \frac{\mu N i}{l}$$

式中，μ 为充满螺线管内磁介质的磁导率。因此，通过螺线管中每一匝的磁通量为

$$\Phi_{\mathrm{m}} = BS$$

通过 N 匝螺线管的磁链为

$$N\Phi_{\mathrm{m}} = NBS = \frac{\mu N^2 S i}{l}$$

根据自感的定义，可得螺线管的自感系数为

$$L = \frac{N\Phi_{\mathrm{m}}}{i} = \frac{\mu N^2 S}{l}$$

设 $n = \dfrac{N}{l}$ 为螺线管上单位长度的匝数，$Sl = V$ 为螺线管的体积，则上式还可写为

$$L = \mu n^2 V$$

在工程技术和日常生活中，自感现象有广泛的应用。无线电技术和电工中常用的扼流圈、现代检测技术中常用的电感式传感器（见图 13-24）、日光灯上用的镇流器等，都是利用自感原理控制回路中电流变化的。在许多情况下，自感现象也会带来危害，在实际应用中应采取措施予以防止，如当无轨电车在路面不平的道路上行驶时，由于车身颠簸，车顶上的受电弓有时会短时间脱离电网而使电路突然断开，这时由于

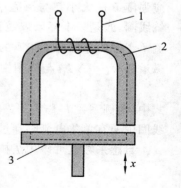

图 13-24　电感式传感器
1—线圈　2—铁芯　3—衔铁

自感而产生的自感电动势,在电网和受电弓之间形成较高电压,导致空气隙"击穿"产生电弧,致使电网出现故障。电动机和强力电磁铁,在电路中都相当于自感很大的线圈,在启动和断开电路时,往往因自感形成瞬时的过大电流,容易造成设备及线路损坏。为减少这些不必要的损失,电动机采用降压启动,断路时,先增加电阻使电流减小,然后再断开电路。大电流电力系统中的开关还附加有"灭弧"装置,如油开关及其稳压装置等。

13.5.2 互感

1. 互感现象

如图 13-25 所示,两个彼此靠近的回路 1 和 2,分别通有电流 I_1 和 I_2,当回路 1 中的电流 I_1 改变时,由于它所激起的磁场将随之改变,使通过回路 2 的磁通量发生改变,这样便在回路 2 中激起感应电动势。同样,回路 2 中电流 I_2 改变,也会在回路 1 中激起感应电动势,这种自身回路电流变化引起穿过别的回路磁通量变化并产生电动势的现象称为互感现象。所产生的电动势称为互感电动势。

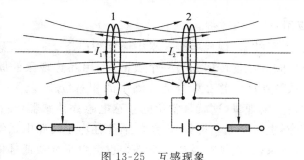

图 13-25 互感现象

2. 互感系数

当回路 1 通有电流 I_1 时,由毕奥-萨伐尔定律可以确定它在回路 2 处所激发的磁感强度与 I_1 成正比,故通过回路 2 的磁通链 Φ_{21} 也与 I_1 成正比,即

$$\Phi_{21} = M_{21} I_1 \qquad (13\text{-}20)$$

同理可得出回路 2 的电流 I_2,在回路 1 处所激发的磁感强度,通过回路 1 的磁通链 Φ_{12} 为

$$\Phi_{12} = M_{12} I_2 \qquad (13\text{-}21)$$

式(13-20)和式(13-21)中的 M_{21}、M_{12} 仅与两回路的结构(形状、大小、匝数)、相对位置及周围磁介质的磁导率有关,而与回路中的电流无关。理论和实验都证明 $M_{21} = M_{12}$。

令 $M_{21} = M_{12} = M$,M 称为两回路的互感系数,简称互感。

互感系数的物理意义由式(13-20)和式(13-21)得出:两回路的互感系数在数

值上等于一个回路通过单位电流时，通过另一个回路的磁通链数。

互感系数也可以用法拉第电磁感应定律来定义。

在两回路的自身条件不变的情况下，当回路 1 中电流发生改变时，将在回路 2 中激起互感电动势 $\mathscr{E}_{21}$。根据法拉第电磁感应定律，有

$$\mathscr{E}_{21} = -\frac{\mathrm{d}\varPhi_{21}}{\mathrm{d}t} = -M\frac{\mathrm{d}I_2}{\mathrm{d}t} \qquad (13\text{-}22)$$

同理，回路 2 中电流发生变化时，在回路 1 中激起互感电动势 $\mathscr{E}_{12}$ 为

$$\mathscr{E}_{12} = -\frac{\mathrm{d}\varPhi_{12}}{\mathrm{d}t} = -M\frac{\mathrm{d}I_1}{\mathrm{d}t} \qquad (13\text{-}23)$$

由式(13-22)和式(13-23)可看出，两回路的互感系数在数值上等于其中一个回路中电流随时间变化率为 1 单位时，在另一回路所激起互感电动势的大小。两式中的负号，表示在一个线圈中所激起的互感电动势要反抗另一线圈中电流的变化。

互感系数的单位和自感系数的一样，国际单位为亨利（H）、毫亨（mH）或微亨（μH）等。

3. 互感的应用

互感在电工、电子技术、现代检测技术中应用很广泛。通过互感线圈可以使能量或信号由一个线圈方便地传递到另一个线圈；利用互感现象的原理可制成变压器、感应圈，改变铁芯在两个相互耦合的线圈中的相对位置，就可以测量多种能转换为铁芯位移的诸多物理量（这就是常说的互感电感式传感器（见图 13-26））。但在有些情况下，互感也有害处。例如，有线电话往往由于两路电话线之间的互感而有可能造成串音；收录机、电视机及电子设备中也会由于导线或部件间的互感而妨碍正常工作。这些互感的干扰都要设法尽量避免。

作为互感的应用之一，下面简要介绍感应圈。

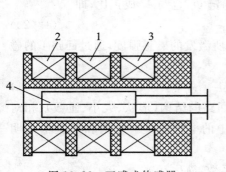

图 13-26 互感式传感器

1—原线圈 2、3—副线圈 4—铁芯

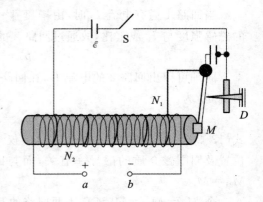

图 13-27 感应圈

感应圈是工业生产和实验室中,用直流电源来获得高压的一种装置。它的主要结构如图 13-27 所示。在铁芯上绕有两个线圈,初级线圈的匝数 N_1 较少,它经断续器 M、D,开关 S 和低压直流电源 $\mathcal{E}$ 相连接。在初级线圈的外面套有一个由绝缘性能很好的金属导线绕成的次级线圈,次级线圈的匝数 N_2 比初级线圈的匝数 N_1 大得多,即 $N_2 \gg N_1$。

感应圈的工作原理:闭合开关 S,初级线圈内有电流通过,这时,铁芯因被磁化而吸引断续器 M,使 M 与螺钉 D 分离,电路被切断。电路一旦被切断,铁芯的磁性就消失。这时,断续器 M 在弹簧片的弹力作用下又重新与螺钉 D 接触,于是电路重新接通。这样,由于断续器的作用,初级线圈电路的接通和断开,将自动地反复进行。随着初级线圈电路的不断接通和断开,初级线圈中的电流也不断地变化,这样通过互感的作用,就在次级线圈中产生感应电动势。由于次级线圈的匝数远远多于初级线圈的匝数,所以在次级线圈中能获得高达 1 万伏到几万伏的电压。这样高的电压,可以使 a、b 间产生火花放电现象。汽油发动机的点火器,就是一个感应圈,它所产生的高压放电的火花,能把混合气体点燃。

例 13-7 有两个长为 l 的共轴套装的长直密绕螺线管,半径分别为 R_1 和 R_2($R_1 < R_2$),匝数分别为 N_1 和 N_2,试分别计算它们的互感系数 M_{12} 和 M_{21},并验证 $M_{12} = M_{21}$。

解 先求第一个线圈对第二个线圈的互感系数 M_{21},设线圈 1 中通以电流 I_1,由 I_1 产生的磁场仅存在于半径为 R_1 的圆柱形空间,又因 $R_1 < R_2$,所以线圈 1 所激发的磁场 B_1 通过线圈 2 的磁链数为

$$\Phi_{21} = N_2 B_1 S_1 = \mu_0 \frac{N_1 N_2}{l} I_1 \pi R_1^2$$

由互感系数的定义,有

$$M_{21} = \frac{\Phi_{21}}{I_1} = \mu_0 \frac{N_1 N_2}{l} \pi R_1^2$$

再求第二个线圈对第一个线圈的互感系数 M_{12},设线圈 2 中通以电流 I_2,由 I_2 产生的磁场存在于半径为 R_2 的圆柱形空间,又因 $R_1 < R_2$,所以线圈 2 所激发的磁场 B_2 通过线圈 1 的磁链数为

$$\Phi_{12} = N_1 B_2 S_1 = \mu_0 \frac{N_1 N_2}{l} I_2 \pi R_1^2$$

由互感系数的定义,有

$$M_{12} = \frac{\Phi_{12}}{I_2} = \mu_0 \frac{N_1 N_2}{l} \pi R_1^2$$

由以上结果可知,$M_{12} = M_{21}$。

13.6 RL、RC 电路的暂态过程

13.6.1 RL 电路的暂态过程

由自感为 L 的线圈、电阻 R 及电动势为 $\mathscr{E}$ 的电源组成的电路称为 RL 电路。

由于线圈在通电或断电时因电流发生变化而产生自感电动势，从而表现出与纯电阻电路不同的特性。下面我们讨论 RL 电路在通电和断电时的暂态过程。

1. 通电时电流的滋长过程

如图 13-28 所示，当电路中的开关 S_1 接通时，线圈上会出现感生电动势，它与电源的电动势共同决定电路中电流的变化。设某时刻电路中的电流为 I，由欧姆定律得到如下方程，即

$$\mathscr{E}-L\frac{\mathrm{d}I}{\mathrm{d}t}=IR$$

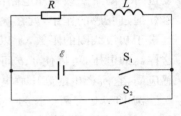

图 13-28　RL 电路

上式是以电流 I 为变量的一阶常微分方程，通过分离变量法，得到在初始条件 $t=0$, $I=0$ 下的解为

$$I=\frac{\mathscr{E}}{R}(1-\mathrm{e}^{-\frac{R}{L}t})=\frac{\mathscr{E}}{R}(1-\mathrm{e}^{-\frac{t}{\tau}}) \tag{13-24}$$

式中，$\tau=L/R$。通常用 τ 来衡量自感电路电流增长的快慢程度，我们将 τ 称为回路的时间常数或弛豫时间，它具有时间的量纲。上式表明电流由零逐渐增大到稳定的最大值 $I_{max}=\mathscr{E}/R$，当 $t=\tau=L/R$ 时，电流达到稳定值的 $1-1/e$ 倍(约 63%)，如图 13-29(a)所示。

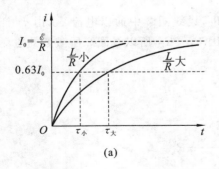

(a)

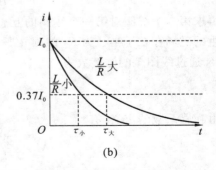

(b)

图 13-29　RL 电路的暂态过程

2. 断电时电流的衰减过程

当电路中的电流达到稳定值后,断开开关 S_1 同时接通开关 S_2,由于线圈中出现自感电动势,电路中电流经历一个衰减过程才会降到零。设某时刻电路中的电流为 I,由欧姆定律,有

$$-L\frac{\mathrm{d}I}{\mathrm{d}t}=IR$$

上式在初始条件 $t=0,I=\mathcal{E}/R=I_0$ 下的解为

$$I=I_0\mathrm{e}^{-\frac{R}{L}t}=I_0\mathrm{e}^{-\frac{t}{\tau}} \tag{13-25}$$

从上式可以看到,电流经过一个时间常数 τ 后衰减为 I_0 的 $1/e$(约 37%),如图 13-29(b)所示。

例 13-8　一个自感为 $3.0\ \mathrm{H}$、电阻为 $6.0\ \Omega$ 的线圈接在 $12\ \mathrm{V}$ 的电源上,电源的内阻可忽略不计。试求刚接通和接通 $0.20\ \mathrm{s}$ 时的 $\mathrm{d}I/\mathrm{d}t$,以及电流达到 $1.0\ \mathrm{A}$ 时的 $\mathrm{d}I/\mathrm{d}t$。

解　在电感接通电源之后,电流变化所遵从的规律为

$$I=\frac{\mathcal{E}}{R}(1-\mathrm{e}^{-\frac{t}{\tau}})$$

式中,$\tau=L/R=0.5\ \mathrm{s}$。因此,电流随时间的变化率为

$$\frac{\mathrm{d}I}{\mathrm{d}t}=\frac{\mathcal{E}}{R\tau}\mathrm{e}^{-\frac{t}{\tau}}=4.0\mathrm{e}^{-2t}$$

故在刚接通时,$\mathrm{d}I/\mathrm{d}t=4.0\ \mathrm{A/s}$,在接通 $0.20\ \mathrm{s}$ 时,$\mathrm{d}I/\mathrm{d}t=2.7\ \mathrm{A/s}$。而在电流达到 $1.0\ \mathrm{A}$ 时,有

$$I=\frac{\mathcal{E}}{R}(1-\mathrm{e}^{-\frac{t}{\tau}})=1.0\ \mathrm{A},\quad 即\quad \mathrm{e}^{-\frac{t}{\tau}}=0.50$$

以此代入电流随时间的变化率,即可得到这时的 $\mathrm{d}I/\mathrm{d}t=2.0\ \mathrm{A/s}$。

13.6.2　RC 电路的暂态过程

由电容器 C、电阻 R 及电动势 $\mathcal{E}$ 的电源组成的电路称为 RC 电路。电容器虽然不像电感线圈那样在电流变化时产生感应电动势,但由于电容器在充电和放电过程中两极板间的电场是逐渐建立、逐渐消失的,因此 RC 电路也具有与纯电阻电路不同的特性。下面我们讨论 RC 电路在充电和放电时的暂态过程。

1. 充电过程

如图 13-30 所示,接通开关 S_1,设某时刻电路中的电流为 I,电容器极板上的电荷为 q,由欧姆定律得到如下方程:

$$\mathcal{E}=IR+\frac{q}{C}=R\frac{\mathrm{d}q}{\mathrm{d}t}+\frac{q}{C}$$

利用初始条件 $t=0, q=0$, 解得

$$q=C\mathscr{E}(1-\mathrm{e}^{-\frac{t}{RC}})=C\mathscr{E}(1-\mathrm{e}^{-\frac{t}{\tau}}) \quad (13\text{-}26)$$

电路中的电流为

$$I=\frac{\mathrm{d}q}{\mathrm{d}t}=\frac{\mathscr{E}}{R}\mathrm{e}^{-\frac{t}{RC}}=\frac{\mathscr{E}}{R}\mathrm{e}^{-\frac{t}{\tau}} \quad (13\text{-}27)$$

式中 $\tau=RC$, 称为 RC 电路的时间常数或弛豫时间,
如图 13-31(a)所示。

因此,充电时电容器上的电荷是逐步增加到 q
的,而电路中的电流逐步减小到零,充电过程也就结束。

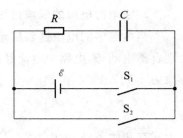

图 13-30　RC 电路

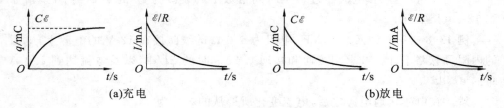

(a)充电　　　　　　　　　　(b)放电

图 13-31　RC 电路的暂态过程

2. 放电过程

当充电结束后,断开开关 S_1 同时接通开关 S_2, 电容器就通过电阻放电,由于极
板上的电荷在减少,故 $I=-\mathrm{d}q/\mathrm{d}t$。由欧姆定律,有

$$\frac{q}{C}-IR=R\frac{\mathrm{d}q}{\mathrm{d}t}+\frac{q}{C}$$

利用初始条件 $t=0, q=q_{\max}$, 解得

$$q=q_{\max}\mathrm{e}^{-\frac{t}{RC}} \quad (13\text{-}28)$$

$$I=\frac{q_{\max}}{RC}\mathrm{e}^{-\frac{t}{RC}}=I_{\max}\mathrm{e}^{-\frac{t}{RC}} \quad (13\text{-}29)$$

因此,RC 电路放电时,电容器极板上的电荷与电路中的电流都是逐渐减小
的,如图 13-31(b)所示。

例 13-9　红宝石激光器的脉冲氙灯,常用 $2000\ \mu\mathrm{F}$ 的电容器充电到 $4000\ \mathrm{V}$
后放电,产生瞬时大电流来发光。若电源给电容器充电时的最大输出电流为
$1.0\ \mathrm{A}$, 试求充电电路的时间常数。若脉冲氙灯在放电时灯管的内阻约为 $0.50\ \Omega$,
试求最大的放电电流,以及放电电路的时间常数。

解　充电电源的电动势为 $\mathscr{E}$, 充电时的电阻为 R, 在电源给电容器充电的过程
中,有

$$I=\frac{\mathrm{d}q}{\mathrm{d}t}=\frac{\mathscr{E}}{R_1}\mathrm{e}^{-\frac{t}{R_1C}}=\frac{\mathscr{E}C}{R_1C}\mathrm{e}^{-\frac{t}{R_1C}}=\frac{\mathscr{E}C}{\tau_1}\mathrm{e}^{-\frac{t}{\tau_1}}$$

已知充电时的最大电流为 $I_1=1.0\ \mathrm{A}$, 所以充电电路的时间常数为

$$\tau_1 = \frac{\mathscr{E}C}{I_1} = \frac{4000 \times 2000 \times 10^{-6}}{1.0} \text{ s} = 8.0 \text{ s}$$

在脉冲氙灯的电容器放电时,放电时的电阻为 R_2,放电电路的时间常数 τ_2 为

$$\tau_2 = R_2 C = 0.5 \times 2000 \times 10^{-6} \text{ s} = 1.0 \times 10^{-3} \text{ s} = 1.0 \text{ ms}$$

最大的放电电流 I_2 为

$$I_2 = \frac{q_{\max}}{R_2 C} = \frac{\mathscr{E}C}{R_2 C} = \frac{\mathscr{E}}{R_2} = \frac{4000}{0.50} \text{ A} = 8.0 \times 10^3 \text{ A}$$

由此得出,脉冲氙灯放电时能释放出极大的瞬时电流。注意,脉冲氙灯的电容器在放电和充电时的电路电阻是不同的。

13.7　磁 场 能 量

我们用图 13-32 所示的装置说明磁场能量的大小。

13.7.1　开关 S 合上,回路电流稳定后电源的功

回路电流为 $I = \mathscr{E}/R$,这时,电源在单位时间内所做的功为

$$I\mathscr{E} = I^2 R$$

这说明:电源在单位时间内所做的功完全用于电阻 R 上产生焦耳热。

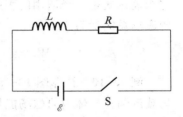

13.7.2　暂态过程中电源所做的功

图 13-32　RL 电路

开关 S 从刚开始接通,在回路电流从 $I = 0$ 到稳定状态过程中,由于回路的电流是变化的,所以在电感两端会出现自感电动势,此时加在 R 两端的总的电压为 $\mathscr{E}_\text{自} + \mathscr{E}$,回路电流大小是随时间变化的,且为

$$I = \frac{\sum \mathscr{E}}{R} = \frac{\mathscr{E}_\text{自} + \mathscr{E}}{R} = \frac{\mathscr{E} - L\mathrm{d}I/\mathrm{d}t}{R} \tag{13-30}$$

即

$$\mathscr{E} = IR + L\mathrm{d}I/\mathrm{d}t$$

所以,电源在时间 $\mathrm{d}t$ 内所做的功为

$$I\mathscr{E}\mathrm{d}t = I^2 R\mathrm{d}t + LI\mathrm{d}I \tag{13-31}$$

这说明电源在 $\mathrm{d}t$ 时间内所做的功只有一部分转换为热能,另一部分变为 $LI\mathrm{d}I$。因为 L 是由线圈本身形状等因素决定的量,所以与此有关的部分可能是磁能。

为了看出 $LI\mathrm{d}I$ 项的物理含义,我们考察电源在开始接通到电流稳定的时间 t_0 内所做的总功为

$$\int_0^{t_0} I\mathscr{E}\mathrm{d}I = \int_0^{t_0} I^2 R\mathrm{d}t + \int_0^{I_0} LI\mathrm{d}I = \int_0^{t_0} I^2 R\mathrm{d}t + \frac{LI_0^2}{2} \tag{13-32}$$

因为
$$L=\mu n^2 V, \quad n=\frac{N}{L}, \quad B=\mu n I_0$$

所以
$$\frac{LI_0^2}{2}=\frac{\mu n^2 V}{2}\left(\frac{B}{\mu n}\right)^2=\frac{B^2 V}{2\mu}$$

将此项与电场能量 $W_e=\mathcal{E}E^2 V/2$ 相比可知，$LI_0^2/2=B^2 V/2\mu$ 就是系统储存的磁能。

13.7.3　磁能

由讨论可见，电源所做的功，一部分转换为电阻 R 上的焦耳热，一部分转换为线圈中储存的磁场能量 $W_m=\dfrac{LI_0^2}{2}=\dfrac{B^2 V}{2\mu}$。

磁场中单位体积内磁场的能量称为磁能密度，即

$$w_m=\frac{W_m}{V}=\frac{LI_0^2}{2V}=\frac{B^2}{2\mu}=\frac{HB}{2}=\frac{\mu H^2}{2} \tag{13-33}$$

这个表达式是一个通用的表达式，对均匀和非均匀的磁场都是适用的。所以，空间的磁场总能量为

$$W_m=\int_V w_m \mathrm{d}V=\int_V \frac{B^2}{2\mu}\mathrm{d}V=\int_V \mu \frac{H^2}{2}\mathrm{d}V \tag{13-34}$$

例 13-10　计算图 13-33 所示半径为 R、长为 l、通有电流 I、磁导率为 μ 的均匀载流圆柱导体内的磁场能量。

解　如图 13-34 所示，由介质中安培环路定理确定导体内的磁感应强度 B，导体内沿磁感应线作半径为 r 的环路，有

$$\oint_L \boldsymbol{H} \cdot \mathrm{d}\boldsymbol{l}=\sum I=\frac{I}{\pi R^2}\pi r^2$$

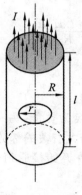

图 13-33

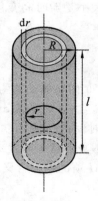

图 13-34

因为
$$H2\pi r=\frac{r^2}{R^2}I,\quad H=\frac{Ir}{2\pi R^2}$$
所以
$$B=\mu H=\frac{\mu Ir}{2\pi R^2}$$

将圆柱导体分割为无限多长为 l、厚为 $\mathrm{d}r$ 的同轴圆柱面，体积元处的磁场能量密度为
$$w_{\mathrm{m}}=\frac{B^2}{2\mu}$$
体积元体积为
$$\mathrm{d}V=2\pi rl\mathrm{d}r$$
导体内的磁场能量为
$$\begin{aligned}W_{\mathrm{m}}&=\int_V w_{\mathrm{m}}\mathrm{d}V=\int_V\frac{B^2}{2\mu}\mathrm{d}V=\int_0^R\frac{B^2}{2\mu}2\pi rl\,\mathrm{d}r\\&=\int_0^R\frac{1}{2\mu}\left(\frac{\mu Ir}{2\pi R^2}\right)^2 2\pi rl\,\mathrm{d}r=\int_0^R\frac{\mu I^2 l}{4\pi R^4}r^3\mathrm{d}r=\frac{\mu I^2 l}{16\pi}\end{aligned}$$

13.8 位移电流

利用 $I=\int_S \boldsymbol{j}\cdot\mathrm{d}\boldsymbol{S}=\int_S j\cos\theta\mathrm{d}S$ 可以将 $\oint_L \boldsymbol{H}\cdot\mathrm{d}\boldsymbol{l}=\sum_L I_{i0}$ 改写为
$$\oint_L \boldsymbol{H}\cdot\mathrm{d}\boldsymbol{l}=\int_S \boldsymbol{j}\cdot\mathrm{d}\boldsymbol{S}=\sum_L I_i$$
式中，S 为以 L 为边界的任意曲面的面积。上式只有在稳恒情况下才成立，在非稳恒情况下此式不成立。如图 13-35 所示的 RC 电路，将开关 S 合上一段时间后，回路中有没有电流流过？（没有）；将开关 S 合上到稳定态之间回路中有没有电流流过？（有）

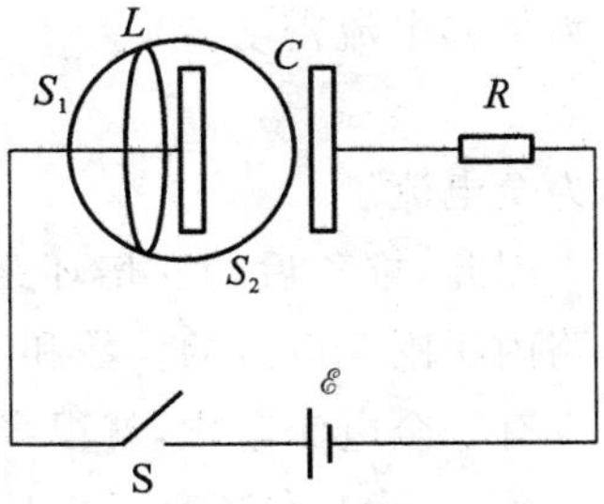

图 13-35

现在来考虑非稳恒状态时（见图 13-35）L 回路的 H 的环流

左边：$\oint_L \boldsymbol{H}\cdot\mathrm{d}\boldsymbol{l}=\int_S \boldsymbol{j}\cdot\mathrm{d}\boldsymbol{S}=I$ 成立

右边：$\oint_L \boldsymbol{H}\cdot\mathrm{d}\boldsymbol{l}=\int_S \boldsymbol{j}\cdot\mathrm{d}\boldsymbol{S}=0$ 成立

可见，同一回路的 H 的环流有时等于 0，有时又不等于 0，答案自相矛盾，这说明安培环路定理中所说的 S 是以 L 为边界的任意曲面的面积是不成立的，即安培环路定理在非稳恒情况下不成立。

13.8.1　位移电流

上面的结果造成矛盾的起因就是电流在电容器的两个极板上中断了。要使安培环路定理在这种情况下(即左右两个曲面)能成立,就只能假想在电容器两极板间也存在一种电流 I_d,其大小、方向均与 I_c 相同,它把本来在极板上中断了的传导电流 I_c 接过电容器两极板间的空间。这种电流称为位移电流。

位移电流的本质是什么? 它是与电位移通量变化率所对应的新的物理量。电位移通量变化率为

$$\frac{\mathrm{d}\Phi_d}{\mathrm{d}t}=\frac{\mathrm{d}(\sigma S)}{\mathrm{d}t}=\frac{\mathrm{d}q}{\mathrm{d}t}$$

又由

$$\Phi_d=DS$$

和

$$I_c=\frac{\mathrm{d}q}{\mathrm{d}t}$$

于是有

$$I_c=\frac{\mathrm{d}q}{\mathrm{d}t}=I_d=\frac{\mathrm{d}\Phi_d}{\mathrm{d}t} \tag{13-35}$$

I_d 与 I_c 方向相同,所以,安培环路定理可推广为

$$\oint_L \boldsymbol{H}\cdot\mathrm{d}\boldsymbol{l}=I_c+I_d=I_c+\frac{\mathrm{d}\Phi_d}{\mathrm{d}t}=I_c+\int_S\frac{\partial\boldsymbol{D}}{\partial t}\cdot\mathrm{d}\boldsymbol{S}$$

$$=I_c+\int_S \boldsymbol{j}_d\cdot\mathrm{d}\boldsymbol{S} \tag{13-36}$$

式中

$$\boldsymbol{j}_d=\frac{\mathrm{d}\boldsymbol{D}}{\mathrm{d}t} \tag{13-37}$$

称为位移电流密度。

$$I=I_c+I_d \tag{13-38}$$

称为全电流。

因此,推广后的安培环路定理为磁场强度 $\boldsymbol{H}$ 沿闭合回路 $\boldsymbol{L}$ 的线积分,等于该回路内所围全电流的代数和。这一定律称为全电流定律。

有了全电流定律,就很容易地回答 RC 电路的问题。在图 13-35 中,对左边面积,$\mathrm{d}\Phi_d/\mathrm{d}t=0$(在频率不高时,可以这样认为),即

$$\oint_L \boldsymbol{H}\cdot\mathrm{d}\boldsymbol{l}=\int_S \boldsymbol{j}\cdot\mathrm{d}\boldsymbol{S}=I_c$$

对右边面积

$$\oint_L \boldsymbol{H}\cdot\mathrm{d}\boldsymbol{l}=\int_S\frac{\partial\boldsymbol{D}}{\partial t}\cdot\mathrm{d}\boldsymbol{S}=I_d \quad (I_c=0)$$

即安培环路定理仍然成立。

因为

$$\boldsymbol{D}=\varepsilon_0\boldsymbol{E}+\boldsymbol{P}$$

所以
$$j_d = \varepsilon_0 \frac{\partial E}{\partial t} + \frac{\partial P}{\partial t}$$

又因为在真空中
$$\frac{\partial P}{\partial t} = 0$$

即
$$j_d = \varepsilon_0 \frac{\partial E}{\partial t}$$

所以
$$\oint_L H \cdot dl = \int_S \varepsilon_0 \frac{\partial E}{\partial t} \cdot dS \tag{13-39}$$

将式(13-39)与 $\oint_L E \cdot dl = -\int_S \varepsilon_0 \frac{\partial B}{\partial t} \cdot dS$ 相比,可知式(13-39)说明了变化的电场也能产生涡旋的磁场。

13.8.2 关于位移电流的几点讨论

(1) 在空间任意点,若传导电流密度 $j_c \neq 0$,又有变化的电场存在,则 H 由 I_c、I_d 这两部分共同产生。

(2) 当频率不高时,可以证明在导体内 $j_d < j_c$,所以可以不计 j_d。

(3) 变化的磁场会在周围空间激发涡旋的电场,变化的电场又会在周围空间激发涡旋的磁场,这样电场和磁场在空间相互激发就形成了电磁波的传播。

(4) 传导电流 j_c 与位移电流 j_d 的异同。

① 相同点:j_c 和 j_d 都在周围空间激发磁场。

② 相异点:j_c 有热效应,而 j_d 没有热效应;j_c 对应 q 的定向运动,而 j_d 对应于 $d\Phi_d/dt$。

例 13-11 半径 $R = 0.1$ m 的两块圆板构成平板电容器,由圆板中心处引入两根长直导线给电容器匀速充电使电容器两板间电场的变化率为 $dE/dt = 10^{13}$ V/(m·s),如图 13-36 所示。求电容器两板间的位移电流,并计算电容器内离两板中心连线 $r(r \ll R)$ 处的磁感应强度 B_r 和 R 处的 B_R。

解 电容器两板间的位移电流为
$$I_d = \frac{d\Psi}{dt} = S\frac{dD}{dt} = \pi R^2 \varepsilon_0 \frac{dE}{dt}$$
$$= 3.14 \times (0.1)^2 \times 8.85 \times 10^{-12} \times 10^{13} \text{ A}$$
$$= 2.8 \text{ A}$$

对这个正在充电的电容器来说,两板之外有传导电流,两板之间有位移电流,所产生的磁

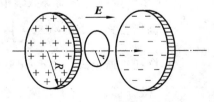

图 13-36 电容器两极间的磁场计算

场对于两板中心连线具有对称性,可认为电容器内离两板中心连线为 $r(r \ll R)$ 处的各点在同一磁感应线上,磁感应线回转方向和电流方向之间的关系按右手规则

确定,在这些点上磁感应强度的大小都为 B,取该磁感应线为积分回路,应用全电流定律,有

$$\oint_L \boldsymbol{H} \cdot \mathrm{d}\boldsymbol{l} = \frac{1}{\mu_0} B_r 2\pi r = \iint \frac{\partial \boldsymbol{D}}{\partial t} \cdot \mathrm{d}\boldsymbol{S} = \varepsilon_0 \frac{\mathrm{d}}{\mathrm{d}t} \iint \boldsymbol{E} \cdot \mathrm{d}\boldsymbol{S} = \varepsilon_0 \frac{\mathrm{d}E}{\mathrm{d}t} \pi r^2$$

所以

$$B_r = \frac{\varepsilon_0 \mu_0}{2} r \frac{\mathrm{d}E}{\mathrm{d}t}$$

$$B_R = \frac{\varepsilon_0 \mu_0}{2} R \frac{\mathrm{d}E}{\mathrm{d}t} = \frac{1}{2} \times 4\pi \times 10^{-7} \times 8.85 \times 10^{-12} \times 0.1 \times 10^{13} \ \mathrm{T} = 5.6 \times 10^{-6} \ \mathrm{T}$$

应该指出,虽然在上述计算中只用到了极板间的位移电流,然而它是导线中传导电流的延续。板外导线中的传导电流和极板间的位移电流所构成的连续的全电流,相当于一个长直电流激发一个轴对称分布的磁场,故所得的磁感应强度 $\boldsymbol{B}$ 实际上就是这样的全电流激发的总磁场,并不是单由极板之间的位移电流所激发的。

13.8.3　麦克斯韦方程组

1. 麦克斯韦方程组的积分形式

至此为止,论述了电磁理论的主要知识,现在归纳总结如下:

$$\begin{cases} \oint_S \boldsymbol{D} \cdot \mathrm{d}\boldsymbol{S} = \int_V \rho \mathrm{d}V = q \\[2mm] \oint_L \boldsymbol{E} \cdot \mathrm{d}\boldsymbol{l} = -\int_s \frac{\partial \boldsymbol{B}}{\partial t} \cdot \mathrm{d}\boldsymbol{S} \\[2mm] \oint_L \boldsymbol{H} \cdot \mathrm{d}\boldsymbol{l} = I_c + \int_s \frac{\partial \boldsymbol{D}}{\partial t} \cdot \mathrm{d}\boldsymbol{S} = \int_s \left(\boldsymbol{j}_c + \frac{\partial \boldsymbol{D}}{\partial t} \right) \cdot \mathrm{d}\boldsymbol{S} \\[2mm] \oint_S \boldsymbol{B} \cdot \mathrm{d}\boldsymbol{S} = 0 \end{cases} \qquad (13\text{-}40)$$

上述以积分形式出现的四个方程称为麦克斯韦方程组的积分形式。

*2. 麦克斯韦方程组的微分形式

(1) 数学复习。在高等数学中,我们学习过向量场中的两个重要的基本公式:

① 高斯公式　$\oint_S \boldsymbol{a} \cdot \mathrm{d}\boldsymbol{S} = \int_V \mathrm{div}\boldsymbol{a} \cdot \mathrm{d}V = \int_V (\boldsymbol{\nabla} \cdot \boldsymbol{a}) \mathrm{d}V$

② 斯托克斯公式　$\oint_S \boldsymbol{a} \cdot \mathrm{d}\boldsymbol{S} = \int_s \mathrm{rot}\boldsymbol{a} \cdot \mathrm{d}\boldsymbol{S} = \int_s (\boldsymbol{\nabla} \cdot \boldsymbol{a}) \mathrm{d}\boldsymbol{S}$

(2) 微分形式。将上述两个公式的数学形式与麦克斯韦积分方程相比,可以很容易写出麦克斯韦方程组的微分形式为

$$\begin{cases} \boldsymbol{\nabla} \cdot \boldsymbol{D} = \rho \\ \boldsymbol{\nabla} \times \boldsymbol{E} = -\dfrac{\partial \boldsymbol{B}}{\partial t} \\ \boldsymbol{\nabla} \cdot \boldsymbol{B} = 0 \\ \boldsymbol{\nabla} \times \boldsymbol{H} = j_{\mathrm{c}} + \dfrac{\partial \boldsymbol{D}}{\partial t} \end{cases} \tag{13-41}$$

3. 介质方程组

$$\begin{cases} \boldsymbol{D} = \varepsilon \boldsymbol{E} \\ \boldsymbol{B} = \mu \boldsymbol{H} \\ j = r\boldsymbol{E} \\ \varepsilon = \varepsilon_0 \varepsilon_{\mathrm{r}} \\ \mu = \mu_0 \mu_{\mathrm{r}} \\ r = \dfrac{1}{\rho} \end{cases} \tag{13-42}$$

联立方程组（13-40）、（13-41）和介质方程组（13-42），再结合适当的边界条件，原则上可以求解所有电磁学问题。

13.9　电磁振荡与电磁波

第 7、8 两章讨论了机械振动和机械波，本节讨论电磁振荡和电磁波。电磁振荡中振动的物理量是电流 I、电压 V、电场 $\boldsymbol{E}$ 和磁场 $\boldsymbol{B}$。电磁波中传播的物理量是相互激发的电场 $\boldsymbol{E}$ 和磁场 $\boldsymbol{B}$，以及电磁场的能量。在现代工程技术中，电磁振荡和电磁波有很强的实用性。

13.9.1　电磁振荡

考察如图 13-37 所示的 LC 电路中的电磁振荡。先让电源对电容器 C 充电，使电容器两极板分别带电 $+Q_0$、$-Q_0$，然后用开关 S 连通由电容器 C 和自感线圈 L 组成的闭合回路，回路中就产生电磁振荡。

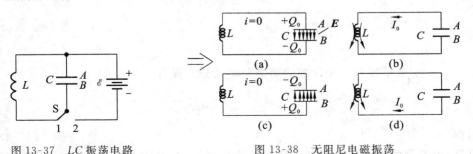

图 13-37　LC 振荡电路　　　　　　图 13-38　无阻尼电磁振荡

图 13-38 所示的为 LC 振荡电路的工作情况。在回路刚被接通的瞬间，电容器极板上的电荷 q 最多，$q=\pm Q_0$，极板间的电场 E 最强，回路的能量以电场能量的形式全部集中在电容器的两极板间，见图 13-38(a)。随着电容器的放电，回路中产生电流，由于线圈的自感电动势反抗电流的增长，回路电流 i 是逐渐增大的。放电过程中，电容器极板上的电荷逐渐减少，极板间的电场能量也越来越少。与此同时，回路中的电流逐渐增加，线圈中的磁场能量也在增加。当电容器放电完毕时，电场能量将全部转化为磁场能量而集中在自感线圈内，这时电流达到最大值 I_0，见图 13-38(b)。此后，由于线圈自感的作用，回路中的电流也不会在电场消失后马上减小到零，而是要继续朝原方向流动，对电容器反向充电，直到电流 $I=0$，极板上的电荷重新达到最大值 $\pm Q_0$ 为止。这时，线圈中的磁场能量又全部转化为电容器的电场能量，见图 13-38(c)。再经后面的变化，就是电容器反向放电，电流反向流动，见图 13-38(d)，经历一个与 (a)→(c) 相反的过程，完成一次循环重新回到图 13-38(a) 所示的状态。如果振荡过程中没有能量的损耗，这样的循环就将继续进行下去，形成周期性的电磁振荡，称为无阻尼自由振荡。

下面定量讨论无阻尼自由电磁振荡，寻求振荡电路中电容器极板上电荷 q 的变化和线圈中电流 i 的变化所遵从的规律。在图 13-39 中，设电容器极板 A 上某时刻 t 的电荷为 q，并取逆时针方向为回路电流 i 和自感电动势 $\mathscr{E}_L=-L\dfrac{\mathrm{d}i}{\mathrm{d}t}$ 的正方向。在回路电阻为零即无阻尼的情况下，由含源闭合电路的欧姆定律知，电容器两极板的电势差为

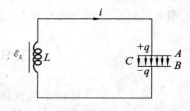

图 13-39　推导电磁振荡规律用图

$$u=u_A-u_B=\mathscr{E}_L$$

由于

$$u=\frac{q}{C}, \quad \mathscr{E}_L=-L\frac{\mathrm{d}i}{\mathrm{d}t}$$

且 $i=-\dfrac{\mathrm{d}q}{\mathrm{d}t}$，可得

$$\frac{q}{C}=-L\frac{\mathrm{d}i}{\mathrm{d}t}=-L\frac{\mathrm{d}^2q}{\mathrm{d}t^2}$$

或

$$\frac{\mathrm{d}^2q}{\mathrm{d}t^2}+\frac{1}{LC}q=0$$

如令 $\omega^2=\dfrac{1}{LC}$，即得到一个标准的简谐振动微分方程为

$$\frac{\mathrm{d}^2q}{\mathrm{d}t^2}+\omega^2q=0$$

解得

$$q=A\cos(\omega t+\varphi) \tag{13-43}$$

可见，电容器的极板电荷 q 的变化是一个简谐振动，其固有角频率 ω、频率 f 和周

期 T 分别为

$$\omega = \frac{1}{\sqrt{LC}}, \quad f = \frac{1}{2\pi\sqrt{LC}}, \quad T = 2\pi\sqrt{LC} \tag{13-44}$$

振幅 A 和初相 φ 由电荷 q 和电流 i 的初始条件 q_0、i_0 决定。

由式(13-43)得到振荡电路中的回路电流为

$$i = \frac{\mathrm{d}q}{\mathrm{d}t} = -\omega A \sin(\omega t + \varphi) = \omega A \cos\left(\omega t + \varphi + \frac{\pi}{2}\right) \tag{13-45}$$

如分别用
$$Q_0 = A, \quad I_0 = \omega A = \omega Q_0$$
表示电荷 q 和电流 i 的振幅,则 q、i 可表示为

$$q = Q_0 \cos(\omega t + \varphi) \tag{13-46}$$

$$i = I_0 \cos\left(\omega t + \varphi + \frac{\pi}{2}\right) \tag{13-47}$$

上述结果表明,LC 振荡电路的极板电荷 q 与回路电流 i 随时间的变化,是同频率的简谐振动,电流的振幅为电荷振幅的 ω 倍,电流的相位比电荷的相位超前 $\pi/2$,如图 13-40 所示。这与前面定性讨论的结果一致,并与弹簧振子的位移和速度及时间的关系类似。

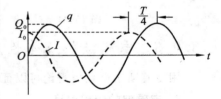

图 13-40　LC 振荡电路的极板
电量和回路电流

在电磁学中,电容器中的电场能量为 $W_e = \dfrac{q^2}{2C}$,线圈中的磁场能 $W_m = \dfrac{1}{2}Li^2$。所以,LC 电路自由振荡系统的电能、磁能和电磁场总能量分别为

$$W_e = \frac{Q_0^2}{2C}\cos^2(\omega t + \varphi) = \frac{1}{2}LI_0^2\cos^2(\omega t + \varphi) \tag{13-48}$$

$$W_m = \frac{1}{2}LI_0^2\sin^2(\omega t + \varphi) = \frac{Q_0^2}{2C}\sin^2(\omega t + \varphi) \tag{13-49}$$

$$W = W_e + W_m = \frac{Q_0^2}{2C} = \frac{1}{2}LI_0^2 \tag{13-50}$$

式(13-50)说明,在 LC 电路的无阻尼自由振荡中,尽管电能和磁能都在变化,但总的电磁能量守恒。

13.9.2　电磁辐射

如上所述,振荡电路中存在着周期性变化的电场和磁场,因此,根据麦克斯韦电磁场理论,振荡电路能够辐射电磁波。但在普通的振荡电路(图 13-38(a))中,电场和磁场几乎分别局限在电容器和自感线圈内部,而且振荡的频率很低,不利于电磁波的辐射。如果把电容器两极板间距离增加,同时把自感线圈放开拉直,见图

13-41(a)~(c),最后形成一直线,见图 13-41(d),可以大大提高电磁场的开放程度和振荡频率,因而能够有效地辐射电磁波。在这种直线形的电路中发生电磁振荡时,在电路的两端交替出现等量异号的电荷,故称之为振荡偶极子。

可以证明,任何一个振动的电荷或电荷系统都可以发射电磁波,如天线中振荡的电流、原子或分子中电荷的振动都会在其周围产生电磁波。一个振荡偶极子产生的电磁场可以根据麦克斯韦方程组从理论上推算出来,由于计算比较复杂,下面只介绍可以得到的一些结论。

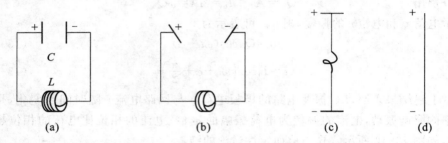

图 13-41   提高振荡电路的频率并开放电磁场的方法

13.9.3   电磁波的基本性质

用麦克斯韦电磁场理论可以证明,电磁波具有以下基本性质。

1. 电磁波的传播速度

电磁波的传播速度取决于传播介质的介电常数 ε 和磁导率 μ,用 u 表示,其大小为

$$u = \frac{1}{\sqrt{\varepsilon\mu}} \tag{13-51}$$

在真空中,电磁波的速度为

$$c = \frac{1}{\sqrt{\varepsilon_0\mu_0}} \tag{13-52}$$

即真空中的光速。

2. 电磁波是横波

电磁波是横波,电场强度 E 和磁场强度 H 与波的传播方向垂直,而且它们互相垂直。E、H 和 u 三者的方向构成右手螺旋关系,即使右手拇指与四指垂直,四指沿 E 的方向转向 H 的方向时,拇指的指向即为电磁波的传播方向 u。

3. E 和 H 同相振动

在波线上的任一点,E 和 H 都同时达到最大,也同时减小到零,它们的大小始终满足

$$\sqrt{\varepsilon}E = \sqrt{\mu}H \tag{13-53}$$

的关系。由于磁感应强度 $B=\mu H$,由式(13-53)还可得到电场强度 $\boldsymbol{E}$ 和磁感应强度 $\boldsymbol{B}$ 的定量关系为

$$E=\sqrt{\frac{\mu}{\varepsilon}}H=\frac{B}{\sqrt{\varepsilon\mu}}=uB \qquad (13\text{-}54)$$

在真空中即为

$$E=cB \qquad (13\text{-}55)$$

图 13-42 所示为电磁波基本性质的示意图。

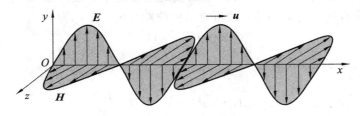

图 13-42　平面电磁波示意图

对于平面简谐电磁波,它所在空间的每一点的电场强度 $\boldsymbol{E}$ 和磁场强度 $\boldsymbol{H}$ 都按余弦函数规律随时间变化。就电场或磁场各自的变化规律而言,它们与机械波类似,都遵从波动的那些共同规律,此处不再介绍。应该注意的是电场和磁场相互之间的关系。按电磁波的性质 2 和性质 3,电场 $\boldsymbol{E}$ 和磁场 $\boldsymbol{H}$ 不是相互独立的,它们的大小和方向彼此相关。这意味着,如果 $\boldsymbol{E}$ 确定了,则 $\boldsymbol{H}$ 也将被完全确定,反之亦然。例如,有一列电磁波沿 x 轴方向传播,如果 $\boldsymbol{E}$ 在所设坐标系中是沿 y 轴方向振动,则它只有 y 分量,即

$$E_y=E_0\cos\left(\omega t+\varphi-2\pi\frac{x}{\lambda}\right)$$

由于 $\boldsymbol{E}$、$\boldsymbol{H}$ 和 c 之间在方向上服从右手螺旋关系,见图 13-43,因而 $\boldsymbol{H}$ 就只能沿 z 轴方向振动,即 $\boldsymbol{H}$ 只有 z 分量

$$H_z=H_0\cos\left(\omega t+\varphi-2\pi\frac{x}{\lambda}\right)$$

又由于 $\boldsymbol{E}$ 和 $\boldsymbol{H}$ 的大小满足 $\sqrt{\varepsilon}E=\sqrt{\mu}H$,故电磁波的磁场为

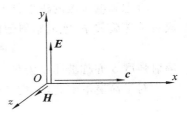

图 13-43　电磁波 $\boldsymbol{E}$、$\boldsymbol{H}$ 和 c
之间的关系

$$H_z=\sqrt{\frac{\varepsilon}{\mu}}E_y=\sqrt{\frac{\varepsilon}{\mu}}E_0\cos\left(\omega t+\varphi-2\pi\frac{x}{\lambda}\right)$$

13.9.4　电磁波的能量

电场和磁场具有能量,电磁波的传播必然伴随着电磁能量的传播。这种以波

的形式传播出去的电磁能量称为辐射能。

根据电磁学中对于电场、磁场能量的讨论,电场能量密度为 $w_e=\dfrac{1}{2}\varepsilon E^2$,磁场能量密度为 $w_m=\dfrac{1}{2}\mu H^2$,故电磁场的能量密度为

$$w=w_m+w_e=\dfrac{1}{2}(\mu H^2+\varepsilon E^2)$$

对于电磁波,因为 $\sqrt{\varepsilon}E=\sqrt{\mu}H$,所以电磁波的电场能量密度和磁场能量密度相等(机械波中是动能和势能相等),故可将电磁波能量密度表示为

$$w=\varepsilon E^2=\mu H^2 \tag{13-56}$$

由于 $u=\dfrac{1}{\sqrt{\varepsilon\mu}}$,又可以表示为

$$w=\sqrt{\varepsilon}E\cdot\sqrt{\mu}H=\sqrt{\varepsilon\mu}EH=\dfrac{EH}{u} \tag{13-57}$$

对于简谐电磁波,因为正弦函数的平方在一个周期内的平均值为 1/2,所以电磁波平均能量密度为

$$\overline{w}=\dfrac{1}{2}\varepsilon E_0^2=\dfrac{1}{2}\mu H_0^2=\dfrac{E_0 H_0}{2u} \tag{13-58}$$

电磁波的能流密度亦称辐射强度,它等于单位时间内通过垂直于传播方向单位面积的辐射能。按第 8 章的能流密度公式(8-15),波的能流密度为 $I=\overline{w}u$,在电磁波中,常用 S 表示能流密度即辐射强度,有

$$S=wu \tag{13-59}$$

利用式(13-57),辐射强度可表示为

$$S=wu=EH$$

考虑到电磁波的辐射强度 $\boldsymbol{S}$ 的方向就是波速 $\boldsymbol{u}$ 的方向,而 $\boldsymbol{E}$、$\boldsymbol{H}$ 和 $\boldsymbol{u}$ 的方向构成右手螺旋关系,连同辐射强度的方向一起,可把上式记作矢量形式,即

$$\boldsymbol{S}=\boldsymbol{E}\times\boldsymbol{u} \tag{13-60}$$

辐射强度 $\boldsymbol{S}$ 亦称坡印亭矢量。可以证明式(13-60)对所有的电场、磁场都成立。

对于简谐电磁波,平均辐射强度,也即波的强度为

$$\boldsymbol{S}=\overline{w}\boldsymbol{u} \tag{13-61}$$

利用式(13-58),波强可表示为

$$\overline{S}=\overline{w}u=\dfrac{1}{2}\varepsilon E_0^2 u=\dfrac{1}{2}\mu H_0^2 u=\dfrac{E_0 H_0}{2} \tag{13-62}$$

例 13-12　一列电磁波沿 x 轴方向传播,传播过程中振幅保持不变,磁场 $\boldsymbol{H}$ 沿 y 轴方向振动,只有一个分量

$$H_y=H_0\cos\left(\omega t+\varphi-2\pi\dfrac{x}{\lambda}\right)$$

试求电磁波中电场 E 的振动表达式。

解 根据 E、H 和 c 方向之间的关系,可知 E 应沿 z 轴方向振动,且 E_z 与 H_y 的符号相反,如图 13-44 所示。再由 $\sqrt{\varepsilon}E=\sqrt{\mu}H$,可知电场的表达式为

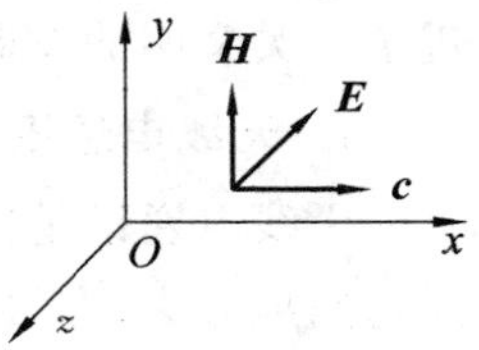

$$E_z=\sqrt{\frac{\mu}{\varepsilon}}H_y=-\sqrt{\frac{\mu}{\varepsilon}}H_0\cos\left(\omega t+\varphi-2\pi\frac{x}{\lambda}\right)$$

图 13-44

例 13-13 一广播电台向外发出球面电磁波,平均辐射功率为 $\overline{P}=20\ \text{kW}$,假定辐射的能量均匀分布在以电台为中心的球面上,求离电台 $r=10\ \text{km}$ 处的平均辐射强度、平均波能密度,以及电场振幅 E_0 和磁场振幅 B_0。

解 通过以电台为中心的任一球面的平均能流,等于电台的平均辐射功率,故离电台 10 km 处的平均辐射强度(平均能流密度)为

$$\overline{S}=\frac{\overline{P}}{4\pi r^2}=\frac{20\times10^3}{4\pi\times10^8}\ \text{W/m}^2=1.6\times10^{-5}\ \text{W/m}^2$$

平均波能密度为

$$\overline{w}=\frac{\overline{S}}{c}=\frac{1.6\times10^{-5}}{3\times10^8}\ \text{J/m}^3=5.3\times10^{-14}\ \text{J/m}^3$$

电场振幅为

$$E_0=\sqrt{\frac{2\overline{w}}{\varepsilon_0}}=\sqrt{\frac{2\times5.3\times10^{-14}}{8.85\times10^{-12}}}\ \text{V/m}=0.11\ \text{V/m}$$

磁场振幅为

$$B_0=\frac{E_0}{c}=\frac{0.11}{3\times10^8}\ \text{T}=3.7\times10^{-10}\ \text{T}$$

13.9.5 电磁波与人类文明

1863 年,麦克斯韦根据式(13-41)中第 2、3 两个公式,提出了以下两个崭新的概念。

(1) 任何电场的改变,都要在它周围空间里产生变化的磁场。

(2) 任何磁场的改变,都要在它周围空间里产生一种与静电场性质不同的涡旋电场。

这样,不均匀变化着的电场(或磁场),要在它的周围产生相应不均匀变化的磁场(或电场),这种新生的不均匀变化的磁场(或电场),又要产生电场(或磁场)……这样不均匀变化的电场和磁场永远交替地相互转变,并越来越广地向空间传播,这种不可分割的电场和磁场整体称为电磁场。以波动形式传播的电磁场称为电磁波。电磁波的传播速度在真空中等于光速 c,表明光也是一种电磁波。

麦克斯韦的这些预见,在 1888 年由赫兹通过实验得到了证实。从此,电磁波应用新技术(无线电通讯、广播、电视、雷达、传真、遥测遥感等)如雨后春笋,大大促

进了人类文明的发展。

1. 无线电通讯、传真和电视

无线电通讯是把声音振动通过振动传感器变成电流,附加在电磁波里传送到遥远的地方去,在接收端则先滤去运载的高频信号,再利用振动传感器将音频信号还原成声音。

无线电传真和电视则是利用光电传感器如光电管(传真)或摄像管(电视),先将光变成电流,这个与光的强度成正比关系变化的微弱光电流经过放大后,附加在高频电磁波中传送出去。在接收器端,把接收到的随着光强变化的电流,重新转变成光点,并让这些光点依照原来的次序和位置照射在感光纸上,形成传真。对电视信号来说,则是通过将传过来的高频载波信号去除后,用此光电流控制显像管发出的电子,打在显像管的荧光屏上不同的位置,即还原成电视原来拍摄到的电视画面。

2. 气象卫星

气象卫星有两类:一类为地球同步卫星或静止卫星,这种卫星在离地面 35800 km 的高空,从地面望去,卫星位置固定不变,可以连续观测地面的天气变化情况;一类为太阳同步卫星,这种卫星离地面高度为 900 km,每天绕地球 14 圈,卫星的轨道面与太阳光线的夹角保持恒定,从地球上观察卫星时,卫星每天在固定时间通过同一地区,犹如太阳每天定时升起一样。

卫星上安装的主要仪器为扫描辐射仪,它可以获取地面的可见光信号和红外辐射信号。光信号和红外信号经转换后成为无线电信号传输到地面。地面云图接收站接收后成为可见光和红外云图,云图对应地面的辐宽可达 3200 km,云图资料经过计算机处理后能得到大气温度、湿度、云顶高度、高空风、海洋温度、洋流等资料。气象卫星获取的云图信号可以直接发送,也可以记录在磁带上以后再发送。夏季在太平洋上空生成的台风,冬季西伯利亚南下的寒流,对我国的气候影响很大,卫星飞经这些区域上空时可将云图记录在磁带上,待卫星飞至国内云图接收站上空时再发送。

气象卫星的研制及发射成功标志我国航天事业有了新的突破。卫星运行轨道一般是椭圆,而气象卫星要求为圆形轨道,发射这些卫星的运载工具为长征 4 号火箭,这是一种新型的火箭,有很高的制导精度,可以保证把卫星送入 900 km 高的圆轨道。

气象卫星是长期工作的卫星,因此不能单纯依靠蓄电池供电,必须依靠太阳能供电,在这类卫星上采用了太阳帆板技术,以很大的太阳能电池阵面积保证大功率供电。太阳帆板在卫星发射时折叠在卫星的两个侧面,在卫星入轨后再伸展,犹如大鸟起飞后伸展双翅。太阳帆板技术的使用在我国航天领域中也是一个重大突破。

3. 遥感技术

用一定的技术设备、系统,在远离被测目标的位置上空对被测目标的特性进行测量与记录的技术称为遥感技术。

遥感这个名词正式采用是在 20 世纪 60 年代初,但它的历史可追溯到 1858 年。当时有人用气球携带相机拍摄巴黎"鸟瞰"照片,成为最早获得的遥感资料。此后一个多世纪内,特别是在两次世界大战中,由于军事上的需要,使黑白航空摄影和彩色航空摄影有了显著的进步。不过这时使用的电磁波段基本上限于可见光,工作平台主要是飞机和气球。20 世纪 60 年代以后,随着人造卫星、宇宙飞船和航天飞机等一系列新型运载工具的出现,同时遥感器工作波段也从可见光扩展到紫外线、红外线及微波波段,从而使遥感技术有了飞速发展。

现代遥感技术,特别是卫星遥感技术,是一门综合性很强的高新技术。它的实现,需要空间技术、计算机技术、自动控制技术、无线电电子学、数学、物理、化学、地理、地质、管理科学等多种学科的发展、配合和协调。目前,遥感技术已成为一个国际性的研究课题,它已远远超出了军事上的需要,为人类提供了探测地球表面及其他星球的手段,使人类对整个世界的认识发生了很大变化。例如,探测月球的"嫦娥一号",探测金星和火星的"水手"、"海盗"号探测器,探测木星的"先驱者"号探测器等发回了大量资料;此外,还有大量的气象卫星、陆地卫星、海洋卫星、测地卫星和地球资源卫星等,都以极高的速度发回丰富的资料和图像。如陆地卫星每隔 18 天把世界扫描一遍,用装载的多光谱扫描仪、反束光导摄像机、宽频磁带机和资料收集系统,对 900 km 以下的地面进行全天候的扫描,所获得的多光谱扫描图像的地面分辨力为 $57 \times 79 \ m^2$。一幅图像表示地面 $185 \times 185 \ km^2 = 34225 \ km^2$ 的面积,即每次可对地面 $34225 \ km^2$ 的面积拍摄极为清晰的照片。美国的第一颗陆地卫星在两年半的时间内,共完成了 13000 个轨道扫描图像任务,向地面发回了近 10 万张全世界陆地和海洋的多光谱扫描图像资料。在我国上空共运行 341 个轨道,包括我国全部领土和领海,仅陆地部分就有近 500 套图像。经过 50 多遍反复扫描,已具有 25000 多张多光谱扫描图像。通过这些资料,可以详细了解我国一年四季自然资源的动态变化,从而能够对我国各种自然资源进行系统分析和研究。诺阿气象卫星每天把世界扫描一遍,地球同步卫星则每时每刻都在监视着地球的每一个角落,所获得的信息广泛用于研究气象、农业、林业、地质、地貌、石油、海洋、水产、环境保护等各个领域,使人类能从全球的角度来研究地球,从大气、陆地、海洋等几个侧面,以及它们之间的联系来寻找整个地球环境内在的变化规律。

遥感技术主要包括四个方面:遥感器用来接收目标或背景的辐射和反射的电磁波信息,并将其转换成电信号及图像加以记录,包括各种辐射计、扫描器、相机和其他各种探测器等;信息传输系统,将遥感得到的信息,经初步处理后用电磁波信号的方式发送出去,或直接回收胶片;目标特征收集,从明暗程度、色彩、信号强弱的差异及变化规律中找出各种目标信息的特征,以便为判别目标提供依据;信息处理与判读,将所收到的信息进行处理,包括消除噪声或虚假信息校正误差,借助于光电设备与目标特征进行比较,从复杂的背景中找出所需要的目标信息。

　　装在卫星或其他航天器上的遥感器,其工作过程是:由目标反射的电磁波,大多数情况下是投射到地面上的太阳辐射,穿过大气后被遥感器接收。遥感器上的发射机将接收到的信息传至地面的控制中心,经一系列处理后,绘制成各种图像供使用。

　　从卫星轨道的高度上来探测地球表面目标,搜集地球有关现象的遥感数据,有独特的优越性。首先,探测范围广,搜集数据快。例如,靠航空摄影观测我国领土需要 100 万张照片,而用卫星只要 500 张就可观测全国领土。其次,能反映出动态变化。这是因为卫星在一定轨道上能够重复地观察地面情况,能发现并跟踪自然界的变化,诸如臭氧层的变化,台风的形成,地球板块的移动,地球磁场、重力场、热辐射的变化,等等。第三,收集资料受地面条件限制小,因为卫星遥感不受国界的限制,不受高山、沙漠、海洋的阻隔,还能全天候工作,测量精度也高。在整个遥感的过程中,处处都体现了电磁波的特性和技术应用,电磁波对人类的文明有着无法估量的巨大作用。

习　　题

一、填空题

　　1. 一矩形铜框长为 a,宽为 b,置于均匀磁场 B 中,铜框绕 OO' 轴以角速度 ω 匀速转动,如图 13-45所示,设 $t=0$ 时,铜框平面处于纸面内,则任一时刻感应电动势的大小为_____。

　　2. 一段导线被弯成圆心在 O 点、半径为 R 的 3 段圆弧 $\overset{\frown}{ab}$、$\overset{\frown}{bc}$、$\overset{\frown}{ca}$,它们构成了一个闭合回路,$\overset{\frown}{ab}$ 位于 Oxy 平面内,$\overset{\frown}{bc}$ 和 $\overset{\frown}{ca}$ 分别位于 Oyz 和 Oxz 平面内,如图 13-46 所示,均匀磁场 B 沿 x 轴正方向。设磁感应强度的大小随时间的变化率为 $k(k>0)$,方向不变,则闭合回路 $abca$ 中感应电动势的数值为_____,圆弧中感应电流的方向是_____。

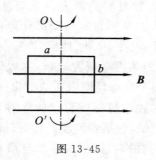

图 13-45

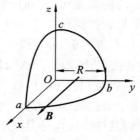

图 13-46

3. 在均匀磁场 **B** 中,有一刚性直角三角形线圈 ABC,$AB=a$,$BC=2a$,AC 边平行于 **B**。线圈绕 AC 边以角速度 ω 匀速转动,方向如图 13-47 所示。AB 边的动生电动势大小 $\mathscr{E}_1=$ _____,BC 边的动生电动势大小 $\mathscr{E}_2=$ _____,线圈的总电动势 $\mathscr{E}=$ _____。

4. 载有恒定电流 I 的长直导线旁有一半圆环导线 cd,半圆环半径为 b。环面与直导线垂直,且半圆环两端点连线的延长线与直导线相交,如图13-48所示。当半圆环以速度 v 沿平行于直导线的方向平移时,半圆环上的感应电动势的大小是_____。

5. 如图 13-49 所示,一个限定在圆柱形体积内的均匀磁场 **B**,若 **B** 的大小随时间均匀变化,且 $dB/dt>0$。一边长为 l 的正方形导体框 $abcd$ 置于该磁场中,框平面与磁场垂直,且 O 点为 ab 的中点。求 a 处的感生电场强度的大小 $E_a=$ _____,c 处的感生电场强度的大小 $E_c=$ _____,a 与 b 两点的感生电场强度的大小 E_a _____ E_b(填大于、等于或小于),方向 _____,cd 段上的感生电动势 $\mathscr{E}_{cd}=$ _____,回路的总感生电动势 $\mathscr{E}_i=$ _____。

6. 产生动生电动势的非静电力是_____,产生感生电动势的非静电力是_____。

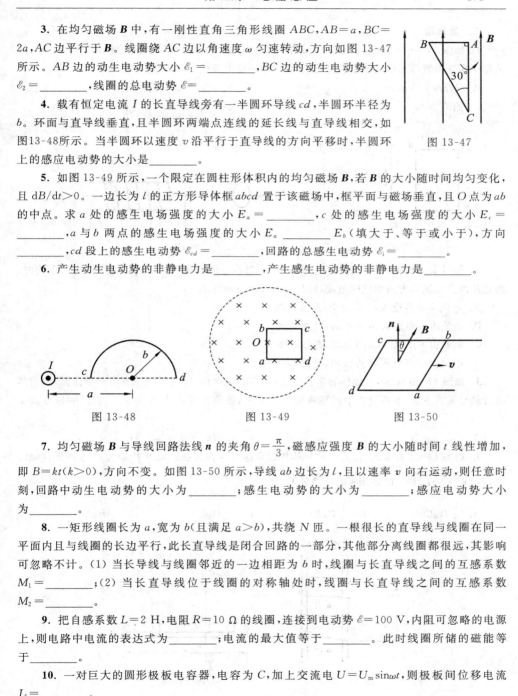

图 13-48　　　　图 13-49　　　　图 13-50

7. 均匀磁场 **B** 与导线回路法线 **n** 的夹角 $\theta=\dfrac{\pi}{3}$,磁感应强度 **B** 的大小随时间 t 线性增加,即 $B=kt(k>0)$,方向不变。如图 13-50 所示,导线 ab 边长为 l,且以速率 v 向右运动,则任意时刻,回路中动生电动势的大小为_____;感生电动势的大小为_____;感应电动势大小为_____。

8. 一矩形线圈长为 a,宽为 b(且满足 $a>b$),共绕 N 匝。一根很长的直导线与线圈在同一平面内且与线圈的长边平行,此长直导线是闭合回路的一部分,其他部分离线圈都很远,其影响可忽略不计。(1) 当长导线与线圈邻近的一边相距为 b 时,线圈与长直导线之间的互感系数 $M_1=$ _____;(2) 当长直导线位于线圈的对称轴处时,线圈与长直导线之间的互感系数 $M_2=$ _____。

9. 把自感系数 $L=2$ H,电阻 $R=10\ \Omega$ 的线圈,连接到电动势 $\mathscr{E}=100$ V,内阻可忽略的电源上,则电路中电流的表达式为_____;电流的最大值等于_____。此时线圈所储的磁能等于_____。

10. 一对巨大的圆形极板电容器,电容为 C,加上交流电 $U=U_m\sin\omega t$,则极板间位移电流 $I_d=$ _____。

11. 在没有自由电荷与传导电流的变化电磁场中,$\oint_L \boldsymbol{E}\cdot d\boldsymbol{l}=$ _____,$\oint_L \boldsymbol{H}\cdot d\boldsymbol{l}=$ _____。

二、选择题

1. 如图 13-51 所示,直导线 AB 与线圈 $abcd$ 在同一平面内,直导线通有恒定电流 I,当线圈从图中实线位置移至虚线位置的过程中,线圈中感应电流的方向为(　　)。

  A. 先 $abcd$ 后 $dcba$ B. 先 $dcba$ 后 $abcd$ 再 $dcba$

  C. 始终 $dcba$ D. 始终 $abcd$

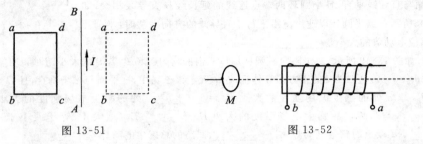

图 13-51　　　　　　　　　　　　　图 13-52

2. 如图 13-52 所示,M 为一闭合金属轻环,当右侧线圈通以如下所说哪种情况的电流时,将在环内产生图示方向的感应电流,同时环向线圈方向移动。(　　)

  A. 电流由 b 点流入,a 点流出,并逐渐减少

  B. 电流由 a 点流入,b 点流出,并逐渐减少

  C. 电流由 b 点流入,a 点流出,并逐渐增大

  D. 电流由 a 点流入,b 点流出,并逐渐增大

3. 如图 13-53 所示,一螺线管垂直放置,通有直流电流,螺线管正上方有一导体圆环,沿螺线管轴线垂直下落,下落过程中圆环面恒保持水平,则圆环经图中 A、B、C 三点时加速度满足(　　)。

  A. $a_A<a_B<a_C$　　　B. $a_A<a_C<a_B$　　　C. $a_C<a_A<a_B$　　　D. $a_B<a_A<a_C$

4. 如图 13-54 所示,一长为 L 的导体棒以角速度 ω 在匀强磁场 $\boldsymbol{B}$ 中绕过 O 点的竖直轴转动,若 $OC=\dfrac{2}{3}L$,则 AC 导体棒的电动势等于(　　)。

  A. $\dfrac{1}{3}B\omega L^2$　　　B. $\dfrac{1}{4}B\omega L^2$　　　C. $\dfrac{1}{5}B\omega L^2$　　　D. $\dfrac{1}{6}B\omega L^2$

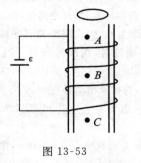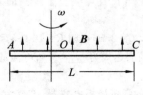

图 13-53　　　　　　　　　　　　　图 13-54

5. 一半径为 R 的无限长密绕螺线管,单位长度上的匝数为 n,电流以 $\mathrm{d}i/\mathrm{d}t$ 为常数地增长电流。将导线 $Oabc$ 垂直于磁场放置在管内外,如图 13-55 所示,其中 $Oa=ab=bc=R$。

（1）其上感生电动势为（　　）。

A. $\mathscr{E}_{Oa}=\mathscr{E}_{ab}=\mathscr{E}_{bc}$　　　　　　　　B. $\mathscr{E}_{Oa}=0,\mathscr{E}_{ab}<\mathscr{E}_{bc}$

C. $\mathscr{E}_{Oa}=0,\mathscr{E}_{ab}>\mathscr{E}_{bc}$　　　　　　　　D. $\mathscr{E}_{Oa}<\mathscr{E}_{ab}=\mathscr{E}_{bc}$

（2）a、b、c 三点电势之间的关系为（　　）。

A. $U_a=U_b=U_c$　　　　B. $U_a<U_b<U_c$　　　　C. $U_a>U_b>U_c$　　　　D. $U_a>U_b=U_c$

6. 在感生电场中,电磁感应定律可写成 $\mathscr{E}=\oint_L \boldsymbol{E}_{感}\cdot\mathrm{d}\boldsymbol{l}=\dfrac{\mathrm{d}\varPhi_\mathrm{m}}{\mathrm{d}t}$,式中 $E_{感}$ 为感生电场的电场强度,此式表明（　　）。

A. 闭合曲线 L 上 $E_{感}$ 处处相等

B. 感生电场是保守力场

C. 感生电场的电场线不是闭合曲线

D. 在感生电场中不能像对静电场那样引入电势的概念

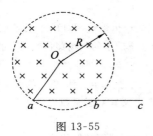

图 13-55

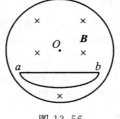

图 13-56

7. 在圆柱形空间内有一磁感应强度为 $\boldsymbol{B}$ 的均匀磁场,如图 13-56 所示。B 以速率 $\mathrm{d}B/\mathrm{d}t$ 变化。在磁场中有 a、b 两点,其间可放直导线 $\overline{ab}$ 和弯曲的导线 $\overset{\frown}{ab}$,则（　　）。

A. 电动势只在导线 $\overline{ab}$ 中产生

B. 电动势只在导线 $\overset{\frown}{ab}$ 中产生

C. 电动势在导线 $\overline{ab}$ 和 $\overset{\frown}{ab}$ 中都产生,且两者大小相等

D. $\overline{ab}$ 导线中的电动势小于导线 $\overset{\frown}{ab}$ 中的电动势

8. 如图 13-57 所示,空气中有一无限长金属薄壁圆筒,在表面上沿圆周方向均匀地流着一层随时间变化的面电流 $I(t)$,则（　　）。

A. 圆筒内均匀地分布着变化磁场和变化电场

B. 任意时刻通过圆筒内假想的任一球面的磁通量和电通量均为零

C. 沿圆筒外任意闭合环路上磁感应强度的环流不为零

D. 沿圆筒内任意闭合环路上电场强度的环流为零

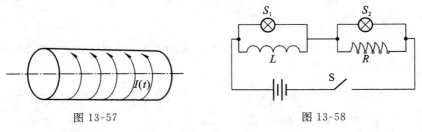

图 13-57

图 13-58

9. 如图 13-58 所示电路,S_1 和 S_2 是两个电阻相同的小灯泡,L 是一个自感线圈,自感系数

很大,线圈电阻也等于 R。当开关 S 接通时(　　　)。

　　A. S_1 先比 S_2 亮,逐渐达到一样亮

　　B. S_1 先比 S_2 暗,逐渐达到一样亮

　　C. S_1 和 S_2 始终同样亮,亮度不变

　　D. S_1 和 S_2 始终同样亮,亮度无渐变过程

10. 两个长直密绕螺线管,长度及线圈匝数均相同,半径分别为 r_1 和 r_2,管内充满均匀介质,其磁导率分别为 μ_1 和 μ_2。设 $r_1:r_2=1:2$,$\mu_1:\mu_2=2:1$,当将两只螺线管串联在电路中,通电稳定后,其自感系数之比 $L_1:L_2$ 与磁能之比 $W_{m1}:W_{m2}$ 分别为(　　　)。

　　A. $L_1:L_2=1:1$,　　$W_{m1}:W_{m2}=1:1$

　　B. $L_1:L_2=1:2$,　　$W_{m1}:W_{m2}=1:2$

　　C. $L_1:L_2=1:2$,　　$W_{m1}:W_{m2}=1:1$

　　D. $L_1:L_2=2:1$,　　$W_{m1}:W_{m2}=2:1$

11. 两任意形状的导体回路 1 和 2,通有相同的稳恒电流,若以 Φ_{12} 表示回路 2 中的电流产生的磁场穿过回路 1 的磁通,Φ_{21} 表示回路 1 中的电流产生的磁场穿过回路 2 的磁通,则(　　　)。

　　A. $|\Phi_{12}|=|\Phi_{21}|$　　　　B. $|\Phi_{12}|>|\Phi_{21}|$　　　　C. $|\Phi_{12}|<|\Phi_{21}|$

　　D. 因两回路的大小、形状未具体给定,所以无法比较 $|\Phi_{12}|$ 和 $|\Phi_{21}|$ 的大小

12. 两个相距不太远的平面圆线圈,怎样放置可使其互感系数近似为零?设其中一线圈的轴线恰通过另一线圈的圆心。(　　　)

　　A. 两线圈的轴线相互平行　　　　　　B. 两线圈的轴线成 $45°$

　　C. 两线圈的轴线相互垂直　　　　　　D. 两线圈的轴线成 $30°$

13. 如图 13-59 所示,平板电容器(忽略边缘效应)充电时,沿环路 L_1、L_2 且磁场强度为 $\boldsymbol{H}$ 的环流中,必有(　　　)。

　　A. $\oint_{L_1}\boldsymbol{H}\cdot\mathrm{d}l>\oint_{L_2}\boldsymbol{H}\cdot\mathrm{d}l$　　　　　　B. $\oint_{L_1}\boldsymbol{H}\cdot\mathrm{d}l=\oint_{L_2}\boldsymbol{H}\cdot\mathrm{d}l$

　　C. $\oint_{L_1}\boldsymbol{H}\cdot\mathrm{d}l<\oint_{L_2}\boldsymbol{H}\cdot\mathrm{d}l$　　　　　　D. $\oint_{L_1}\boldsymbol{H}\cdot\mathrm{d}l=0$

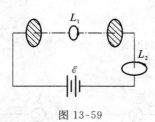 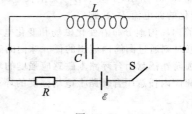

图 13-59　　　　　　　　　　　　図 13-60

14. 如图 13-60 所示电路,线圈的电阻不计,接通电源,电流达到稳定后,将电路断开,则电容器两端的最大电势差为(　　　)。

　　A. $U=\dfrac{\mathscr{E}}{R}\sqrt{LC}$　　B. $U=\dfrac{\mathscr{E}}{R}\sqrt{\dfrac{1}{LC}}$　　C. $U=\dfrac{\mathscr{E}}{R}\sqrt{\dfrac{L}{C}}$　　D. $U=\dfrac{\mathscr{E}}{R}\sqrt{\dfrac{C}{L}}$

15. 下列情况中,位移电流为零的是(　　　)。

　　A. $B=0$　　　　　　　　　　　　　B. 电场不随时间变化

C. 开路　　　　　　　　　　　　　D. 金属

16. 在下列有关传导电流与位移电流的说法中,正确的是(　　)。

A. 位移电流由电荷的宏观定向运动所形成

B. 位移电流也产生焦耳热

C. 传导电流由电场随时间的变化所产生

D. 位移电流与传导电流都能产生磁场

三、计算题

1. 如图 13-61 所示,B 沿 x 轴正方向,初始时刻,线圈的边分别与 y 轴、z 轴平行,且在 Oyz 轴平面内,从某时刻起线圈绕 y 轴以角速度 ω 旋转,已知线圈面积 $S=400\ \text{cm}^2$,线圈内阻 $R=2.0\ \Omega$,$\omega=10\ \text{rad/s}$,$B=0.5\ \text{T}$,求:(1) 通过线圈的最大磁通量;(2) 线圈内最大的感应电动势;(3) 磁场对线圈的最大力矩;(4) 证明导线环转动一圈过程中外力矩所做的功等于线圈内消耗的电能。

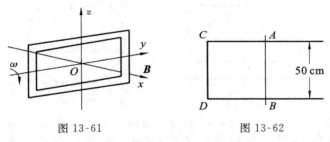

图 13-61　　　　　　　　　　　　　　图 13-62

2. 如图 13-62 所示,导体棒 AB 和金属导轨 CA 和 DB 接触,整个装置处在 $B=0.5\ \text{T}$ 的均匀磁场中,磁场方向垂直于纸面向里。求:

(1) 当导体棒以 $v=4\ \text{m/s}$ 的速度向右运动时,棒上的感应电动势;

(2) 如果回路 $ABCD$ 的电阻是 $0.20\ \Omega$,忽略摩擦,维持导体棒匀速运动所需施加的外力;

(3) 将外力做的机械功率(Fv)和回路发热功率(I^2R)作比较。

3. 如图 13-63 所示,铜棒 ab 的质量 $m=0.2\ \text{kg}$,静止横放在足够长的水平轨道 CD、EF 上,两水平轨道间的距离为 20 cm,铜棒与轨道的摩擦系数为 0.1,电源的电动势为 1.5 V,整个电路的电阻为 $0.5\ \Omega$,现加一个磁感应强度 $B=0.5\ \text{T}$,方向垂直于轨道平面向下的匀强磁场,求:

(1) 当开关接通时,铜棒起始加速度多大;

(2) 铜棒运动的最大速度多大;

(3) 突然撤去磁场,那么最终通过铜棒的电流强度及铜棒的运动速度各是多大?

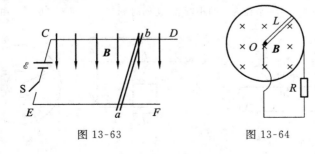

图 13-63　　　　　　　　　　　　　　图 13-64

4. 光滑水平面上,有一根长为 L,质量为 m 的匀质金属棒,以一端为中心旋转,另一端在半径为 L 的金属圆环上滑动,接触良好,在中心 O 和环之间接有电阻 R,在桌面法线方向加一均匀磁场 B,如图 13-64 所示,若在起始位置 $\theta = 0°$ 时,给金属棒一初始的角速度 ω_0。求:

(1) 任意时刻金属棒的角速度 ω;

(2) 当金属棒最后停下来时,棒绕中心转过的角度 θ_0。(注:金属棒、金属环及接线的电阻,机械摩擦力忽略不计。)

5. 闭合的半圆形刚性线圈,电阻为 R,半径为 a,在匀强磁场 B 中以角速度 ω 绕 OO' 轴匀速转动,如图 13-65 所示。当线圈平面转至与 B 平行时,求:

(1) 线圈中感应电流的方向;

(2) 电动势 $\mathscr{E}_{AOD}$,$\mathscr{E}_{DCA}$;

(3) 磁场对线圈的磁力矩。

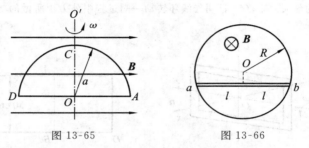

图 13-65　　　　　　图 13-66

6. 在半径为 R 的圆柱形空间中存在均匀磁场 B,B 的方向与柱的轴向平行,如图 13-66 所示。有一长为 $2l$ 的金属棒 ab 放在磁场中,设磁场以恒定的变化率 dB/dt 增强,试计算棒 ab 中感生电动势的大小。

7. 电量 Q 均匀分布在半径为 a、长为 $L(L \gg a)$ 的绝缘薄壁圆筒表面上,圆筒以角速度 ω 绕中心轴线旋转。一半径为 $2a$、电阻为 R 的单匝圆形线圈套在圆筒上,如图 13-67 所示。若圆筒转速按照 $\omega = \omega_0(1 - t/t_0)$ 的规律(ω_0 和 t_0 是已知常数)随时间线性减小,求圆形线圈中感应电流的大小和流向。

8. 两根无限长直导线相距为 d,载有大小相等方向相反的电流 I,I 以 dI/dt 的变化率增长,一个边长为 d 的正方形线圈,与长直导线位于同一平面内,且它与邻近导线相距为 d,如图 13-68 所示。求:

(1) 两无限长直导线与线圈间的互感系数;

(2) 线圈中的感生电动势;

(3) 感应线圈中电流的方向。

9. 如图 13-69 所示,一半径为 r 的小圆环,初始时刻与一半径为 $r'(r' \gg r)$ 的大圆环共面同

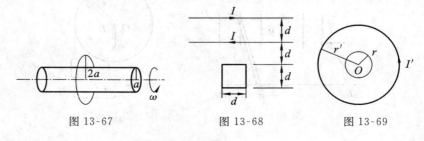

图 13-67　　　　　　图 13-68　　　　　　图 13-69

心。今在大环中通以恒定电流 I'，小环以匀角速度 ω 绕直径转动，设小环的电阻为 R。试求：

(1) 小环中的感应电流；

(2) 使小环作匀角速度转动时，作用在其上的力矩；

(3) 若小环静止不动，其中通有变化的电流 $i = I_0 \sin\omega t$，求大环中的感应电动势。

10. 如图 13-70 所示，一磁感应强度为 B 的均匀磁场垂直于金属线框平面。线框中串有电阻 R 和电感线圈 L，线框平行线之间的距离为 l。另一金属杆 AB 与线框接触，并沿线框的平行线以速度 v 向右作匀速滑动。求：

(1) 线框中的电流（金属杆和线框平行线的电阻不计）；

(2) 电流的最大值。

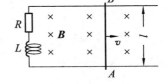

图 13-70

11. 已知一个完全导电的矩形金属框的边长为 a 和 b，质量为 m，自感为 L，以初速度 v_0 在线框平面内沿着较长边的方向从磁场为零的区域进入另一个均匀磁场 B_0 中，B_0 的方向与矩形平面相垂直。试描述矩形线框作为时间函数的运动状态。

12. 两平行的长直导线，横截面都是半径为 a 的圆面，中心相距为 d，并载有等值反向的电流，设两导线内部的磁通量均可略去不计，求：

(1) 两导线间单位长度上的自感系数；

(2) 若将两导线分开到 $d+x$，磁场对单位长度导线所做的功。

13. 一自感系数为 $5.0\ \text{H}$ 的线圈，其导线电阻为 $25\ \Omega$，把 $100\ \text{V}$ 的恒定电压加到它的两端。

(1) 求电流达到稳定值时，线圈所储存的磁场能量 W_m；

(2) 从电压开始加上起，问经过多长时间线圈所储藏的能量达到 $W_m/2$。

14. 设有一电缆，由两个无限长的同轴圆筒状导体所组成，内圆筒和外圆筒上的电流方向相反而强度 I 相等，设内、外圆横截面的半径分别为 R_1 和 R_2，如图 13-71 所示。试计算长为 l 的一段电缆内的磁场所储存的能量。

15. 一平行板电容器的两极板都是半径为 $5.0\ \text{cm}$ 的圆导体片，充电过程中电场强度的变化率 $dE/dt = 1.0 \times 10^{12}\ \text{V} \cdot \text{m}^{-1} \cdot \text{s}^{-1}$。求：

(1) 两极板间的位移电流 I_d；

(2) 极板边缘的磁感应强度 B（忽略边缘效应）。

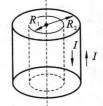

图 13-71

16. 设平面电磁波在真空中沿 x 轴传播，其磁场强度的波的表达式为 $H_y = 1.5\cos 2\pi \left(vt - \dfrac{x}{\lambda} \right)\ \text{A/m}$，求该电磁波中电场强度的表达式。

17. 有一 $50\ \text{kW}$ 功率的广播电台，发射各向同性的简谐电磁波，试求离天线 $100\ \text{km}$ 处电场强度的幅值 E_0 和磁感应强度的幅值 B_0。

第五篇

光　学

从你来到人世睁开眼睛的那一刻起,你就无时不在地与光打交道。在长期的实践中人类已经积累了很丰富的光学知识,并已在生产实践和科学技术的各个领域得到了很好的应用。根据光的发射、传播、接收及光与其他物质的相互作用的性质与规律,人们通常将光学分成几何光学、波动光学、量子光学和非线性光学,在大学物理范畴,主要介绍前两者的原理及应用。

*第14章 几何光学

本章仅就几何光学的内容作简要的概述。

14.1 几何光学的基本定律

14.1.1 光的直线传播定律

如果不借助任何仪器,我们是看不见自己的后脑袋的。这个事实直接说明光在各向同性的介质中是沿直线传播的,这一规则称为光的直线传播定律。又如,我们从门缝中看射进来的太阳光,从光在传播方向上遇到障碍物时在障碍物背后会留下此物的阴影,都说明了同一个问题。

在描述机械波时,我们曾用波线来表示其传播方向,同样我们可以用光线来表示光的传播方向。

14.1.2 光的反射和折射定律

光是电磁波,与机械波有很多类似之处,即它们传播到介质的分界面时也会发生反射和折射现象,也同样遵从反射和折射定律,如图 14-1 所示。

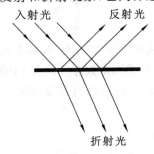

图 14-1　光在分界面上传播

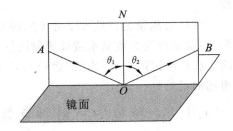

图 14-2　反射定律

1. 光的反射定律

把入射光线与界面法线所决定的平面称为入射面,实验表明,反射光线总是位于入射面内,并且与入射光线分居在法线的两侧,反射角 θ_2 等于入射角 θ_1,即

$$\theta_2 = \theta_1 \tag{14-1}$$

这一规律称为光的反射定律,如图 14-2 所示。

2. 光的折射定律

当光从折射率为 n_1 的介质折射到折射率为 n_2 的介质时,折射光线和入射光线与法线在同一平面内,入射角的正弦与折射角的正弦成正比(见图14-3)。比例常数记为 n_{21},即有

$$\frac{\sin\theta_1}{\sin\theta_2}=\frac{n_2}{n_1}=\frac{v_1}{v_2}=n_{21} \qquad (14-2)$$

式中,v 是光在介质中传播的速度。

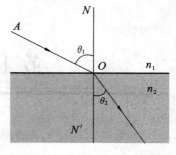

图14-3　光的折射

3. 全反射

不同介质的折射率不同,我们把折射率较小的介质称为光疏介质,折射率较大的介质称为光密介质。光疏介质和光密介质是相对的,例如水、水晶和金刚石三种物质相比较,水晶对水来说是光密介质,对金刚石来说则是光疏介质。根据折射定律可知,光由光疏介质射入光密介质(例如由空气射入水)时,折射角小于入射角;光由光密介质射入光疏介质(例如由水射入空气)时,折射角大于入射角。

既然光由光密介质射入光疏介质时,折射角大于入射角,由此可以预料,当入射角增大到一定程度时,折射角就会增大到等于或大于 $90°$,此时,折射光完全消失,只剩下反射光,这种现象称为全反射。

在全反射现象中,刚好发生全反射,即折射角 $\theta_2=90°$ 时的入射角称为临界角,记为 C。当光线从光密介质射入光疏介质时,如果入射角等于或大于临界角,就发生全反射现象。由式(14-2)易得

$$\frac{\sin C}{\sin 90°}=n_{21}$$

得
$$\sin C=n_{21}$$

全反射现象是自然界里常见的现象。例如,水中或玻璃中的气泡,看起来特别明亮,就是因为光线从水或玻璃射向气泡时,一部分光在界面上发生了全反射的缘故。我们所说的"光纤通信"就利用了全反射的原理,使光信号能高效低耗地传到很远的目的地。

*14.1.3　棱镜的折射和色散

1. 光在棱镜主截面内的折射

棱镜是由两个以上的互不平行的平面界面围成的透明介质元件,它的主要作用是使通过它的光线的传播方向发生偏折,所以"偏向角"是这种棱镜的主要特征量。为简便起见,仅限于研究光线在棱镜主截面内的折射。棱镜的主截面就是垂直于棱镜两个界面的截面。

如图 14-4 所示,△AFG 是一块置于空气中的三棱镜的主截面,α 为折射棱角。入射光束在通过棱镜的过程中将连续发生两次折射。出射光线 CN 和入射光线 MB 的夹角 θ 称为棱镜的偏向角。

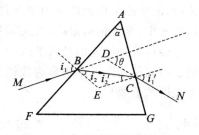

图 14-4 光在棱镜内的折射

从图 14-4 可以发现 $\theta=(i_1-i_2)+(i_1'-i_2')$,在四边形 ABEC 中有 $\alpha+\angle E=\pi$;又在 △BEC 中有 $i_2+i_2'+\angle E=\pi$,于是有 $i_2+i_2'=\alpha$,故有

$$\theta=i_1+i_1'-\alpha$$

由实验得知:在折射棱角 α 给定时,偏向角 θ 随入射角 i_1 的改变而改变,并且对于某一个 i_1 值,偏向角 θ 有一最小值 θ_0。

可以证明,当 $i_1=i_1'$ 时,偏向角 θ 达到最小值,此时有

$$\theta_0=2i_1-\alpha \tag{14-3}$$

于是有

$$i_1=i_1'=\frac{\theta_0+\alpha}{2} \tag{14-4}$$

对于这块置于空气中的棱镜,利用式(14-3)和式(14-4),以及折射定律 $\sin i_1=n\sin i_2$(其中 n 是棱镜的折射率),可得该棱镜折射率 n 为

$$n=\frac{\sin i_1}{\sin i_2}=\frac{\sin\dfrac{\theta_0+\alpha}{2}}{\sin\dfrac{\alpha}{2}} \tag{14-5}$$

因此,在给定折射棱角 α 时,通过测量某波长的光束在三棱镜中的最小偏向角 θ_0,即可算出该棱镜介质对该色光的折射率 n。

2. 色散棱镜

光从一种介质传播到另一种介质可以改变入射光线的传播方向。现在来研究棱镜色散。棱镜在大多数情况下并不是用来测定某色光的最小偏向角,而是用来把混合光在空间分开。

实验表明,某一介质的棱镜对不同波长(λ)的色光,其折射率(n)是不同的,棱镜的折射率(n)是光的波长(λ)的函数,即

$$n=f(\lambda)$$

正因如此,不同波长的色光通过某一棱镜时,即使入射角 i_1 相同,它们对应的偏向角是不同的。如图 14-5 所示,一束白光通过

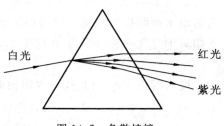

图 14-5 色散棱镜

棱镜，由于通常棱镜的折射率 n 是随波长（λ）的减小而增加的（正常色散），所以在出射光中，紫光偏折最大，红光偏折最小。

　　棱镜这种因光的波长的改变而改变偏向角，从而使复合光中不同波长的光对应于不同偏向角的现象称为棱镜的色散。利用棱镜的色散可制成光谱仪，它是研究光谱的重要仪器。

14.1.4　光在平面上的反射和折射成像

1. 平面的反射成像

　　点光源发射出的发散光照射在平面分界面（如平面镜）上时，其反射光也是发散的。所有反射光的反向延长线仍交于一点。因此，用平面镜能获得"完善"的点像，但这个图像不是由光线真实聚集而成的，所以称为虚像。依此可知，由于物体乃由无限多点组成，所以，平面镜能获得"完善"的物之虚像。图 14-6 所示的为点光源反射成像光路图。

2. 平面的折射成像

　　与反射光不同，折射光的折射角与入射角不呈线性关系变化。所以，点光源的折射光的反向延长线一般不会相交于同一点。因此，折射不能形成"完善"的像。这可以用一个例子来说明。

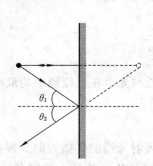

图 14-6　点光源反射成像光路图

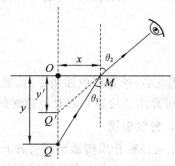

图 14-7　眼睛看水中的物体

　　如图 14-7 所示，在水中深度为 y 处有一发光点 Q。作 OQ 垂直于水面，可证明射出水面的折射线延长线与 OQ 相交处 Q' 的深度 y'，是与入射角 θ_1 有关的。设水相对于空气的折射率为 n（约 4/3），根据折射定律，有

$$n\sin\theta_1 = \sin\theta_2$$

设入射角为 θ_1 的光线与水面相遇于 M 点，则 $y = x\cot\theta_1$，$y' = x\cot\theta_2$，而

$$y' = y\,\frac{\sin\theta_1\cos\theta_2}{\sin\theta_2\cos\theta_1} = \frac{y\,\sqrt{1 - n^2\sin^2\theta_1}}{n\cos\theta_1} \tag{14-6}$$

这就表明，由 Q 发出的不同方向的入射光线，折射后的反向延长线不再相交

于同一点。

当光线垂直入射时，$\theta_1 = 0$，所以

$$y' = \frac{n_2}{n} y$$

式中，y 为物体的实际深度。

由此可知，若已知 n_2，测出 y、y'，就可以求出 n_1。

14.1.5　光在球面上的反射和折射成像

1. 球面镜的反射成象

（1）凹面镜的反射成像。

运用反射定律可以证明如图 14-8 所示的平行光入射到球形凹面镜时，其反射光线并不交于一点。但对于靠近球面对称轴（主光轴）附近的近轴光线而言（以后我们讨论的都属近轴光线，不再另加说明），则图 14-8 中的光线 1、2、3、4、5 就会交于一点。这一交点称为凹面镜的焦点，用 F 表示。用反射定律及简单的几何学可以证明，焦距 f 等于凹球面曲率半径的 $1/2$，即 $f = r/2$。

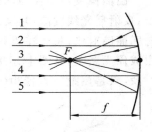

图 14-8　凹面镜的焦点

利用作图法可以确定像的位置和大小。事实上，只要选择物体端点发出的两条特殊光线，就可以简洁、快速地画出物体的成像图。在图 14-9（a）、（b）中，光线 1 平行于主光轴，反射后经过焦点 F；光线 2 通过焦点（或其反向延长线通过焦点），反射后平行于主光轴。这样，在图 14-9（a）所示的情形，上述两光线反射线的延长线交点，就是物端点的虚像；而在图 14-9（b）所示的情形，两反射线的交点乃是物端点的实像。

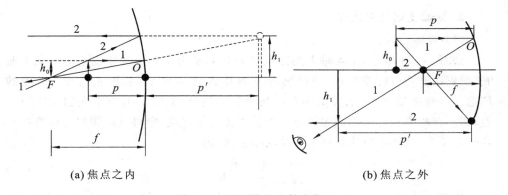

(a) 焦点之内　　　　　　　　　　　　　　　(b) 焦点之外

图 14-9　凹面镜的反射成像

若 p 为物距，p' 为像距（皆从主光轴与镜面的交点 O 量起，如图 14-9（a）所示）

则利用几何关系可以证明

$$\frac{1}{p}+\frac{1}{p'}=\frac{1}{f} \tag{14-7}$$

这就是凹面镜的反射成像公式，在运用时要注意正负号的规则：以球面顶点（球面与主光轴的交点）为分界点，入射光线方向为正向，如果入射光线自左向右，则当物点、像点、焦点和曲率中心在顶点右侧时，物距、像距、焦距和曲率半径均为正；反之，在左侧则为负。比如在图 14-9(a)中，$p<0$，$f<0$，$p'>0$；图 14-9(b)中，$p<0$，$f<0$，$p'<0$。该符号规则对凸面镜也适用。

（2）凸面镜的反射成像。

凸面镜反射成像与凹面镜类似。一束平行于主光轴的平行光入射到凸面镜上，反射后光线发散，其反向延长线汇于一点 F，该点为（虚）焦点，见图 14-10(a)。与凹面镜对比，焦点在镜后。同样利用物体端点发出的两条特殊光线可方便地作出成像光路图，见图 14-10(b)。凸面镜所成的像是虚像，其成像公式与式(14-7)一致，只是焦距(f)、像距(p')皆为正值。

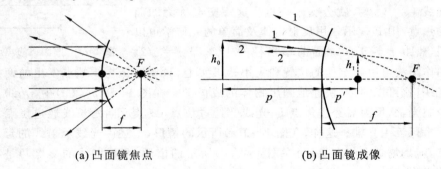

(a) 凸面镜焦点　　　　　　　　　　　(b) 凸面镜成像

图 14-10　凸面镜的反射成像

2. 球面上的折射成像

（1）成像公式。

如图 14-11 所示，主光轴上的物点 P 在折射率为 n_1 的介质中发射出一条入射光，照射在介质折射率为 n_2、半径为 R 的球体表面的 M 点，折射光线交于轴上的 P' 点。一般来说，由 P 点发出的不同倾角的光线，折射后不再与主光轴交于同一点，即不存在唯一对应的成像关系。但若考虑近轴光线，则可以证明物与像有唯一对应的关系，且物距和像距遵从下述成像公式，即

$$\frac{n_2}{p'}+\frac{n_1}{p}=\frac{n_2-n_1}{R} \tag{14-8}$$

物点 P 发出的一条光线入射于 O 点，入射角为零，无偏折地进入另一种介质。P 点发出的另一条光线入射于 M 点，入射角记为 θ_1，以折射角 θ_2 进入另一种介质。两条光线交于 P' 点，P' 点即为物点 P 的像点。

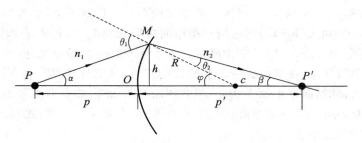

图 14-11　球面折射光路

根据折射定律,有关系式 $n_1\sin\theta_1 = n_2\sin\theta_2$,因为式中的 θ_1、θ_2 都很小,所以可以近似地表示为

$$n_1\theta_1 = n_2\theta_2$$

利用三角形外角与内角的几何关系,可有

$$\theta_1 = \alpha + \varphi$$
$$\varphi = \theta_2 + \beta$$

从以上三式中消去 θ_1 和 θ_2,可得

$$n_1\alpha + n_2\beta = (n_2 - n_1)\varphi \tag{14-9}$$

由图 14-11 可知,当 α、β、φ 都很小时,有

$$\alpha = \tan\alpha \approx \frac{h}{p}, \quad \beta = \tan\beta \approx \frac{h}{p'}, \quad \varphi = \tan\varphi \approx \frac{h}{R}$$

将以上三式代入式(14-9),可得

$$\frac{n_1}{p} + \frac{n_2}{p'} = \frac{n_2 - n_1}{R} \tag{14-10}$$

式(14-10)称为球面折射物像公式。它与 α 无关,这表明由 P 点发出的所有近轴光线都将交于 P' 点。

从图 14-12 所示的光路可以求出球面折射成像的横向放大率,规定像正立为正,倒立为负。设物体的高为 h_0,倒立的像高为 h_1,则有

$$\tan\theta_1 = \frac{h_0}{p}, \quad \tan\theta_2 = -\frac{h_0}{p'}$$

在近轴条件下有 $\tan\theta_1 \approx \sin\theta_1$,$\tan\theta_2 \approx \sin\theta_2$,分别代入折射定律 $n_1\sin\theta_1 = n_2\sin\theta_2$,可得球面折射成像的横向放大率为

$$m = \frac{h_1}{h_0} = -\frac{p'n_1}{n_2 p} \tag{14-11}$$

以上仅讨论了球面折射的一种情况,其实不同情况下的球面折射还有很多,例

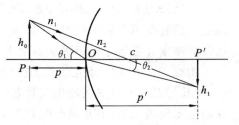

图 14-12　球镜折射成像及横向放大率

如凹面折射，$n_1>n_2$ 或 $n_1<n_2$ 等。但是无论在什么情况下，只要有统一的符号法则，式（14-10）和式（14-11）都适用。在球面折射的情况下，物距 p 和像距 p' 的正负也可以用"实正虚负"四个字来确定。至于 h_0 和 h_1 的符号规定，与球面反射成像相同。但要注意，在球面折射时半径 R 的符号，规定与球面反射不同。规定：当物体面对凸面时，曲率半径 R 为正；当物体面对凹面时，曲率半径 R 为负。

平面折射可以看作是球面折射的一个特例，当 $R\to+\infty$ 时，式（14-10）转化为平面折射物像关系式

$$\frac{n_1}{p}+\frac{n_2}{p'}=0 \quad 或 \quad p'=-\frac{n_2}{n_1}p \tag{14-12}$$

由上式可知，当 $n_1>n_2$ 时，视深小于实际物体深度，并由式（14-11）可知，平面折射成正立虚像。

$m>0$ 表示像是正立的，$m<0$ 表示像是倒立的；$|m|>1$ 表示放大，$|m|<1$ 表示缩小。式（14-10）表明放大率与物高 h_0 无关，这是由于只限于近轴光线的缘故；否则像与物的相似性不能保证，像会呈现为变了形的物像。

（2）近轴光线的作图法。

在近轴光线的条件下，选取下列两条特殊光线就能容易作出物体的图像，如图 14-13 所示。平行于光轴的入射光折射后经过像方焦点 F'，经过物方焦点 F 的入射光折射后平行于光轴，于是将两折射线（或其延长线）相交，即得所成的像。

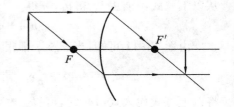

图 14-13　球镜成像作图法

14.1.6　薄透镜

在大多数的折射情况中，折射表面都不止一个。就连眼镜的透镜也有两个折射面，即光从空气进入玻璃，然后又由玻璃进入空气。在显微镜、望远镜及照相机等光学器件中，折射面的数目通常在两个以上。如图 14-14 所示，透镜是由两个曲率半径分别为 R_1、R_2 的球面组成，通常透镜用玻璃或树脂制成，其折射率记作 n_2，透镜前后的介质折射率记作 n_1（设 $n_2>n_1$），物点 P 位于透镜左侧，物距为 p_1。若透镜的厚度 d 远小于两折射面曲率半径时，该透镜称为薄透镜。

物点 P 发出的一条光线首先在透镜的左侧表面折射，而如果不再遭遇右侧表面，则其折射线将与主光轴相交而成一实像。换言之，由于这条折射光线与右侧表面的存在与否无关，因此像点应该在这条折射线的延长线与主光轴的交点 P_1' 处，像距为 p_1'。根据球面折射物像公式，有

$$\frac{n_1}{p_1}+\frac{n_2}{p_1'}=\frac{n_2-n_1}{R_1}$$

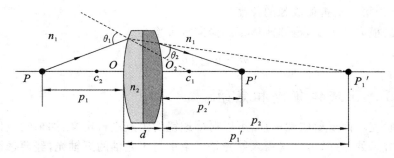

图 14-14 薄透镜成像示意图

然而折射光线在透镜内向右侧球面入射,从折射率为 n_2 的介质进入折射率为 n_1 的介质,则折射物像公式

$$\frac{n_2}{p_2} + \frac{n_1}{p_2'} = \frac{n_1 - n_2}{R_2}$$

上述两个方程完整地描述了光穿过透镜的全过程,它们是相互联系的。把以上两式相加,可得

$$\frac{n_1}{p_1} + \frac{n_2}{p_1'} + \frac{n_2}{p_2} + \frac{n_1}{p_2'} = \frac{n_2 - n_1}{R_1} + \frac{n_1 - n_2}{R_2}$$

因为有右侧球面的第二次折射,所以实际上 P_1' 为入射于右侧球面光线的一个虚物点,其物距应为负。同时考虑到薄透镜的厚度 d 可以忽略,所以应该有 $-p_2 = p_1' - d \approx p_1'$。代入上式可得

$$\frac{n_1}{p_1} + \frac{n_1}{p_2'} = \frac{n_2 - n_1}{R_1} + \frac{n_1 - n_2}{R_2} \tag{14-13}$$

对于薄透镜,物距 p 和像距 p' 规定从透镜中心算起,现既已忽略透镜厚度,因此上式中的 p_1 和 p_2' 分别可由 p 和 p' 取代。整理后可得

$$\frac{1}{p} + \frac{1}{p'} = \frac{n_2 - n_1}{n_1}\left(\frac{1}{R_1} - \frac{1}{R_2}\right) \tag{14-14}$$

这就是薄透镜的物像公式。如果薄透镜置于空气中,薄透镜的折射率为 n,空气的折射率近似为 1,则可得空气中薄透镜的物像公式为

$$\frac{1}{p} + \frac{1}{p'} = (n-1)\left(\frac{1}{R_1} - \frac{1}{R_2}\right) \tag{14-15}$$

光在透镜左侧球面折射成像的横向放大率为

$$m_1 = \frac{h_1}{h_0} = -\frac{n_1 p_1'}{n_2 p}$$

式中:h_0 为物高;h_1 为第一次折射成像的像高,也是第二次折射成像的虚物高度。

光在透镜右侧球面折射成像的横向放大率为

$$m_2 = \frac{h_1'}{h_1} = -\frac{n_2 p_2'}{n_1 p_2} = -\frac{n_2 p'}{n_1(-p_1')} = \frac{n_2 p'}{n_1 p_1'}$$

式中：h_1' 为第二次折射成像的像高。

总的横向放大率，也即薄透镜的横向放大率为

$$m = m_1 \cdot m_2 = -\frac{p'}{p} \tag{14-16}$$

14.1.7　薄透镜焦点和焦距

与研究球面反射成像一样，可以对薄透镜的焦点进行定义：如果物点位于光轴上的无穷远处，这时可以认为入射光是一束平行于光轴的近轴光，经薄透镜折射后的会聚点或折射线反向延长线的会聚点即为透镜的焦点，焦点位于轴上。与球面反射不同的是，由于入射光可以从透镜的左侧或右侧两个不同方向入射，因此透镜存在两个焦点，分别用 F 和 F' 表示，焦点位于主光轴上。焦点与薄透镜中心的距离称为焦距。根据关于焦点、焦距的定义，由式（14-15）可得薄透镜的焦距计算式为

$$\frac{1}{f} + \frac{1}{f'} = \frac{n_2 - n_1}{n_1}\left(\frac{1}{R_1} - \frac{1}{R_2}\right) \tag{14-17}$$

空气中薄透镜的焦距计算式为

$$\frac{1}{f} + \frac{1}{f'} = (n-1)\left(\frac{1}{R_1} - \frac{1}{R_2}\right) \tag{14-18}$$

按照 R 符号的规定，不难判明：$(1/R_1 - 1/R_2) > 0$ 的透镜为凸透镜，$(1/R_1 - 1/R_2) < 0$ 的透镜为凹透镜。由式（14-17）可知，当透镜折射率大于环境介质的折射率 n_1 时，凸透镜的焦距 f 为正，是实焦点；凹透镜的焦距 f 为负，是虚焦点。因此也可以用"实正虚负"来确定焦距的符号。

引入了焦距的概念后，式（14-15）可表示为

$$\frac{1}{p} + \frac{1}{p'} = \frac{1}{f} \tag{14-19}$$

如果几束来自无限远的平行光与光轴的夹角不同，则像点的位置也各不相同，但只要是近轴光线，像距 p' 都相同，此时像点都位于过焦点且垂直于光轴的平面上，这个平面称为焦面，如图 14-15 所示。

除了焦距外，描述透镜特征的另一个物理量称为光焦度，定义

$$P = \frac{n_1}{f} \quad (n_1 \text{ 为透镜的环境介质的折射率}) \tag{14-20}$$

其单位为屈光度，用 D 表示，1 D = 1 m^{-1}。薄透镜在空气中的光焦度是 $P = \frac{1}{f}$。常说的眼镜度数就是由屈光度乘以 100 得到的。

14.1.8　薄透镜成像的作图法

薄透镜成像的物像关系也可以用作图法确定，这与用作图法确定球面镜的反

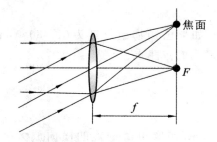

(a) 平行光入射，经凸透镜折射后，会聚于焦点F，F为实焦点，f取正值

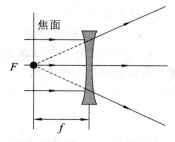

(b) 平行光入射经凹透镜折射后，光束发散，发散光线的反向延长线相交于焦点F，F为虚焦点，f取负值

图 14-15　平行光经薄透镜聚集

射物像关系一样(见图 14-16)。首先要确定以下几条特殊的光线,然后利用它们完成作图。

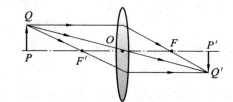

(a) 物体位于凸透镜的2倍焦距以外，成缩小倒立的实像

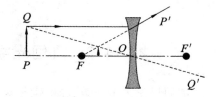

(b) 物体光线经凹透镜折射后，成缩小正立的虚像

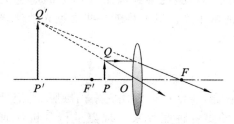

(c) 物距小于焦距，经凸透镜折射后成正立的实像

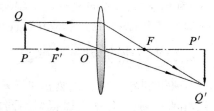

(d) 物距在1到2倍焦距之间，经凸透镜折射后成放大倒立的实像

图 14-16　薄透镜成像光路图

(1) 与主光轴平行的入射光线,通过凸透镜后,折射光线过焦点;通过凹透镜后折射光线的反向延长线过焦点。

(2) 过焦点(或延长线过焦点)的入射光线,其折射光线与主光轴平行。

(3) 过薄透镜中心的入射光线,其折射光线无偏折地沿原方向出射,这时在透镜中的光线与主光轴的交点称为光心,薄透镜的光心就是透镜的中心。这些穿过光心且与主光轴相交的光线,常称为副光轴。

(4) 与主光轴有一夹角的平行光线(即与相应的副光轴平行的光线),经透镜折射后交于副光轴与焦面的交点。

例 14-1　一凸透镜的焦距为 10.0 cm,如果已知物距分别为(1) 30.0 cm;(2) 5.00 cm。试计算这两种情况下的像,并确定成像性质。

解　由薄透镜的物像公式(14-19),有

$$\frac{1}{p}+\frac{1}{p'}=\frac{1}{f}$$

(1) 由 $\frac{1}{30.0}+\frac{1}{p'}=\frac{1}{10.0}$,得 $p'=15.0$ cm,实像由薄透镜的横向放大公式(14-16),有

$$m=-\frac{p'}{p}=-\frac{15.0}{30.0}=-0.50 \quad (缩小倒立像)$$

(2) 由 $\frac{1}{5.00}+\frac{1}{p'}=\frac{1}{10.0}$,得 $p'=-10.0$ cm,虚像

$$m=-\frac{p'}{p}=-\frac{-10.0}{5.00}=2.00 \quad (放大正立像)$$

14.2　几何光学的应用——光学仪器

前面讨论了平面镜、球面镜和薄透镜的光学成像问题,根据这些基本光学元件的成像规律,人们设计制造出了各种光学仪器。不同性质和类型的光学仪器在一定程度上拓展了人类的视野,利用天文望远镜,能够观察到肉眼看不见的遥远天体;利用显微镜,能够观察到肉眼所不能见的微生物。以下将就一些常见光学仪器的基本工作原理、构造和应用作简单介绍。

14.2.1　照相机

照相机是人们非常熟悉和喜爱的光学仪器,生活中人们用它来拍摄照片,记录美好的一刻;工作中可以根据不同的需要,拍摄各种照片来对现象进行分析和研究。不论是现代的数码相机(数码相机是将外界景色像素通过电荷耦合器件,即图像传感器转换为数字信号记录下来),还是原来老一点以胶片记录介质的相机,一般都由镜头、光圈、快门等几个主要部分构成。

1. 镜头

最简单的照相机镜头就是一个凸透镜,被摄物体位于透镜前两倍焦距以外,在底片上呈缩小倒立的实像。一架高质量的照相机镜头由多片透镜组成,这是为了消除各种像差和像散。现在的许多照相机都具有变焦功能,其镜头由多组透镜组合而成,如图 14-17 所示。在拍摄中透镜

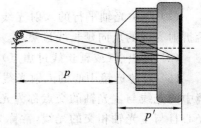

图 14-17　照相机示意图

焦距选取越短,视角越大,拍摄范围也就越大;反之,透镜焦距选取得越长,拍摄视角也越小。

2. 光圈

光圈是位于镜头后或镜头的透镜组合之间的一个通光孔,由若干金属片构成,可以随意开大或缩小。

感光片上的受照光强度不仅与光圈的孔径 D 有关,而且与镜头的焦距 f 有关(焦距越长,则镜头的视角越小,外来光束的范围也小)。因此,光圈的大小以其焦距与孔径之比来表示,记为 $f_{数}$,且有

$$f_{数} = \frac{f}{D} \qquad (14\text{-}21)$$

圆孔面积与直径的平方成正比,因此孔径 D 增加为原来的 2 倍,$f_{数}$ 变为原来的 $1/\sqrt{2}$,则感光片上的受照光强变为原来的 2 倍。按照标准,$f_{数}$ 可分为以下一些等级:

$$\frac{f}{2}, \frac{f}{2.8}, \frac{f}{4}, \frac{f}{5}, \frac{f}{5.6}, \frac{f}{8}, \frac{f}{11}, \frac{f}{16}, \frac{f}{22}$$

3. 快门

快门是控制光进入镜头时间长短的装置,它和光圈配合使用,一起来控制曝光量。进入镜头的总光能量取决于光圈的大小和快门的开启时间。同样的曝光量可以有不同的"光圈-快门"组合。比如 $f/4$ 和 $1/500$ s、$f/5.6$ 和 $1/250$ s 及 $f/8$ 和 $1/125$ s 等组合具有相同的曝光量。

[参考阅读] 眼睛

人的眼睛,就它的构造而言,跟照相机很相似,实际上就是一台摄像传感器。眼睛的构造如图 14-18 所示,形状近似为球体,眼球前端突出部位的外层是坚韧透明的角膜,角膜后面是水状液和晶状体。晶状体犹如一个凸透镜,从物体出射的光线,经角膜和晶状体的折射,在视网膜上形成缩小倒立的实像。折射光刺激视网膜上的感光细胞,视神经会把影像传给大脑,大脑皮层根据人们长期的生活经验,对倒立像进行自动"纠正",因此我们就看见正立的物体了。

对于远近不同的物体,眼睛通过调节睫状肌来改变晶状体的焦距,使物体的像总能形成在视网膜上。睫状肌完全放松和最紧张时能看清楚的点分别称为眼睛的远点和近点。远点一般在无穷远;近点取决于各人睫状肌调节晶状体曲率的能力。随着年龄的增长,晶状体会变大,睫状肌调节晶状体的曲率变得困难。近点随年龄退化,一般 20 岁左右的青年,其近点约为 10 cm;而 40 岁左右的中年,其近点约为 22 cm,即人过 40 以后,距离小于 22 cm 的物体就看不太清楚了。随着年龄的增长,近点会越来越远,这就成为通常说的老花眼。

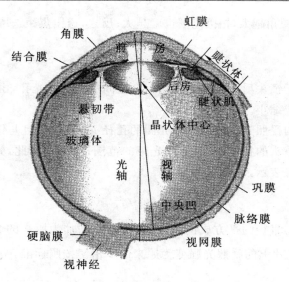

图 14-18　眼睛的构造

14.2.2　显微镜

　　显微镜的功能是使近距离微小物体放大成像。根据此要求,构建了由物镜(靠近物的透镜)和目镜(靠近观察者眼睛的透镜)组成的如图 14-19 所示的光路。将被观察的物体放在物镜物方焦点 F_0 外侧附近,使它经物镜放大成实像于目镜物方焦点 F_e 内侧附近,再经目镜放大成虚像于人眼的明视距离 s_0(约 25 cm)附近。这样,就达到了显微镜观物的目的。

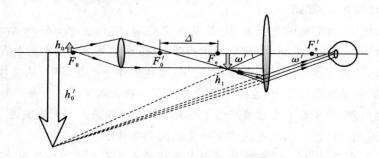

图 14-19　显微镜结构示意图

　　由于显微镜、望远镜等的作用是通过透镜放大物体对人眼的视角,从而达到获得放大了的物体像的目的。因此,定义显微镜的视角放大率为 $M = \omega'/\omega$,其中 ω 为无显微镜时物体在明视距离 s_0 处对眼睛所张的视角,即 $\omega = h_0/s_0$,而 ω' 为通过显微镜最后成的虚像对眼所张的视角,它近似为前述实像对目镜的视角,即 $\omega' = h_1/f'_e$。由于此时物镜的横向放大率 $h_1/h_0 \approx -\Delta/f'_0$($\Delta$ 为光学筒长,即物镜像方

焦点 F_0' 到目镜物方焦点 F_e 的距离，近似等于筒长，即物镜与目镜的间距），于是显微镜的视角放大率为

$$m=\frac{\omega'}{\omega}=\frac{h_1/f_e}{h_0/s_0}=-\frac{s_0\Delta}{f_e'f_0'}=-\frac{s_0\Delta}{f_ef_0} \tag{14-22}$$

m 的正负与大小反映了物像的正倒和大小关系。从式(14-22)中可以看出，为获得较大的放大率，显微镜目镜和物镜的焦距都很短，所以才能把筒长近似看成两焦点间的距离。现代显微镜的 Δ 已约定为 $17\sim19$ cm，因此改换不同焦距的目镜和物镜，就能获得不同的放大率。

14.2.3　望远镜

望远镜的结构和光路与显微镜有些类似，只是望远镜的功能是对远处物体成视角放大的像，根据此要求构建了如图 14-20 所示的光路。

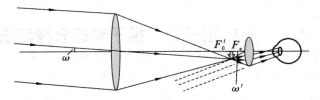

图 14-20　望远镜的结构示意图

通常物镜的像方焦点 F_0' 和目镜的物方焦点 F_e 重合，这就是望远镜成之像对人眼的视角，比之人眼直接观察远物时的视角要大许多，远处的物体似乎被移近了，所以望远镜的放大作用与显微镜不同。当然远处的物体不可能被移近，所以望远镜物镜所成的像比远物小许多，显微镜是真把微小的物体放大了。

由于物体距离非常远，物对眼睛所张的视角实际上与物对物镜所张的视角 ω 一样，即

$$\omega=-\frac{h_1}{f_0'} \quad （因为 \ h_1<0, f_0'>0），$$

而 $\omega'=-\frac{h_1}{f_e'}$，故望远镜的放大率为

$$m=\frac{\omega'}{\omega}=\frac{h_1/f_e'}{-h_1/f_0'}=-\frac{f_0'}{f_e'} \tag{14-23}$$

由式(14-23)可以看出，增大望远镜的物镜焦距并减小目镜焦距，就能显著提高望远镜的放大率。

需要说明的是，上述三种仪器只由简单薄透镜构成，实际上都会存在诸如像差（如畸变）、色差等问题，这需要采用多种透镜组合才能克服这些问题，但从等效的角度来看，可以认为上述的各种透镜是这些组合透镜的总体表现。

第15章 光的干涉

19世纪后半叶，麦克斯韦提出了电磁波理论，后被赫兹的实验所证实，人们才认识到光不是机械波，而是一种电磁波，形成了以电磁理论为基础的波动光学。本章主要通过光的干涉、衍射和偏振现象讨论光的波动性。波的干涉和衍射现象是各种波动所独有的基本特征。光是电磁波，在一定条件下，两列光波在传播过程中也可以相叠加而产生干涉和衍射现象。本章主要从光的干涉现象来说明光的波动性质，并简单介绍它的一些实际应用。

15.1 光的相干性 相干光的获得方法

15.1.1 相干条件

干涉现象是波动过程的基本特征之一，光是电磁波，那么光也会产生干涉现象。有的读者可能会说，光是电磁波，是通过电磁波在真空中传播速度与光速相等得到的结论。但平时我们看到的两列光波在空间相遇，却不一定产生干涉现象。如教室里多盏同样的灯，如果光是波动的话，墙面上应该出现明暗相间的干涉条纹，但实际上看不到，所以说光不是波。其实，并不是所有的波在空间一经相遇，就必然产生干涉现象，能不能产生干涉现象，还受到相干条件的限制。光的相干条件与波的相干条件一样，即振动方向相同、频率相同、相遇点位相差恒定。

有的读者可能会问，接在同一电源上的两个灯泡，应该是满足上述条件的，那么为什么还不能看到干涉现象呢？这得从光源的发光机理讲起。

各种光源的激发方法不同，辐射机理也不同，这里仅对热光源的发光机理略加讨论。

在热光源中，大量的分子和原子在热能的激发下，从正常态跃迁到激发态，当它们从激发态（高能态）返回到正常态（基态）时，将多余的能量以光的形式释放出来。各个分子或原子的激发和辐射参差不齐，而且彼此间没有联系。因而在同一时刻，各个分子和原子所激发出的光波的频率、振动方向、周期也各不相同。另外，一个分子或原子发出一个波列以后，总要经过一段时间，才能发出另一列光波，后一列光波与前一列光波的频率、振动方向等都可能不一样。这样，我们所看到的灯泡发出的光，实际上是被加热的灯丝中的大量原子从各自激发态返回基态时的振动方向、频率、相位各不相同的波列的叠加，它是各瞬间放出能量的平均值。尽管两个灯泡接在同一个电源上,但由于各瞬间来自两灯泡所有原子发出的光的振动方向、频率(不是指电源的频率)、相位差均不同,不满足相干条件,故不能看到干涉现象。

15.1.2 相干光的获得方法

1. 分波阵面法

获得相干光最简单的方法就是将一束光波分为两束后,再让它们相遇(如杨氏双缝实验、菲涅耳双镜实验、洛埃镜实验等都是这样),这种方法称为分波阵面法,如图 15-1(a)所示。

这样,从同一光源出来的两束相干波自然就满足上述相干的三个条件。

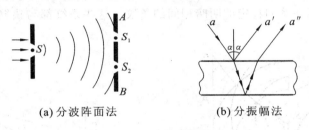

(a) 分波阵面法　　　　　　　　　(b) 分振幅法

图 15-1　相干光的获得方法

2. 分振幅法

利用光的反射和折射也可以将同一列光波分成两束相干光,如图 15-1(b)所示。当一列光波 a 射到透明薄膜上时分成两部分,一部分在薄膜上表面被反射形成光束 a',另一部分折入膜内在下表面反射经上表面折出形成光束 a''。由于光束 a'、a'' 都是从光束 a 的强度中分出来的,都只占入射光强的一部分,且光强又和振幅的平方成正比,所以这种方法称为分振幅法。

我们在日常生活中看到油膜、肥皂膜上呈现五颜六色的花纹、色彩绚丽的图样,这是光在薄膜上干涉的结果,牛顿环实验也是用分振幅法获得相干光的例子。

还需指出:两光相干除满足上述干涉的必要条件,即频率相同、振动方向相同、相位相同或相位差恒定之外,还必须满足以下两个附加条件。

一是两相干光的振幅不可相差太大,否则会使加强与减弱形成的明暗区别不悬殊,显示不出明显的效果。

二是两相干光的光程差不能太大,否则由于光的波列长度有限,在考察点,一束光的波列已经通过了,另一束光的波列尚未到达,两者不能相遇,当然不可能产生叠加干涉。

我们把尚能观察到的干涉现象最大光程差称为相干长度。在激光出现以前,最好的相干光源的相干长度约为 700 mm,激光出现后,相干长度最大者可达到 180 km。

15.2　双缝干涉

15.2.1　杨氏双缝实验

19 世纪,英国物理学家托马斯·杨(简称杨氏)首先用实验方法研究了光的干涉现象,从而为光的波动说提供了实验基础。

1. 实验装置

如图 15-2(a)所示,在单色光源的前方放有一狭缝 S,S 前又有两条平行狭缝 S_1 和 S_2,均与 S 平行且等距。从 S 出发的光波波阵面到达 S_1 和 S_2 处,再从 S_1 和 S_2 发出的光就是从同一波阵面分出来两束相干光。它们在空间叠加,就在屏幕 E 和 E' 之间出现一系列稳定的明暗相间的条纹。这些条纹都与狭缝平行,条纹间距彼此相等。

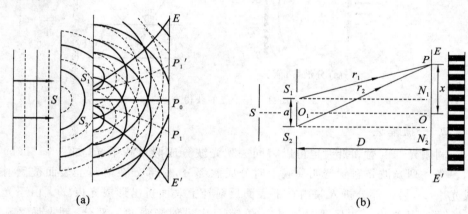

(a)　　　　　　　　　　　(b)

图 15-2　杨氏双缝实验

2. 干涉条纹

现在来讨论两相干光源 S_1 和 S_2 在屏上所产生的干涉条纹的分布情况。

如图 15-2(b)所示,设 S_1 和 S_2 的间距为 a,S_1 或 S_2 到 E 的间距为 D,令 P 为屏上任意一点,r_1 和 r_2 分别为从 S_1 和 S_2 到 P 点的距离,则由 S_1、S_2 出发的光线到达 P 点的光程差为

$$\delta = r_2 - r_1$$

令 N_1 和 N_2 分别为 S_1 和 S_2 在屏上的投影,O 为 N_1、N_2 的中点,并设 $OP = x$,则从 $\triangle S_1 N_1 P$ 和 $\triangle S_2 N_2 P$ 得

$$r_1^2 = D^2 + (x - a/2)^2$$
$$r_2^2 = D^2 + (x + a/2)^2$$

上两式两边相减,整理后得

$$r_2^2 - r_1^2 = (r_2 - r_1)(r_2 + r_1) = \delta(r_2 + r_1) = 2ax$$

因为当 $D \gg x$ 时,有

$$r_2 + r_1 \approx 2D$$

所以

$$\delta = ax/D$$

令 λ 为入射光波的波长,则

$$\delta = r_2 - r_1 = xa/D = \pm k\lambda$$

或当

$$x = \pm k\lambda D/a, \quad k = 0, 1, 2, \cdots \tag{15-1}$$

时,两光波在 P 点干涉相互加强,形成明条纹,在 O 点,$x = 0$,即 $k = 0$。所以 O 点为明条纹,叫中央明纹,其他 $k = 1, 2, \cdots$ 相应称为第一、第二、…明纹。如果

$$\delta = (r_2 - r_1) = \frac{xa}{D} = \pm \frac{(2k-1)\lambda}{2}$$

或当

$$x = \pm \frac{(2k-1)\lambda D}{2a}, \quad k = 1, 2, \cdots \tag{15-2}$$

时,两光波在 P 点削弱,形成暗条纹。

相邻明条纹的间距 $\Delta x_{明} = \frac{D\lambda}{a}$,相邻暗条纹的间距

$$\Delta x_{暗} = \frac{[2(k+1)-1]D\lambda}{2a} - \frac{(2k-1)D\lambda}{2a} = \frac{D\lambda}{a} \tag{15-3}$$

3. 结果讨论

(1) 屏幕 E 上的明暗相对于 O 点是对称排列且等间距的。相邻明条纹或相邻暗条纹间距均是 $\frac{D\lambda}{a}$,故是均匀排列的。

(2) $\Delta x \propto \lambda$,如果 a、D 已知,测出 k 级干涉条纹到 O 点的距离后,可算出入射光波的波长。

(3) 因为 $\Delta x \propto \lambda$,所以用白光做实验,在屏幕 E 上看到同一级次的条纹是彩色的,从红到紫,中央明纹仍为白色。

15.2.2 洛埃镜实验

洛埃镜实验不仅可以验证光的波动性,而且可以测定光波的波长。洛埃镜实验的另一个重要意义在于用实验的方法证明了光波从光疏介质向光密介质反射时会发生"半波损失"这一事实,其实验装置如图 15-3 所示。ML 为背面涂黑的玻璃片,作为反射镜。从狭缝 S_1 射出的光,一部分(以①表示)直接射到屏幕 E 上,另一部分(以②表示)经镜面 ML 反射后到达屏上。反射光可看成是由虚光源 S_2 发出的,所以 S_1 和 S_2 同出一源,构成一实一虚的一对相干光源。图中阴影的区域表示叠加的区域,这时,在屏幕上可以观察到明、暗相间的干涉条纹。

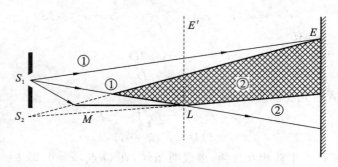

图 15-3　洛埃镜实验

若把屏幕移到与洛埃镜接触处 L 时,从 S_1、S_2 发出的光到达接触点 L 的几何路程相等,即两者的波程差为零,这时在 L 处似乎应出现明纹,但事实上是在接触处为一暗纹。这表明,直接射到屏幕上的光与由镜面反射出来的光在 L 处的相位相反,即相位差为 π。由于入射光的相位不会变化,所以只能是光从空气射向玻璃发生反射时,反射光的相位跃变了 π。理论(菲涅耳公式)证明:当光从光疏介质(折射率较小的介质)射向光密介质(折射率较大的介质)时,反射光发生相位跃变 π,这相当于反射光较入射光多走或少走了半个波长的波程,所以又称为半波损失。

例 15-1　以单色光照射到相距 0.2 mm 的双缝上,双缝与屏的垂直距离为 1 m。

(1) 从第一级明纹到同侧旁第四级明纹间的距离为 7.5 mm,求单色光的波长;

(2) 若入射光的波长为 600 nm,求相邻两明纹间的距离。

解　(1) 根据双缝干涉明纹的条件

$$x = \pm k \frac{D}{a} \lambda, \quad k = 0, 1, 2, \cdots$$

把 $k=1$ 和 $k=4$ 代入上式,两式相减得

$$\Delta x = x_4 - x_1 = \frac{D}{a}(k_4 - k_1)\lambda$$

或

$$\lambda = \frac{a\Delta x}{D(k_4 - k_1)} = \frac{0.2 \times 7.5}{10^3 \times (4-1)} \text{ nm} = 500 \text{ nm}$$

(2) 当 $\lambda = 600$ nm 时,相邻明条纹的距离为

$$\Delta x = \frac{D}{a}\lambda = \frac{10^3}{0.2} \times 6 \times 10^{-4} \text{ mm} = 3.0 \text{ mm}$$

例 15-2　在杨氏实验装置中,采用加有蓝绿色滤光片的白光光源,其波长范围为 $\Delta\lambda = 100$ nm,平均波长为 490.0 nm。试估算从第几级开始,条纹将变得无法分辨?

解　设该蓝绿光的波长范围为 $\lambda_1 \sim \lambda_2$,则 $\lambda_2 - \lambda_1 = \Delta\lambda = 100$ nm,其平均波长

$\lambda = (\lambda_1 + \lambda_2)/2 = 490$ nm。相应于 λ_1 和 λ_2，干涉条纹中 k 级明纹的位置分别为

$$x_1 = k\frac{D}{a}\lambda_1, \quad x_2 = k\frac{D}{a}\lambda_2$$

因此，k 级干涉条纹在屏幕上延展的宽度为

$$x_2 - x_1 = k\frac{D}{a}(\lambda_2 - \lambda_1) = k\frac{D}{a}\Delta\lambda$$

显然，当此宽度大于或等于平均波长 λ 的条纹间距时，从 k 级和 $k+1$ 级干涉条纹开始将出现部分重叠，因此干涉条纹将变得无法分辨。这个条件可表达为

$$k\frac{D}{a}\Delta\lambda \geqslant \frac{D}{a}\lambda \quad 即 \quad k \geqslant \frac{\lambda}{\Delta\lambda} = 4.9$$

所以，从第 5 级开始干涉条纹变得无法分辨。

从例 15-2 的结果可以看出，用谱线宽度为 $\Delta\lambda$ 的单色光做双缝干涉实验时，能观察到的最高级干涉明条纹的级数是 $k_{\max} = \frac{\lambda}{\Delta\lambda}$。而从双缝到达屏上 $k_{\max}$ 明纹处的两束光的光程差为 $k_{\max}\lambda$，因此在实验上能观测到干涉条纹（即发生干涉）的两束相干光之间的最大光程差等于

$$\delta_{\mathrm{m}} = k_{\max}\lambda = \frac{\lambda^2}{\Delta\lambda}$$

15.3　光程与薄膜干涉

15.3.1　光程

1. 介质中的波长

从电磁波的波动方程可解得光在介质中的速度为

$$v = \sqrt{\frac{1}{\mu\varepsilon}} = \sqrt{\frac{1}{\mu_r\varepsilon_r}}\sqrt{\frac{1}{\varepsilon_0\mu_0}} = \sqrt{\frac{1}{\varepsilon_r\mu_r}}c = \frac{c}{n}$$

式中，n 为介质的折射率，它等于真空中的光速与介质中光速之比。

实验指出：波在不同介质中传播，波速 v 改变而频率 ν 不变。

设 λ 和 λ_1 分别为单色光在真空中和介质中的波长，则

$$c = \nu\lambda, \quad v_1 = \nu\lambda_1$$

有　　　　　　　　　　　　　　$\lambda_1 = v_1\lambda/c = \lambda/n_1$

因为　　　　　　　　　　　　　$n_1 > 1$

故　　　　　　　　　　　　　　$\lambda_1 < \lambda$

即光由光疏介质进入光密介质后，其波长 λ 减小。

2. 介质中波动方程

设平面光波在折射率为 n_1 的介质中传播,其波动方程为

$$\Psi = A\cos\omega(t-r/v_1) = A\cos 2\pi\left(\nu t - \frac{r}{Tv_1}\right)$$

$$= A\cos 2\pi(\nu t - r/\lambda_1) = A\cos 2\pi(\nu t - n_1 r/\lambda)$$

式中,$2\pi(\nu t - n_1 r/\lambda)$ 为光波的相位;r 为光波所经过的几何路程。由 Ψ 的表达式可知,决定光波在介质中相位的不是光走过的几何路程,而是 $n_1 r$。

3. 光程

把 $n_1 r$ 称为光程,它实际上是光在介质中走过的几何路程转换为光在真空中走过的几何路程。

例如,光在折射率为 $n=2$ 的介质中传播,若光在该介质中波长 $\lambda_1 = 1$ m,则此波在真空中传播时,其波长为 $n\lambda_1 = 2$ m,即当光在 n_1 中传播 λ_1 的距离时,相当于此光在真空中相同时间内走了 $2\lambda_1 = 2$ m 的距离。

15.3.2　光程差

1. 定义

两列光波通过不同的介质后的光程之差称为光程差。

例如 S_1 和 S_2 光源发出的光在 O 点相遇,$\overline{OS_1} = \overline{OS_2} = d$,但在 OS_2 上有一块折射率为 n,厚度为 x 的介质,如玻璃,则 OS_2 与 OS_1 的光程差为

$$(d-x)+xn-d=(n-1)x$$

2. 相位差与光程差

设 S_1 和 S_2 是频率、初相位相同的两列相干波,则它们的波传到 O 点的相位差(见图 15-4)为

$$\Delta\varphi = (t_2 - t_1)\omega$$

因为　　　　　　　　$\omega = 2\pi\nu$

$$t_2 = \frac{d-x}{c} + \frac{x}{v} = \frac{d-x}{c} + \frac{nx}{c} = \frac{d}{c} + \frac{x(n-1)}{c}$$

$$t_1 = \frac{d}{c}$$

$$t_2 - t_1 = \frac{x(n-1)}{c} = \frac{\text{光程差}}{c}$$

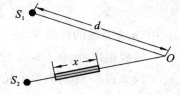

图 15-4　相位差与光程差

所以　　　$\Delta\varphi = \omega(t_2 - t_1) = \frac{2\pi x(n-1)}{Tc}$

$$= 2\pi\frac{\text{光程差}}{\lambda} = \text{相位差}$$

3. 相遇点明、暗条件

$$相位差 = 2\pi \frac{光程差}{\lambda} = \begin{cases} \pm 2k\pi, & k=0,1,2,\cdots & 干涉加强 \\ \pm(2k-1)\pi, & k=0,1,2,\cdots & 干涉减弱 \end{cases}$$

或者

$$光程差 = \frac{\lambda}{2\pi}相位差 = \begin{cases} \pm k\lambda, & k=0,1,2,\cdots & (明条纹)干涉加强 \\ \frac{(2k-1)}{2}\lambda, & k=0,1,2,\cdots & (暗条纹)干涉减弱 \end{cases} \qquad (15\text{-}4)$$

由此可见,两束相干光在不同介质中传播时,对干涉加强(亮纹)和减弱(暗纹)条件起决定作用的不是这两束光的几何路程差,而是两者的光程差。

15.3.3　薄透镜不产生附加光程差

透镜可以用来改变光线传播方向,但在光路中放入透镜不会产生附加光程差。对这一重要的实验结果,我们不做理论上的深入分析,只做简单的说明。

如图 15-5(a)所示,一束平行于主光轴的平行光通过透镜后,会聚在焦点 F,相互加强而形成亮点。这是由于在平行光束的波阵面上各点(图中 A、B、C、D、E 各点)的相位相同,到达焦平面后相位仍然相同,因而相互加强,可见这些点到点 F 的光程都相等。这个实验事实还可以这样来理解。图 15-5(a)中,虽然光线 AaF 比光线 CcF 经过的几何路程长,但是光线 CcF 在透镜中经过的路程比光线 AaF 的长,而透镜的折射率 n 大于 1,因此 AaF 的光程与 CcF 的光程仍然相等。对于斜入射的会聚在焦平面上 F 点的平行光,通过完全类似的讨论,可知相应的光程也都相等,如图 15-5(b)所示。所以,在观察干涉现象时,使用透镜不会产生附加的光程差。

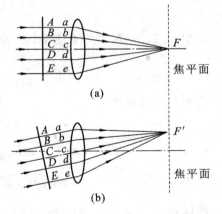

图 15-5　透镜不产生附加光程差

15.3.4　薄膜干涉

1. 什么叫薄膜干涉

两个几何面间所夹的一层透明物质称为薄膜。此处的几何面即为两种物质之间的交界面。如放在空气中的玻璃板,就是由空气-玻璃的界面和从玻璃-空气的界面组成的一层透明物质;又如水上的油膜就是空气-油膜的界面与油膜-水面的界面所夹介质膜。

所谓的薄膜干涉是来自膜上、下表面两反射光干涉的结果,它是振幅干涉。

在薄膜干涉中,相干的两束光,一般其中的一条相干光经过了另一种介质后经

下表面反射(如油膜或玻璃等),另一条则直
接在上表面反射,没有透过介质。

2. 薄膜干涉的形成

现用一单色光源照射到薄膜上,设膜厚为
d,折射率为 n_2,如图 15-6 所示。沿 aA 方向来
的光在 A 点经反射和折射,被分为两束,即 AC
与 Ab_1。从 A 点反射的光线 Ab_1 与进入介质
经下表面 C 点反射的光线 CB 再次折入 n_1 介
质后的光线 Bb_2,与 Ab_1 再会聚后形成干涉。

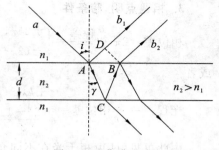

图 15-6 薄膜干涉

由于 Bb_2、Ab_1 都是来自同一光线,故它们是相干的,在相遇的区域出现干涉现象。

过 B 点作 Ab_1 垂线得垂足 D,在 A 点之前两束光无光程差,在 DB 连线以后,
经过透镜再会聚,两光束无新的光程差,光程差只发生在 DB 面上,即光线 ACB 与
AD 的光程差。

设 $n_2 > n_1$,光线 ACB 与 AD 的光程差为

$$\delta = 2\,\overline{AC}\,n_2 - \overline{AD}\,n_1 + \frac{\lambda}{2} \tag{15-5}$$

式中,$\frac{\lambda}{2}$ 表示 Ab_1 光线在上表面反射时,有半波损失。因为

$$\overline{AC} = \overline{CB} = \frac{d}{\cos\gamma}, \quad \overline{AD} = \overline{AB}\sin i = 2d\tan\gamma \cdot \sin i$$

再根据折射定律

$$n_1 \cdot \sin i = n_2 \cdot \sin\gamma$$

可得

$$\overline{AD} = 2d\tan\gamma \cdot \frac{n_2}{n_1}\sin\gamma = 2d \cdot \frac{n_2}{n_1}\frac{\sin^2\gamma}{\cos\gamma}$$

又因为

$$n_2\cos\gamma = \sqrt{n_2^2 - n_2^2\sin^2\gamma} = \sqrt{n_2^2 - n_1^2\sin^2 i}$$

所以有

$$\delta = 2n_2 d\cos\gamma + \frac{\lambda}{2} = 2d\,\sqrt{n_2^2 - n_1^2\sin^2 i} + \frac{\lambda}{2} \tag{15-6}$$

3. 干涉的明暗条件

当

$$\delta = 2d\,\sqrt{n_2^2 - n_1^2\sin^2 i} + \frac{\lambda}{2} = \begin{cases} \pm k\lambda, & k = 1,2,3,\cdots \quad (\text{明纹}) \\ \pm(2k+1)\dfrac{\lambda}{2}, & k = 0,1,2,\cdots \quad (\text{暗纹}) \end{cases}$$

$$\tag{15-7}$$

透射光的明暗情况正好与入射光相反。

注意:

(1) 在式(15-5)中写成 $+\lambda/2$ 与写成 $-\lambda/2$ 都可行,对结果没有影响;另外,有

没有附加光程差 λ/2 要视具体情况作具体分析,不能一概而论。

（2）当 d 一定、i 变化时,得到的是等倾干涉条纹,即凡是倾角相同的光线,经薄膜干涉后会聚于同一个条纹上,当采用扩展面光源时会出现这种情况;当 i 一定,即用平行光入射,各处的 d 不同时,得到的将是等厚干涉条纹,即从同一厚度处来的光线将会聚于同一级次的条纹上。

15.3.5 薄膜干涉的应用

1. 增透膜与增反膜

在近代光学工艺上,常选择适当材料涂在某种物体(又称为镀膜)上,以获得某种波长的光加强反射或增加透射。

在图 15-6 所示的条件下,当光线垂直入射时,根据光的干涉条件,让膜的厚度控制在 $d=(2k+1)\dfrac{\lambda}{4n_2}$,则反射光被加强,透射光减弱,这种膜称为增反膜;反之,膜的厚度控制在 $d=\dfrac{k\lambda}{2n_2}$,使透射光增强,反射光减弱的薄膜称为增透膜。

下面以增透膜为例来说明此问题。

好的相机镜头呈紫红色,其原因就是在镜头上涂上一层 $MgF_2(n=1.38)$,利用此薄膜在可见光谱中心 550 nm 处产生极小反射,即 550 nm 尽可能透射进去成像,可以算出当厚度 $d=100$ nm 时,550 nm 的光反射最小。

这是因为 $\delta=2nd=(2k+1)\lambda/2$(膜的上、下表面都有半波损失,故式(15-7)左边无 $\lambda/2$)。令 $k=0$,得

$$d=\frac{\lambda}{4n}=\frac{550}{4\times1.38} \text{ nm}=100 \text{ nm}$$

由于反射光中少了绿光,所以红光、紫光等仍有反射,故看上去呈紫红色。

2. 劈尖干涉

一般来说,透明薄膜的两个表面并非总是相互平行,即各处的厚度并非一定相等。现在就来讨论两种很有实际意义的特殊情况,即劈尖干涉和牛顿环。

（1）劈尖干涉。

在两块相互平行的光学玻璃之间的一端垫上一薄纸片,则两块玻璃面之间就形成了空气劈尖。这是一种等厚干涉,其特点是,凡是平行于两玻璃面、交线为棱边的线上各点的空气层厚度是相等的。

一平行单色光垂直射向这样的玻璃片时,在空气劈尖上下两表面所引起的反射光将形成相干光,在上下两表面将看到一系列平行于棱边的干涉条纹。

因为 $i=0$,$n_2=1$,由式(15-7),有

$$\delta=2d+\frac{\lambda}{2}=\begin{cases}\pm k\lambda, & k=1,2,3,\cdots & \text{(明纹)}\\ \pm(2k+1)\dfrac{\lambda}{2}, & k=0,1,2,\cdots & \text{(暗纹)}\end{cases} \tag{15-8}$$

可见：① d 相同处，k 相同，即对应同一级条纹，所以这是一种等厚干涉条纹；

② 棱边处 $\delta=\lambda/2$ 为暗纹，这是半波损失的又一有力证据；

③ 相邻明纹或暗纹的厚度差

$$d_{k+1}-d_k=(k+1)\lambda/2-k\lambda/2=\lambda/2$$

④ 相邻明纹或相邻暗纹的间距 l

$$l\sin\theta=h_{k+1}-h_k=\lambda/2$$

（2）劈尖干涉的应用。

① 测量微小角度。如图 15-7 所示，一平板两面不完全平行，具有一小角度 α。当光垂直照射时，在其表面形成干涉条纹。由

$$l=\frac{\lambda}{2n\alpha}$$

得

$$\alpha=\frac{\lambda}{2nl}$$

已知 λ 和 n，则测量出 l 或由 $l=L/N$（N 为总条纹数）即可求出 α。

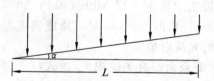

图 15-7　测量微小角度 α

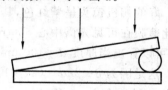

图 15-8　测量微小直径

② 测量细丝等的直径。如图 15-8 所示，将待测细丝放于两平板玻璃的一端，则两板之间形成一空气劈尖。利用

$$2d+\frac{\lambda}{2}=\begin{cases}\pm k\lambda, & k=1,2,3,\cdots & \text{(明纹)}\\ \pm(2k+1)\dfrac{\lambda}{2}, & k=0,1,2,\cdots & \text{(暗纹)}\end{cases}$$

由显微镜中数出干涉条纹的总级数 k 即可求得细丝直径 d。

③ 测量微小长度的改变。当角度 α 不变而膜厚 d 改变时，条纹宽度 l 不变，但发生条纹的移动。若厚度增加 $\dfrac{\lambda}{2n}$，则第 k 级干涉条纹将位移到 $k-1$ 级条纹的位置，即此时整个干涉图样在膜表面向劈尖角的方向移动了 $l=\dfrac{\lambda}{2n\alpha}$ 的距离；类似地，当膜的厚度减小 $\dfrac{\lambda}{2n}$，则整个干涉图样向相反的方向移动一个条纹的距离，所以通过测量干涉条纹的位移可算出薄膜厚度的微小改变。

用于测定固体热膨胀系数的干涉膨胀仪就是利用上述原理制成的。如图 15-9

所示,两平板玻璃 AA' 和 BB' 之间放一膨胀系数很小
的环柱 CC' ,待测样品 W 的上表面与 AA' 的下表面形
成一楔形空气层,以单色光照射时得到干涉条纹,设温
度为 t_0 时样品长为 L_0 ,温度为 t 时样品长为 L ,这个过
程中干涉条纹移动了 N 条,因样品的增长量就等于膜
厚的减小量,所以

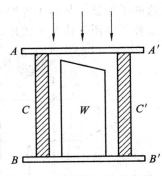

$$\Delta L=L-L_0=N\frac{\lambda}{2}$$

由此可计算出热膨胀系数

$$\beta=\frac{L-L_0}{L_0(t-t_0)}=\frac{N\lambda}{2L_0(t-t_0)}$$

图 15-9　干涉膨胀仪示意图

④ 检查表面质量。

对一些精度要求非常高的表面,其上极其微小的不平或纹路只能用干涉法检
测。如图 15-10 所示,平板玻璃 B 是待检验品,它与标准的平板玻璃 A 两者之间
形成一空气楔。若 B 是平的,则干涉条纹应是平行直线,否则在有凸凹的纹路处
条纹将发生弯曲。根据其弯曲方向可知道纹路是凸的还是凹的。如图 15-10(b)
所示,条纹向膜较薄的方向弯曲,说明对应点空气膜变厚,所以纹路是凹的。

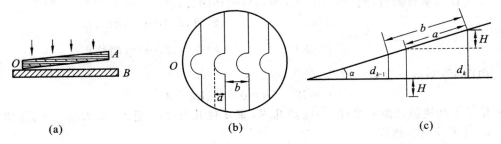

(a)　　　　　　　　　　(b)　　　　　　　　　　(c)

图 15-10　表面质量检查

如图 15-10(c)所示,设相邻两暗纹的距离为 b ,则 $b\sin\alpha=\frac{\lambda}{2}$,当条纹移动距离
a 时,对应的高度差也就是纹路的深度 H ,即

$$H=a\sin\alpha=\frac{a\lambda}{2b}=\frac{a}{b}\cdot\frac{\lambda}{2}$$

3. 牛顿环

牛顿环属于等厚干涉。

如图 15-11(a)所示,在一块非常光滑的平面玻璃板 B 上,放一个曲率半径 R
很大的平凸透镜 A ,这样便在 AB 之间形成一劈尖形空气层,而且在以接触点 O 为
中心的圆周上各点,空气层的厚度都相等。单色光源 S 发出的光经过透镜 L 后成
平行光束,再经倾斜 45°的半透明平面镜反射后,以平行光束垂直射向平凸透镜。
下表面反射的光和在平面玻璃的上表面反射的光发生干涉后呈现干涉条纹。由于

这些干涉条纹是属于等厚度的,因而它们都是以接触点为中心的环形干涉条纹。这种干涉图样称为牛顿环,如图 15-11(b)所示。

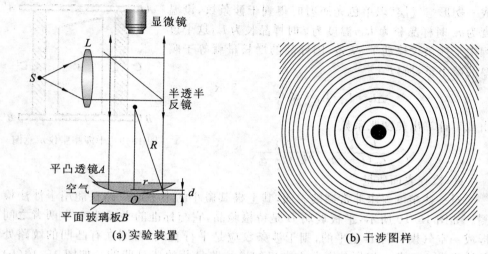

(a)实验装置　　　　　　　　　　(b)干涉图样

图 15-11　牛顿环

设光垂直入射,则 $i=0$,空气 $n=1$,对暗环而言,有

$$2d+\frac{\lambda}{2}=\begin{cases} \pm k\lambda, & k=1,2,3,\cdots \quad (\text{明纹}) \\ \pm(2k+1)\frac{\lambda}{2}, & k=0,1,2,\cdots \quad (\text{暗纹}) \end{cases}$$

由图 15-11(a),有

$$r^2=R^2-(R-d)^2=2Rd-d^2$$

R 是平凸透镜的曲率半径,一般约几米,而 d 仅几分之一毫米,即 $2Rd\gg d^2$,故将 d^2 忽略不计。所以

$$d=\frac{r^2}{2R}, \quad r=\sqrt{2Rd}$$

即

$$r=\sqrt{\frac{(2k-1)R\lambda}{2}}, \quad k=1,2,\cdots \quad (\text{明环})$$

$$\begin{cases} r=\sqrt{kR\lambda} \\ k=0,1,2,\cdots \quad (\text{暗环}) \end{cases}$$

上式表明明纹半径 r 与 λ 及 R 的关系。

牛顿环常用来测量透镜的曲率半径及光的波长,亦可利用牛顿环来检验工件表面,特别是球面的平整度,也可用来测量微小长度的变化。对于空气薄膜,保持玻璃片不动,使透镜向上平移,则可观察到牛顿环逐渐缩小并在中心处消失;若透镜向下平移,牛顿环将自中心处冒出并扩大。我们注意到,每移过一个条纹对应于 $\frac{\lambda}{2}$ 厚度的变化,只要数出从中心处冒出或消失的条纹数 N,就可计算出透镜移动

的距离 $d = N \dfrac{\lambda}{2}$。

例 15-3 在牛顿环的实验中,用紫光照射,测得某 k 级暗环的半径 $r_k = 4.0 \times 10^{-3}$ m,$r_{k+5} = 6.0 \times 10^{-3}$ m,已知平凸透镜的曲率半径 $R = 10$ m,空气的折射率为 1,求紫光的波长和暗环的级数 k。

解 根据牛顿环暗环公式

$$r_k = \sqrt{kR\lambda}, \quad r_{k+5} = \sqrt{(k+5)R\lambda}, \quad r_{k+5}^2 - r_k^2 = 5R\lambda$$

由上两式即得

$$\lambda = \frac{r_{k+5}^2 - r_k^2}{5R} = 4.0 \times 10^{-7} \text{ m}$$

$$k = \frac{r_k^2}{R\lambda} = 4$$

如果使用已知波长的光,牛顿环实验也可用来测定透镜的曲率半径。

4. 迈克尔逊干涉仪

迈克尔逊干涉仪是 19 世纪由迈克尔逊设计制成的。仪器用分振幅法产生双光束干涉,用于精密测量,是科学研究和生产技术中广泛应用的精密仪器,仪器的结构如图 15-12 所示。M_1 和 M_2 为两片精密磨光的平面反射镜,其中 M_2 是固定的,称为定臂,M_1 由螺丝杆控制,可在支架上作微小移动,称为动臂。G_1 和 G_2 是两块材料相同、厚度相等的均匀平行玻璃片,与光路的夹角为 45°。G_1 的下表面镀有半透明的薄膜,其作用是使入射光一半反射一半透射,使两束光的强度大致相等,称为分光板。G_2 用作补偿光程,称为补偿板,其作用在下面的讨论中将会看到。

来自光源 S 的光线,折射进入 G_1 后,一部分在半透膜上反射,向 M_1 传播,图中为光线 1。光线 1 经 M_1 反射后,再通过 G_1 向 E 处传播,为光线 $1'$。另一部分是经半透膜透射的光线 2,经 C_2 向 M_2 传播,再反射回半透膜反射后向 E 处传播,图中即光线 $2'$ 向 E 处传播的两束相干光将产生干涉。

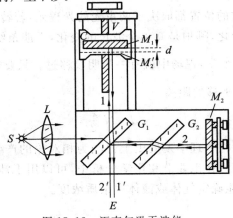

图 15-12 迈克尔逊干涉仪

　　下面来计算这两束光线的光程差。由于光线 1 和光线 2 都是两次通过同样的玻璃片 G_1 和 G_2，在玻璃中的光程相互抵消，从而可以不必计算(故 G_2 称为补偿板)，两束光的光程差为

$$\delta = 2(r_1 - r_2) + \delta'$$

其中 r_1 和 r_2 为两束光在空气中通过的距离。附加光程差 δ' 取决于发生半波损失的情况，是一个常数，其数值与仪器的使用无关。迈克尔逊干涉仪的简化光路图见图 15-13，两块玻璃片的光程已经抵消，故图中略去未画。

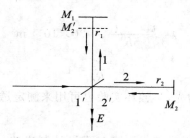

图 15-13　迈克尔逊干涉仪简化光路图

　　从仪器光程差的表达式来看，其光程差与一个厚度为 $e = r_1 - r_2$ 的空气薄膜的光程差完全相同。这一结论可以这样理解，见图 15-13，如果观察者从 E 处向平面镜 M_1 的方向看去，透过半透膜可以看到平面镜 M_1 和平面镜 M_2 经半透膜反射形成的虚像 M_2'。观察者会认为，M_1 和 M_2' 构成了一个空气薄膜，光线 1 是在膜的上表面 M_1 上反射，而光线 2 是在膜的下表面 M_2' 上反射，两束反射光叠加产生干涉。如果 M_1 与 M_2 严格地相互垂直，此薄膜为厚度不变的薄膜。如果 M_1 与 M_2 有一点不垂直，此薄膜为劈形薄膜。因此迈克尔逊干涉仪既能观察到厚度相同的空气薄膜由不同倾角的入射光产生的等倾干涉条纹，也能观察到劈形空气薄膜产生的等厚干涉条纹。

　　这两种干涉条纹的位置都取决于两束光的光程差，若转动螺丝杆使动臂移动，使光程差有微小的变化，哪怕是 0.1 个波长的变化，干涉条纹就会发生可鉴别的移动。每当 M_1 移动一个 $\dfrac{\lambda}{2}$，视场中就有一条明纹移过。只要数出条纹的移动数 N，就可算出平面镜 M_1 平移的距离

$$d = N \frac{\lambda}{2} \tag{15-9}$$

　　迈克尔逊干涉仪在物理学发展史上曾经为相对论的产生提供了实验依据，它是近代干涉仪的原型。在工业上和化学分析中，可以用干涉仪极准确地测定气体或液体的折射率，并能确定气体或液体中杂质浓度。

第16章　光　的　衍　射

"隔墙有耳",这句俗语直截了当地指明了机械波衍射现象。光是一定波长范围内的电磁波,光既具有干涉,必然也有表征波动的另一属性——衍射。

16.1　光　的　衍　射

16.1.1　光的衍射现象

在机械波中讲过,只有波长与障碍物的线度可以比拟时,才会发生明显的衍射现象。由于光波是波长很短的电磁波,所以衍射现象很不明显,要么缝的宽度远远大于光波的波长,要么透过缝的能量太小,即使出现了衍射条纹,也看不清楚,所以只有障碍物的线度和波长可以相比拟时,衍射现象才明显。利用如图 16-1 所示装置,就可以观察到光从通常的直线传播到衍射出现的全过程。

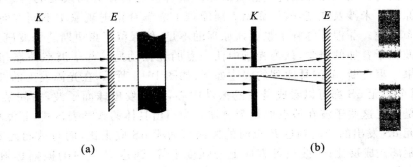

图 16-1　光的衍射

一束激光(激光发散很小,近似看成平行光入射)通过一个宽度可以调节的狭缝 K 后,在屏幕 E 上将呈现光斑。当狭缝的宽度比波长大得多时,屏幕 E(也可以是教室后的墙壁或天花板)上的光斑和狭缝完全一致,如图 16-1(a)所示,这时光可以看成是沿直线传播的。当缩小缝宽,使它可与光波波长相比拟时,在屏幕 E 上出现的光斑亮度虽然降低,但光斑范围反而增大,而且形成如图 16-1(b)所示的明暗相间的条纹,这就是光的衍射现象。我们称偏离原来方向传播的光为衍射光。

按照光源、衍射物、接收屏三者的相互位置可把衍射分为两种:当光源、接收屏与衍射物之间的距离有限时,这种衍射称为菲涅耳衍射(或近场衍射),如

图 16-2(a)所示;当光源、接收屏都距衍射物无限远时,这种入射光和衍射光都是平行光的衍射称为夫琅禾费衍射(或远场衍射),如图 16-2(b)所示。本章只讨论夫琅禾费衍射。

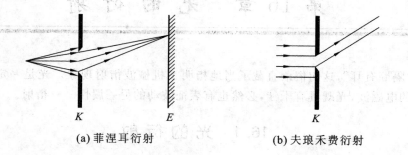

(a)菲涅耳衍射　　　　　　　　(b)夫琅禾费衍射

图 16-2　衍射的分类

上述例子不仅证明了光拐弯现象,而且也说明了光拐弯后,其波场能量将会发生重新分布。现在我们的目的就是要解释光为什么会发生拐弯?为什么光通过夹缝后会出现光能重新分布,即为什么会有衍射条纹?

16.1.2　惠更斯-菲涅耳原理

我们可以用前面介绍过的惠更斯原理解释波的传播方向改变的问题,由于惠更斯原理并未涉及强度,故仅靠惠更斯原理不能解释衍射现象中不同方向上的强度分布问题。菲涅耳弥补了惠更斯原理的不足,他保留了惠更斯的子波概念,加进了子波相干叠加的概念,认为光场中任一点的光振动是这些子波在该点相干叠加的结果。惠更斯-菲涅耳原理的表述如下:如图 16-3 所示,在光源发出的波阵面 S 上,每个面元 dS 都可以看成是新的振动中心,它们发出球面子波,空间某点 P 的振动是所有这些子波在该点的相干叠加。为写出具体的数学表达式,菲涅耳假定:从面元 dS 发出的子波到达 P 点时的振幅与面积 dS 成正比,而与从面元 dS 到 P 点的距离 r 成反比;子波在各方向上的强度不等,到达 P 点时的振幅必须加上一个与 θ 角有关的倾斜因子 $F(\theta_0,\theta)$,P 点的合成振动可表示为

$$E_P = C \iint_S F(\theta_0,\theta)\frac{a}{r}\cos(\omega t - kr + \varphi)\mathrm{d}S$$

(16-1)

式中,a/r 为球面波的振幅因子;φ 为 dS 处振动的初相位,$k=2\pi/\lambda$ 为波矢量的值,kr 就是子波从 dS 处传到 P 点时造成的相位落后;C 为比例系数。式(16-1)中 $F(\theta_0,\theta)$ 是随 θ 增加而减小的因子,当 $\theta \geqslant \dfrac{\pi}{2}$ 时,$F(\theta_0,\theta)=0$,这就解释了子波为什么不能向

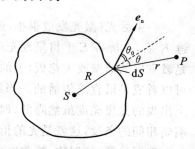

图 16-3　惠更斯-菲涅耳原理

后传播的原因。

　　一般情况下,上述积分是非常复杂的,如果用菲涅耳提出的波带法,就可以避免复杂的运算。

16.2　夫琅禾费单缝衍射

16.2.1　夫琅禾费单缝衍射的实验装置

　　宽度比长度小得多的矩形开口称为狭缝,实验室为了在有限的距离内实现夫琅禾费单缝衍射,通常在单缝前后各放置一个透镜,如图 16-4 所示,光源放在透镜 L_1 的焦点上,使发出的光线通过透镜 L_1 成一束平行光,这就等价于光束来自无限远处。平行光线垂直射到单缝后,将沿各个方向衍射,在某特定的衍射角 θ(衍射光线与入射光线的夹角)下,一束平行光线通过透镜 L_2 将会聚到它的焦平面上,这就相当于屏幕与单缝距离为无限远,从而巧妙地实现了夫琅禾费单缝衍射。

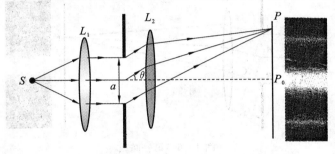

图 16-4　夫琅禾费单缝衍射

　　如果在 S 处放一单色线光源,就可以在屏幕上观察到中央是一条亮而宽的明条纹,两侧对称分布着明、暗相间的直条纹,为了研究单缝衍射条纹形成的条件及条纹的特点,我们采用一种较简单的几何方法——半波带法来代替式(16-1)烦琐的积分运算。

16.2.2　条纹的解释

　　衍射图样是以缝中线为中心的一系列平行于狭缝的明暗相间的直条纹。

　　如图 16-5 所示,$AB=a=$ 缝宽,因为照在缝 AB 上的任何一点都可以看成发射子波的波源,这些子波遍于 SP_0P(见图 16-4)平面内,以 AB 上各点为子波波源射向 AB 右边各个方向。

1. 中央明纹

　　先考虑经 AB 缝衍射后仍沿原方向传播的子波,因为此子波是以平行主轴方向入射到 L_2 的,所以经过 L_2 会聚后,将位于交点 P_0 处。又因为各光线入射到 L_2

前无光程差，经 L_2 后不产生附加的光程差，
所以 P_0 会聚的各子波光程差为零，故 P_0 点
为亮纹（见图 16-5）。

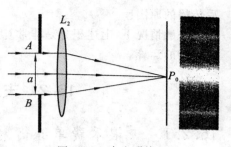

2. 其他条纹

其他经 AB 后沿 θ 方向传播的子波，经
L_2 会聚于 P 点。过 B 点作垂直 θ 方向的平
面，由此平面上各点经 L_2 后不会产生附加
的光程差。由图 16-6 可见，对透过 AB 缝的

图 16-5　中央明纹

光线，从 B 点算起，越往上的各点与 B 点的光程差越大。最大光程差为

$$BC = a\sin\theta$$

P 点的明暗就取决于此最大光程差，它是随 a、θ 的变化而变化的，那么 P 点到底
是明纹还是暗纹呢？

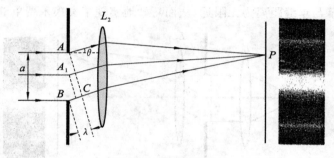

图 16-6　第一暗纹

16.2.3　菲涅耳半波带法

在惠更斯-菲涅耳原理的基础上，菲涅耳提出了将波阵面 AB 分成许多等面积
的半波带的方法。具体作法是：作一些垂直于 BC 的平面，使各平面将 BC 分成 n
个相等的部分，它们同时也将 AB 分成 n 个相等的狭窄的波带。这些波带的特点
是，每一个波带上、下边缘两点的光线的光程差恰好为 $\lambda/2$，故此法称为菲涅耳半
波带法。所以

$$BC = a\sin\theta = n\lambda/2$$

式中，n 为菲涅耳数。

在 a、λ 一定时，AB 波阵面能分成几个波带取决于 θ，θ 越大，n 的数值也越大。

例如 $n=2$，即 AB 被分成 2 个相等的半波带，则此两波带中对应点的光线传
到 P 点的光程差均为 $\lambda/2$，故 P 点为暗点。

$n=3$ 时，单缝被分成 3 个相等的半波带，相邻两个波带对应点的光线传到 P 点
的光程差为 $\lambda/2$，干涉相消了，还剩余一个半波带的光线未被抵消，故 P 点为亮纹。

　　一般,当 $a\sin\theta$ 可分为偶数个半波带时,P 点为暗纹;当 $a\sin\theta$ 可分为奇数个半波带时,P 点为亮纹。

　　因为波带面积越大,即 θ 越小,分出的波带数越少,穿过各半波带的光线就越多,到达屏幕光的能量越大,故若 P 点为亮纹,则该点光强越强,故只有中央明纹附近稍亮,其他就暗了,所以一般只能看到中央明纹附近的几条条纹。

　　结论:当衍射角 θ 满足

$$a\sin\theta=\begin{cases}\pm 2k\cdot\dfrac{\lambda}{2}=\pm k\lambda,\quad k=1,2,\cdots & \text{(暗纹)}\\[2mm]\pm(2k+1)\cdot\dfrac{\lambda}{2},\quad k=0,1,2,3,\cdots & \text{(明纹)}\end{cases}\qquad(16\text{-}2)$$

式中,正、负号表示衍射条纹对称分布于中央明纹的两侧。

　　当 AB 为半波带的非整数倍时,P 点非明非暗。

16.2.4　条纹宽度

1. 中央明纹半角宽

通常将正、负两个第一暗纹对透镜 L_2 中心所张开的角度称为中央明纹的角宽度。由式(16-2),有

$$-\frac{\lambda}{a}<\sin\theta<\frac{\lambda}{a}$$

$$2\theta_0=\pm\frac{\lambda}{a}$$

而第一暗纹到 P_0 对 L_2 中心张开的角度 θ_0 称为中央明纹半角宽(见图 16-7)。考虑到 θ_0 很小,$\sin\theta_0\approx\theta_0$,得

$$\theta_0=\frac{\lambda}{a}\qquad(16\text{-}3)$$

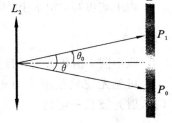

图 16-7　中央明纹半角宽

2. 其他条纹宽度

其他条纹的宽度定义为两相邻暗纹对 L_2 中心张开的角度,即

$$\Delta\theta=\theta_{k+1}-\theta_k=(k+1)\lambda/a-k\lambda/a=\lambda/a=\theta_0\qquad(16\text{-}4)$$

可见,除了中央明纹外,其他各级明纹角宽度与 k 无关,均相等且等于中央明纹的半角宽度。

16.2.5　衍射光谱

　　若用单色光入射,则各 θ_k 均不同,即各条纹是分开的;若用白光入射,则因 $\theta_k\propto\lambda$,所以对同一级次衍射条纹,$\theta_{红}$ 最大,$\theta_{紫}$ 最小。所以,看到的是彩色条纹,称为衍射光谱。

16.2.6　产生衍射的条件

由 $a\sin\theta=k\lambda$ 可见,各级条纹的角位置 $\sin\theta_k=k\lambda/a$,若 $a\gg\lambda$,则 $\theta_k\to0$,即各级条纹会聚于中央明纹处附近,分不清。这时我们在屏上只能看见中央明纹。可见,要发生明显的衍射现象,要求 a 不能太大,要与 λ 差不多,这时衍射现象就较明显;当然 a 也不能太小,太小了出射光线光强太小,条纹同样看不清。

例 16-1　用平行单色可见光垂直照射到宽度为 $a=0.5$ mm 的单缝上,在缝后放置一个焦距 $f=100$ cm 的透镜,则在焦平面的屏幕上形成衍射条纹。若在屏上离中央明纹中心距离 1.5 mm 处的 P 点为一亮纹。试求:

(1) 入射光的波长;

(2) P 点条纹的级数、该条纹对应的衍射角和狭缝波面可分成的波带数目;

(3) 中央明纹的宽度。

解　(1) 根据衍射装置的几何关系,P 点明纹的衍射角可以近似由下式求出,即

$$\tan\theta=\frac{x}{f}=\frac{1.5}{1000}=1.5\times10^{-3}$$

由上式可知 θ 角很小,因而有 $\tan\theta\approx\sin\theta\approx\theta$,由出现明条纹的条件式(16-2),有

$$\lambda=\frac{2a\sin\theta}{2k+1}=\frac{2a\tan\theta}{2k+1}$$

取不同 k 值代入上式计算知,当 $k=1$ 时,$\lambda_1=500$ nm;当 $k=2$ 时,$\lambda_2=300$ nm。

可见光波长范围为 $400\sim760$ nm,$k=2$ 时算得的波长不在可见光范围内,所以入射光波长一定是

$$\lambda_1=500 \text{ nm}$$

(2) P 点明纹对应的级数为 $k=1$,所对应的衍射角为

$$a\sin\theta=a\tan\theta=(2k+1)\frac{\lambda}{2}$$

$$\theta\approx\sin\theta=\frac{3\lambda}{2a}=1.5\times10^{-3} \text{ rad}=5.2'$$

狭缝处波面所分成的波带数 N 与明纹对应级数 k 的关系为 $N=2k+1$,把 $k=1$ 代入,得 $N=3$。

(3) 中央明纹的宽度为

$$\Delta x_0=2f\frac{\lambda}{a}=2\times1000\times\frac{5\times10^{-4}}{0.5} \text{ mm}=2 \text{ mm}$$

例 16-2　在单缝衍射实验中,波长为 λ 的单色光垂直射到宽度为 10λ 的单缝上,在缝后放一焦距为 1 m 的凸透镜,在透镜的焦平面上放一屏,求屏上最多可出现的明纹条数及缝处波面分成的波带数目。

解 根据明纹衍射公式

$$a\sin\theta = (2k+1)\frac{\lambda}{2}$$

最高级数对应最大衍射角,即 $\theta = 90°$,代入上式得

$$2k+1 = \frac{2a\sin 90°}{\lambda} = \frac{2 \times 10\lambda}{\lambda} = 20 \Rightarrow k_{\mathrm{m}} = 9$$

根据单缝衍射条纹是以中央明纹对称分布的特征,则呈现明纹条数为

$$2k_{\mathrm{m}} + 1 = 19$$

半波带数目为

$$N = 2k_{\mathrm{m}} + 1 = 19$$

例 16-3 如图 16-8 所示,一雷达位于路边 15 m 处,它的射束与公路成 15°。假如发射天线的输出口宽度 $b = 0.10$ m,发射的微波波长是 18 mm,则在它监视范围内的公路长度大约是多少?

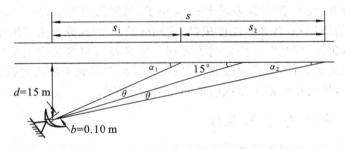

图 16-8 雷达监控

解 现将雷达天线的输出口看成是发出衍射波的单缝,则衍射波的能量主要集中在中央明纹的范围之内,由此即可大致估算出雷达在公路上的监视范围。考虑到雷达距离公路较远,故可按夫琅禾费衍射作近似计算。根据单缝衍射暗纹条件,有

$$a\sin\theta = k\lambda$$

此 θ 即对应于第一级暗纹的衍射角(见图 16-8)。于是解得

$$\theta \approx \arcsin\frac{\lambda}{a} = \arcsin\frac{18 \times 10^{-3}}{0.01} = 10.37°$$

监视范围内的公路长度为

$$s_2 = s - s_1 = d(\cot\alpha_2 - \cot\alpha_1) = d[\cot(15° - \theta) - \cot(15° + \theta)]$$
$$= 15(\cot 4.63° - \cot 25.37°) \text{ m} = 153 \text{ m}$$

此例使我们看到,处理电磁波传播中的干涉或者衍射问题也可以类似对待可见光一样处理,这已成为现代科技领域中广为应用的理念。

16.3　衍 射 光 栅

大家知道,我们在研究物质的组成时要解决两方面的问题:一是研究这种物质组成成分;二是各组份的含量。这里最常用的方法之一就是光谱分析法。

因为每一种物质都有各自的特征发射或吸收的光谱。如果把待测物质发出的光谱线拍摄下来,再与各种物质的特征光谱对比,就可以知道,该物质是由哪些物质组成的,其光谱线的强度反映了含量的多少。现在放在我们面前的任务就是用什么办法将这些光谱线记录下来。

大家容易想到用单缝衍射就可以完成这个任务,因为单缝衍射公式可得 $\lambda = \dfrac{a\sin\theta_k}{k}$,所以只要测出 a ,量出各 θ_k ,就可以算出所记录谱线的波长。不过这里还有一个实际问题要解决,即:①a 大了,各条纹亮度增加,但密集在中央明纹附近,各 θ_k 难以区分开,使 θ_k 测量误差增大;②a 小了,虽然衍射明显,各 θ_k 分得开,但缝太小,透过光的能量小,各条纹亮度极低,这同样给 θ_k 的区分带来了困难。

为了解决这个问题,人们发明了光栅。它是在每厘米长度上刻成千上万条透光缝的精密光学元件,使光通过它衍射后,在屏幕上形成条纹的光强是单缝衍射强度的千万倍,从而在屏幕上形成清晰明亮的衍射条纹。

16.3.1　光栅与光栅常数

由大量等宽、等间距的平行狭缝所组成的光学元件称为光栅。

常用的光栅是在一块玻璃板上刻划许多等宽、等间距的平行刻痕,每条刻痕处相当于一条不易透光的毛玻璃,而刻痕间的光滑部分可以透光,相当于一个狭缝。光栅通常分为反射型和透射型两种,其结构如图 16-9 所示。

缝宽 a 与刻痕宽度 b 之和,即 $d=a+b$ 称为光栅常数。

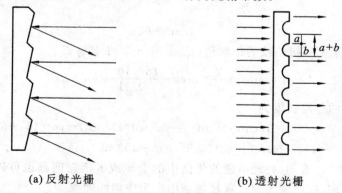

(a) 反射光栅　　　　　　　(b) 透射光栅

图 16-9　光栅的结构

16.3.2　光栅的工作原理

衍射图样是多缝干涉效应和单缝衍射综合作用的结果。

1. 多缝干涉效应

设光栅由 N 条缝组成，因为沿任意 θ 角度衍射的光线对各缝来说都是一样的，所以只要考虑一对相邻缝的情况就可以知道 P 点的明暗情况。

(1) 入射光垂直光栅平面入射(见图 16-10)。

设衍射角为 θ 的相邻对应的光线(相距为 $a+b$)，光程差为

$$\delta=(a+b)\sin\theta$$

当 $\delta=\pm k\lambda(k=0,1,2,\cdots)$ 时，P 点干涉极大。

因为缝很多(每厘米有上万条)，而其他相邻两缝沿 θ 方向衍射的相距为 $a+b$ 的光线，会

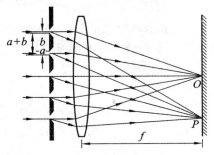

图 16-10　光垂直于光栅入射

聚于同一点，干涉后也使 P 点为极大，所有亮度加起来，就使得 P 点的光强很强。

当 λ 一定时，$a+b$ 减小(即单位长度的缝增多)，则 θ 增加，相邻条纹的 $\Delta\theta=\lambda/(a+b)$ 增加，即条纹分得开。

(2) 入射光以 θ' 斜入射(见图 16-11)。

① 入射光与衍射光位于法线同侧，则

$$\delta=(a+b)\sin\theta+(a+b)\sin\theta'=(a+b)(\sin\theta'+\sin\theta)$$

② 入射光与衍射光位于法线的异侧，则

$$\delta=(a+b)\sin\theta-(a+b)\sin\theta'=(a+b)(\sin\theta-\sin\theta')$$

综合①、②有

$$\delta=(a+b)(\sin\theta\pm\sin\theta')=k\lambda \tag{16-5}$$

则干涉加强。

式(16-5)称为光栅方程。对应的干涉极大称为主极大。

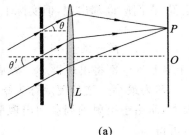

(a)

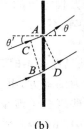

(b)

图 16-11　光斜入射

2. 两相邻主极大之间的条纹分布

设 $N=4,a=2\lambda,b=4\lambda$,光线垂直入射于光栅平面,则中央明纹和 $k=1$ 明纹中心位置分别为

$$\theta_0=0°$$

$$\theta_1=\arcsin\frac{\lambda}{a+b}=\arcsin\frac{1}{6}=9.6°$$

这时,相邻两缝沿 $\theta_0=0°$ 和 $\theta_1=9.6°$ 衍射的两条光线相位差为 0 或 2π。在 $0°\sim9.6°$ 之间的沿 θ 角度衍射的光线是不是不明不暗?

经研究发现,当满足

$$(a+b)\sin\theta=k'\lambda/N \tag{16-6}$$

(式中,N 是缝数,$k'=1,2,3,\cdots,N-1$ 的整数)时,即本例 $(a+b)\sin\theta=\lambda/4,2\times\lambda/4,3\times\lambda/4$ 时,相邻两缝沿 θ 方向衍射的光线在 P 点的相位差分别为 $\pi/2,\pi,3\pi/2$,则 P 点的合振幅也为 0,如图 16-12 所示。

(a) 相位差为 $\pi/2$ 　　　　　(b) 相位差为 π 　　　　　(c) 相位差为 $3\pi/2$

图 16-12　两个主极大之间还有 $N-1$ 个暗纹,$N-2$ 个次级明纹

一般在两主极大之间有 $N-1$ 条暗纹,有 $N-2$ 个亮度只有主极大的亮度的 $1/23$ 的次级明纹。

详细地研究这些次极大的条纹位置是没有必要的,因为,实际光栅每厘米上有数万条缝,故有上万条次级明纹,它们基本上为杂散光所掩盖。

3. 单缝衍射效应

由光栅方程定出的干涉主极大位置,它们应该都出现,但实际上由于受单缝衍射效应的影响,不一定会出现。由

$$a\sin\theta=2k''\lambda/2=\pm k''\lambda,\quad k''=1,2,\cdots \tag{16-7}$$

可知,当 θ 满足此关系时,由于衍射,在屏上各缝都将出现极小。故从干涉来看,本应该出现最大的地方,由于衍射的影响,却为最小。这种现象称为缺级现象。

那么哪些级按干涉来说应该为极大,而由于衍射的调制而出现最小呢?

由 $(a+b)\sin\theta=k\lambda$ 和 $a\sin\theta=k''\lambda$,可得

$$k=\frac{a+b}{a}k'' \tag{16-8}$$

如 $a=2\lambda$,$b=4\lambda$,有 $k=3k''$,所以 $k=3,6,9,\cdots$缺级。

*16.3.3 光栅衍射的强度分布 干涉与衍射的关系

可以证明光栅衍射的光强 I 随衍射角 θ 的分布公式为

$$I=I_0\left(\frac{\sin u}{u}\right)^2\frac{\sin^2 N\left(\frac{\pi d}{\lambda}\sin\theta\right)}{\sin^2\left(\frac{\pi d}{\lambda}\sin\theta\right)} \tag{16-9}$$

式(16-9)的前一部分为单缝衍射的光强分布公式,即

$$I_1=I_0\left(\frac{\sin u}{u}\right)^2 \tag{16-10}$$

式中,I_0 为中央明纹中心处的光强;$u=\dfrac{\pi a\sin\theta}{\lambda}$,且这部分表示单缝衍射的光强分布,它来源于单缝衍射,是整个衍射花样的轮廓,称为单缝衍射因子。式(16-9)后一部分表示多光束干涉光强,它来源于缝间干涉,称为缝间干涉因子,这与机械振动中同方向、同频率合成的情况相同(参见本套书上册图 7-4)。因此,多光束干涉图样受单缝衍射的调制,光栅衍射条纹的光强以单缝衍射光强分布曲线为包络线。

当满足主极大条件 $d\sin\theta=k\lambda$ 时,从式(16-9)可以得到主极大的光强为

$$I=N^2 I_0\left(\frac{\sin u}{u}\right)^2 \tag{16-11}$$

与式(16-9)比较可知,主极大的光强为单缝衍射光强的 N^2 倍。故缝数越多,条纹越明亮。

图 16-13 所示为光栅衍射的单缝衍射因子、缝间干涉因子及合成的衍射光强

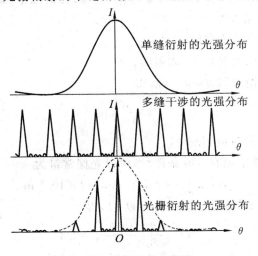

图 16-13 光栅衍射的光强

分布曲线。缝数、缝宽、光栅常数、波长等参量,都会影响单缝衍射因子、缝间干涉因子及合成的衍射光强分布。在某些条件下,会出现缺级现象。

由于光栅的缝数 N 很大,明条纹细锐,因此主明条纹相应的衍射角可以精确测定,从而按式(16-5)可以较为精确地测定单色光波波长 λ。

从上面的讨论可以看出干涉与衍射的联系和区别。光通过每一个缝都产生衍射,缝与缝间的光波又相互干涉。如果从光波相干叠加、引起光强度的重新分布,形成稳定图样来看,干涉和衍射并不存在实质性的区别,然而习惯上把有限光束的相干叠加说成干涉,而把无穷多子波的相干叠加说成衍射。在数学上,有限束光的叠加用叠加法,无限束光的叠加用积分法。或者更精确地说,如果参与相干叠加的各光束是按几何光学直线传播的,这种相干叠加是纯干涉问题,薄膜干涉就是这种情形。如果参与相干叠加的各光束的传播不符合几何光学模型,每一光束存在明显的衍射,这种情形下干涉和衍射是同时存在的,杨氏双缝、衍射光栅等分波阵面的干涉就是这种情形。在存在衍射的情况下,干涉条纹要受到衍射的调制。在杨氏双缝实验中,缝宽不同,则调制情况也不同,当缝宽很小,且满足 $a \ll d$ 时,单缝衍射的中央亮区的范围很大,衍射条纹近似于等强度分布,在这种情况下讨论缝间干涉时,无需考虑衍射对干涉条纹的调制,故称为双缝干涉;而把缝宽不很小,即 a 与 d 相差不大时形成的干涉条纹不等强度分布的情形,称为双缝衍射。对于实际的光栅,由于缝宽很小,单缝衍射因子的调制作用明显减弱,衍射对干涉条纹的调制不大,有时也将光栅的衍射称为多光束干涉。

例 16-4　用每毫米刻有 500 条栅纹的光栅,观察 $\lambda = 589.3$ nm 的铀光谱线,设光栅后透镜的焦距为 2 m。试问分别在下面两种情况下,最多能看到第几级条纹?总共有多少条条纹?

(1)平行光线垂直入射时;

(2)平行光线以入射角 30° 入射时。

解　(1)由光栅方程 $d\sin\theta = k\lambda$,得

$$k = \frac{d}{\lambda}\sin\theta$$

可见 k 的可能最大值对应 $\sin\theta = 1$。

按题意,每毫米中刻有 500 条栅纹,所以光栅常量为

$$d = a + b = 1/500 \text{ mm} = 2 \times 10^{-6} \text{ m}$$

将上值及 λ 值代入 k 的表达式,并设 $\sin\theta = 1$,得

$$k = \frac{2 \times 10^{-6}}{589.3 \times 10^{-9}} = 3.4$$

k 只能取整数,故取 $k = 3$,即垂直入射时能看到第 3 级条纹,总共有 $2k + 1 = 7$

条明纹(其中加 1 是计入中央零级明条纹)。

(2) 平行光以 30°角入射时,在 O 点上方观察到的最大级次设为 k_1,根据式 (16-5),取 $\theta=90°$,得

$$k_1=\frac{d(\sin90°-\sin30°)}{\lambda}=\frac{2\times10^{-6}(1-0.5)}{589.3\times10^{-9}}=1.7(\text{取 } k_1=1)$$

而在 O 点下方观察到的最大级次设为 k_2,取 $\theta=-90°$,得

$$k_2=\frac{d[\sin(-90°)-\sin30°]}{\lambda}=\frac{2\times10^{-6}(-1-0.5)}{589.3\times10^{-9}}=-5.09(\text{取 } k_2=-5)$$

所以斜入射时,总共有 $k_1+|k_2|+1=7$ 条明条纹。

例 16-5 用白光($\lambda_紫=400.0$ nm,$\lambda_红=760.0$ nm)垂直入射到光栅常数 $d=2.0\times10^{-6}$ m 的光栅。试问第 2 级和第 3 级光栅光谱中的谱线是否会重叠?

解 对第 k 级光谱,角位置的范围从 $\theta_{k紫}$ 到 $\theta_{k红}$。根据光栅方程 $d\sin\theta=k\lambda$,对第 2 级光谱有

$$\theta_{2紫}=\arcsin\frac{k\lambda}{d}=\arcsin\frac{2\times4.0\times10^{-7}}{2.0\times10^{-6}}=23.6°$$

$$\theta_{2红}=\arcsin\frac{k\lambda}{d}=\arcsin\frac{2\times7.6\times10^{-7}}{2.0\times10^{-6}}=49.5°$$

对第 3 级光谱有

$$\theta_{3紫}=\arcsin\frac{k\lambda}{d}=\arcsin\frac{3\times4.0\times10^{-7}}{2.0\times10^{-6}}=36.9°$$

$$\sin\theta_{3红}=\frac{k\lambda}{d}=\frac{3\times7.6\times10^{-7}}{2.0\times10^{-6}}=1.14>1 \quad (\text{此式不能成立})$$

因为 $\theta_{2红}>\theta_{3紫}$,故第 2 级和第 3 级光栅光谱中的谱线有部分重叠。另外,第 3 级光栅光谱中的红色谱线在能观察的角度范围内不能看到。

16.4 夫琅禾费圆孔衍射及光学仪器的分辨率

以上讨论的是光通过狭缝时所产生的衍射现象。如果用圆孔代替狭缝,结果会怎样呢?

16.4.1 夫琅禾费圆孔衍射

夫琅禾费圆孔衍射装置及现象如图 16-14 所示。

在观察屏上可看到一些明暗相间的同心圆环状的衍射条纹。在圆孔衍射中,圆环中心的亮斑最亮,此亮斑称为艾里斑(Airy disk),它集中了约 84%的衍射光能。第一暗环对应的衍射角 θ_1 称为艾里斑的半角宽,$2\theta_1$ 是艾里斑对透镜中心的

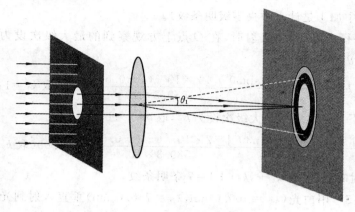

图 16-14　夫琅禾费圆孔衍射

张角。理论计算表明，艾里斑的半角宽

$$\theta_1 \approx \sin\theta_1 = 1.22 \frac{\lambda}{D} \tag{16-12}$$

式中，D 为圆孔的直径。若 f 为透镜的焦距，则艾里斑的半径 R 为

$$R = f\theta_1 \approx 1.22 \frac{\lambda}{D} f \tag{16-13}$$

16.4.2　光学仪器的分辨率

　　因为大多数光学仪器所用透镜的边缘都是圆形，因此透镜就相当于一个通光小圆孔。由于圆孔的夫琅禾费衍射，一个物点通过光学仪器成像时，像点已不再是一个几何点，而是一个中心光斑（艾里斑）和周围明暗相间的同心圆环。由于衍射光强集中在中央零级明条纹处，因此物点的像就可以看作是有一定大小的艾里斑。由此可见，物体（光源）所发出的光经过小圆孔并不聚焦成几何像，而是产生一衍射图样，其主要部分就是艾里斑，艾里斑的中心位置就是几何光学的像点位置。因此，衍射限制了光学仪器的放大率和成像清晰度，衍射对光学仪器的成像质量有直接影响。

　　用透镜观察远处两物点时，在透镜焦平面的屏上将出现两组衍射环纹。由于这两个物点光源是不相干的，所以屏上的总光强是两组衍射条纹的光强直接相加。光学仪器（人眼）能否从总光强分布中辨认出两个物点的像，取决于条纹中两个亮度很大的艾里斑的重叠程度，重叠过多就不能分辨出这两个物点。

　　对于光学仪器（透镜）的分辨极限，有一个瑞利判据（Rayleigh criterion）：若一点光源的衍射图样的中央最亮处刚好与另一点光源的衍射图样的第一个最暗处相重合，这时这两个点光源恰能为这一光学仪器所分辨。瑞利判据也可以表述为：当一个艾里斑的中心恰好位于另一个艾里斑的边缘时，产生这两个艾里斑的物点恰好能分辨。

如图 16-15 所示为两物点能被透镜分辨、恰能分辨及不能分辨的几种情形,图中右边表示两个艾里斑的光强及由它们直接相加后的总光强。图 16-16 是能分辨(左)与恰能分辨(右)的两个像点的照片。

满足瑞利判据的两物点间的距离,就是光学仪器所能分辨的最小距离,此时它们对透镜中心张角 θ_1 称为最小分辨角。根据瑞利判据的规定,对于直径为 D 的圆孔衍射图样来说,最小分辨角就是式(16-12)的艾里斑的半角宽。

在光学仪器中,将最小分辨角的倒数称为仪器的分辨本领,即

$$R' = \frac{1}{\theta_1} = \frac{D}{1.22\lambda} \qquad (16\text{-}14)$$

图 16-15　两物点经透镜成像的几种情形

由式(16-14)可知,仪器的分辨本领 R' 与仪器的通光孔径 D 成正比,与入射光的波长成反比,增大 D 或减小 λ 均可以提高仪器的分辨本领。如天文望远镜的物镜的直径较大,有的达 5 m 以上;电子显微镜采用的是波长远小于可见光的电子波,能分辨相距 10^{-10} m 的两个物点,通过电子显微镜能观察到单个原子。

图 16-16　能分辨(左)与恰能分辨(右)的两个像点的照片

例 16-6　人眼瞳孔的直径约为 3 mm,求人眼的最小分辨角。若黑板上画有表示"="号的两横线,两横线相距 2 mm,则距黑板多远处的学生恰能分辨它们?取人眼最敏感的黄绿光波长 λ=550 nm 计算。

解　人眼瞳孔相当于一个圆形通光孔径的透镜,由 D=3 mm,得最小分辨角为

$$\theta_1 = 1.22\frac{\lambda}{D} = 1.22 \times \frac{550 \times 10^{-9}}{3 \times 10^{-3}} \text{ rad} = 2.2 \times 10^{-4} \text{ rad} \approx 1'$$

设学生离黑板的距离为 s,两横线间距为 l,则它们对瞳孔中心的张角为 $\theta = \frac{l}{s}$,当 $\theta = \theta_1$ 时,人眼恰能分辨黑板上的"="号,因而有

$$s=\frac{l}{\theta_1}=\frac{2\times10^{-3}}{2.2\times10^{-4}}\ \mathrm{m}\approx9.1\ \mathrm{m}$$

*16.4.3　光栅的分辨率

　　光栅的分辨率是指把波长靠得很近的两条谱线分辨清楚的参数，是表征光栅性能的主要技术指标。通常把恰能分辨的两条谱线的平均波长 λ 与这两条谱线的波长差 $\Delta\lambda$ 之比，定义为光栅的分辨率，用 R' 表示，即

$$R'=\frac{\lambda}{\Delta\lambda} \tag{16-15}$$

　　$\Delta\lambda$ 愈小，其分辨率就愈大。按瑞利判据，要分辨第 k 级光谱中波长为 λ 和 $\lambda+\Delta\lambda$ 的两条谱线，就要满足波长为 $\lambda+\Delta\lambda$ 的第 k 级主极大恰好与波长为 λ 的最邻近的极小相重合，即与第 $kN+1$ 级极小重合。由式(16-12)知，波长为 $\lambda+\Delta\lambda$ 的第 k 级主极大的角位置为

$$(a+b)\sin\theta=k(\lambda+\Delta\lambda)$$

　　波长为 λ 的第 $kN+1$ 级极小的角位置由式(16-13)决定，即

$$N(a+b)\sin\theta=(kN+1)\lambda$$

如两者重合，必须满足条件

$$k(\lambda+\Delta\lambda)=\frac{kN+1}{N}\lambda$$

化简得
$$\lambda=kN\Delta\lambda$$
所以光栅的分辨率为

$$R'=\frac{\lambda}{\Delta\lambda}=kN \tag{16-16}$$

即光栅的分辨率 R' 决定光栅的缝数和光谱的级次。

16.5　X射线的衍射

16.5.1　X射线的产生及特点

　　X射线是伦琴于 1895 年发现的，故又称为伦琴射线。它是在如图 16-17 所示真空管中，将热阴极 K 周围发射出来的电子，经过数万伏的高压加速，最后打在由钼、钨或铜等制成的金属阳极 P 点而产生的。X射线一发现，很多科学家对这种未知的 X 射线作了大量的研究后发现，这种射线在磁场或电场中不会偏转，所以认为它是一种电磁波。既然它是波，就该有衍射现象，于是很多人又着手研究 X 射线的衍射，都没有一个人

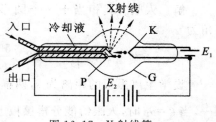

图 16-17　X射线管

看到 X 射线的衍射条纹。那么,它既然是波而却无衍射现象呢? 后来有人提出,用光栅衍射看不到条纹的根本原因是 X 射线的波长太短,$a+b$ 太大,以至 $\sin\theta$ 太小,故条纹分不开,所以看不到衍射现象。于是,人们就着手制造光栅常数更小的光栅,最后还是以失败而告终。1912 年,劳厄首先想到用天然晶体代替衍射光栅,从而获得了理想的 X 射线衍射图样。

晶体的特点是具有规则的几何形状,其内部原子具有周期性排列的规律。原子间距在几个埃以内,如 NaCl 晶格常数为 5.627 Å($1\ \text{Å}=0.1\ \text{nm}$)。

在图 16-18 中,一束穿过铅板小孔的 X 射线投射到晶体薄片上,晶体后面放一张照相底片,经过较长时间的曝光,在照相底片上显现出了许多规则排列的斑点,称为劳厄斑点。这是因为 X 射线照射到晶体上时,组成晶体的点阵中的带电粒子产生受迫振动,成为发射同频率子波的中心,向各方向发出散射波。这些规则排列的散射中心发出的次级 X 射线,会在某些方向产生干涉加强,从而使照相底片感光,形成有规则分布的劳厄斑点。显然,这些斑点的位置和强度与晶体的结构有关,从而可以推断出晶体中点阵排列的规律。由于发现 X 射线的衍射,劳厄获得了 1914 年诺贝尔物理学奖。

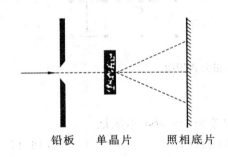
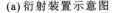
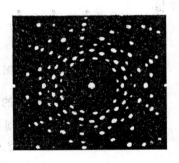

铅板　　单晶片　　　照相底片

(a) 衍射装置示意图　　　　　　　　　　　　　　　(b) 劳厄斑点

图 16-18　X 射线的衍射与劳厄斑点

劳厄斑点分布的定量研究涉及空间光栅理论,比较复杂,这里不作讨论。

16.5.2　布拉格公式

1913 年,英国布拉格父子对 X 射线通过晶体产生的衍射现象提出了另一种研究方法。

他们认为,晶体是由一系列彼此相互平行的原子层组成的,当 X 射线照射在晶体上时,晶体中原子(或离子)便成为散射 X 射线的子波的波源,向各个方向发出子波(散射波),这种散射不仅有表面层的散射,也有内层原子的散射。

1. 同一晶面上相邻原子的散射

如图 16-19 所示,设 X 射线以与晶面成 θ 角入射,散射波与晶面夹角为 φ(因为反射波沿各个方向都有,任取一个方向 φ 研究),则相邻两散射光的光程差为

$$AD-BC=h(\cos\varphi-\cos\theta)$$

由干涉极大(子波)条件有

$$h(\cos\varphi-\cos\theta)=k\lambda=0(或 \lambda 的整数倍)$$

所以　　　　　　　　　　　　　　　　$\varphi=\theta$

这说明:X 射线沿任一掠射角射向晶面时,沿"反射光"方向上可形成最强的衍射。其优点在于:晶面上各微观粒子对 X 射线的散射,可以简化为这个晶面对 X 射线的"反射"。

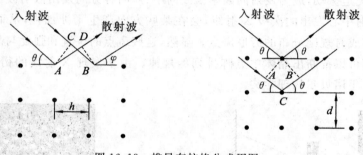

图 16-19　推导布拉格公式用图

2. 不同晶面对 X 射线的散射

设晶面的面间距为 d,则 a、b 两光的光程差为 $\delta=2d\sin\theta$,满足

$$2d\sin\theta=k\lambda,\quad k=0,1,2,\cdots \qquad (16\text{-}17)$$

时,干涉加强,上式称为布拉格公式。

对给定的入射光来说,晶向不同,d 不同,θ 不同。

由式(16-17)可知,若已知 d、θ,可以求得 λ,这就是 X 射线光谱分析法;反之,若 θ、λ 已知,可以求得 d,这就是 X 射线晶体结构分析法。

第 17 章　光 的 偏 振

在第 15、16 章里,无可辩驳的事实说明了光确实是一种波长较短的电磁波,那么光是纵波还是横波? 本章在回答这个问题的同时,介绍了光的有别于干涉、衍射的一些重要现象及其应用。

17.1　自然光与偏振光

17.1.1　波 的 偏 振 性

纵波的传播方向与质点的振动方向共线,即若作包括波的传播方向和质点振动传播方向在内的一系列平面,则各平面是等价的,即都含有这两者,没有一个平面较另外一个平面更占优势。这就是通常所说的振动相对传播方向具有对称性。

显然,若作一系列包括波的传播方向在内的平面,对横波采说就没有这种对称性,只有一个平面既包括质点的振动方向又含有波的传播方向,而其他平面只包含波的传播方向。

把质点振动方向对于传播方向的不对称性称为偏振。可见,横波有偏振性而纵波无偏振性。

1. 横波具有偏振性的实验验证

让一列绳波(横波)依次通过相互垂直的两个夹缝,如图 17-1 所示,由于横波振动面与夹缝平行,所以此横波能通过第一夹缝,在第二个夹缝处由于横波的振动面与夹缝垂直,使振动面被夹缝限制,不能穿过夹缝。

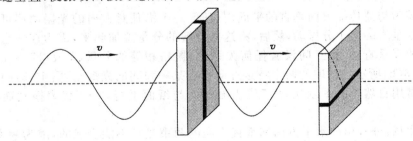

(a) 一列横波　　　　(b) 振动面穿过夹缝　　　　(c) 振动面不能穿过夹缝

图 17-1　横波穿过夹缝的情况

2. 纵波不具有偏振性的实验验证

对纵波来说,由于参与波动的质点的振动方向与波的传播方向共线,即纵波没有偏振性,所以纵波在依次穿过相互垂直的两个夹缝时,均不会受到任何限制,如图 17-2 所示。

为了理解光的偏振性,先考察常见的自然光的特性。

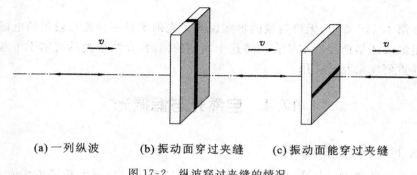

(a) 一列纵波　　　　(b) 振动面穿过夹缝　　　(c) 振动面能穿过夹缝

图 17-2　纵波穿过夹缝的情况

17.1.2　自然光与偏振光

1. 自然光的特性

要分析清楚自然光的特性,首先得明白自然光光源的发光机制。平时所观察的普通光源,在某一时刻所发出的光仍然是由大量原子或分子发光的总体表现,它们在同一时刻所发光波的波列的振动方向、频率、位相是杂乱无章的,所以从宏观上看,此类光源发出的光中包含了所有方向的光振动,没有哪个方向比其他方向更占有优势,平均说来,光振动对光的传播方向是轴对称的,均匀分布的,在各个取向上,光矢量的时间平均值也是相等的。也就是说,自然光的特性是:光振动的振幅在垂直于光波的传播方向上既有时间分布的均匀性,又有空间分布的均匀性。

2. 自然光的表示法

因为与波传播方向垂直的平面内,任何一个沿任意方向的光振动都可以分解为相互垂直的两个分振动,然后,将这些分解的分量叠加起来,成为在任意方向两个都相互垂直的、相互间没有任何关系的、振幅相等的分量,如图 17-3(a) 所示。图 17-3(b) 所示为任取的两个特定方向代表某一瞬间的光振动,图 17-3(c) 所示为以后常用自然光的图示法,"|"代表振动面与纸面平行,"·"代表振动面与纸面垂直。

注意:分解出的水平方向和垂直方向的两束光是不能合成的,因为频率不同,相位差不恒定。

3. 偏振光与部分偏振光

若一束光中只含某一单方向的光振动,则称该光为线偏振光,简称偏振光。

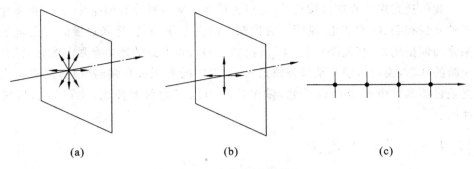

图 17-3　自然光的表示法

线偏振光的图示法如图 17-4 所示。

(a) 振动面与纸面平行的偏振光表示法　　　(b) 振动面与纸面垂直的偏振光表示法

图 17-4　线偏振光的表示

若一光束某方向振动较强,另一方向振动较弱,即各个振动面并非完全对称,则称为部分偏振光(见图 17-5)。

(a) 平行纸面振动多于垂直纸面振动　　　(b) 垂直纸面振动多于平行纸面振动

图 17-5　部分偏振光的表示

17.1.3　偏振光的获得

如果能把自然光的某一方向的振动去掉,就能获得偏振面只沿某一个方向的线偏振光,这种从自然光中获得线偏振光的方法或过程称为起偏,能起这样作用的仪器称为起偏器;而检验一束光是不是偏振光的方法称为检偏,能检验一束光是不是偏振光的仪器称为检偏器。偏振片就是我们常用的起偏器和检偏器。

偏振片是用人工方法把某些物质(如硫酸奎宁碘晶体)涂在赛路珞或其他透明材料的薄片上制成的。当自然光照射在这种偏振片上时,偏振片上的晶体能吸收某一方向的光振动,只允许与这一方向垂直的光振动透过,从而获得线偏振光。偏振片允许通过光振动的方向称为偏振化方向。在图或仪器上都标有"↕"或"•"符号,表示只允许沿此方向的光通过。

　　我们让光束垂直穿过偏振片，并以光传播方向为轴旋转偏振片，若从偏振片出来的光强有明、暗的变化，说明入射偏振片的光是偏振光，透光最强的方向就是偏振光的偏振化方向（偏振片上"↕"所指的方向）；若看到的光强有强弱变化，但没有全暗的状态，说明入射光是部分偏振光；若出射的光强没有强弱变化，则说明入射光是自然光。由此也可以看到，偏振片既可以当起偏器使用，也可以当检偏器使用。

17.1.4　马吕斯定律

　　1809 年，马吕斯由实验发现，强度为 I_0 的线偏振光通过偏振化方向与入射偏振光成 α 角的检偏器后（见图 17-6(a)），透射光的强度为

$$I = I_0 \cos^2 \alpha \tag{17-1}$$

式中，α 为线偏振光的振动方向与检偏器的偏振化方向的夹角。式（17-1）称为马吕斯定律。

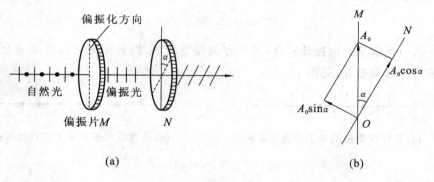

图 17-6　起偏、检偏原理图

　　可以用图 17-6(b)简单证明马吕斯定律。设 ON 表示检偏器 N 的偏振化方向，OM 表示入射偏振光的光振动方向，α 表示两者的夹角，令 A_0 为线偏振光的振幅，并将 A_0 分解为平行 ON 和垂直 ON 的两个分量，则

$$A_\perp = A_0 \sin \alpha, \quad A_{/\!/} = A_0 \cos \alpha$$

因为 $I \propto A^2$，故

$$I/I_0 = A_{/\!/}^2 = A_0^2 \cos^2 \alpha = \cos^2 \alpha$$

即

$$I = I_0 \cos^2 \alpha$$

　　由马吕斯定律知，若入射偏振片的光是自然光，则出射光强 $I = I_0/2$；若入射偏振片的光是线偏振光，则出射光强 I 在 $0 \sim I_0$ 之间变化，即当 $\alpha = 0$ 时，$I = I_0$，$\alpha = \pi/2$ 时，$I = 0$。

　　例 17-1　一束光强为 I_0 的自然光通过两块偏振化方向正交的偏振片 M 与

N。如果在 M 与 N 之间平行地插入另一块偏振片 C,设 C 与 M 偏振化方向夹角为 α,试求:

（1）透过偏振片 N 后的光强为多少?

（2）定性画出光强随 α 变化的函数曲线,并指出转动一周,通过的光强出现几次极大和极小值。

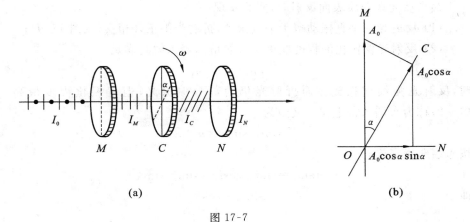

(a)   (b)

图 17-7

解　（1）如图 17-7 所示,光强为 I_0 的自然光通过偏振片 M 后变为偏振光,其强度为 $I_0/2$,根据马吕斯定律,通过偏振片 C 的光强为

$$I_C = \frac{I_0}{2}\cos^2\alpha$$

通过 N 的光强为

$$I_N = I_C \cos^2(90° - \alpha) = \frac{I_0}{2}\cos^2\alpha\sin^2\alpha$$

即

$$I_N = \frac{I_0}{8}\sin^2 2\alpha$$

其函数曲线如图 17-8 所示。

（2）由图 17-8 可见,偏振片 C 转一周,通过 N 的光强出现 4 次极大、4 次极小。

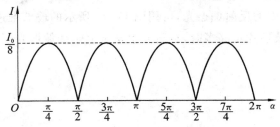

图 17-8

17.2　反射和折射光的偏振

从大量的实验中发现，自然光在两种各向同性的介质分界面上反射和折射时，反射光和折射光都成为部分线偏振光；在特殊情况下，反射光有可能成为线偏振光。

当自然光在介质表面反射时，实验发现：

（1）反射光中垂直振动多于平行振动，折射光则正好相反（见图 17-9）；

（2）反射光偏振化的程度取决于入射角 i，当入射角满足

$$\tan i_0 = n_2/n_1 \tag{17-2}$$

时，反射光为线偏振光。而折射光仍为部分偏振光，但偏振化程度最高。式（17-2）称为布儒斯特定律。又因为

$$\sin i_0 / \sin r_0 = n_2/n_1$$

按布儒斯特定律有

$$\tan i_0 = \sin i_0 / \cos i_0 = \sin i_0 / \sin r_0$$

即

$$\sin r_0 = \cos i_0$$

$$i_0 + r_0 = \pi/2$$

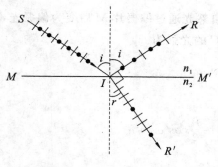
图 17-9　自然光反射后成部分偏振光

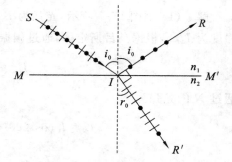
图 17-10　满足布儒斯特角的反射光

这说明：当入射角满足布儒斯特定律（即入射角为布儒斯特角）时，折射光与反射光相互垂直（见图 17-10）。

欲获得高强度的反射偏振光，可用图 17-11 所示的玻璃堆进行反射，以增强反射光的强度，当玻璃片足够多时，折射光也基本上是线偏振光了。

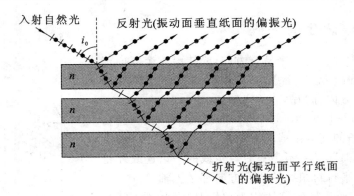

入射自然光　反射光(振动面垂直纸面的偏振光)

i_0

n

n

n

折射光(振动面平行纸面
的偏振光)

图 17-11　利用玻璃堆获得线偏振光

17.3　光的双折射现象

17.3.1　双折射现象

我们知道,一束自然光在两种各向同性介质的分界面发生折射时,在入射面内只有一束折射光,且遵从折射定律。

当光线射入各向异性的晶体(如方解石晶体即 $CaCO_3$)时,折射线分为两束的现象称为光的双折射现象。

如图 17-12 所示,通过对晶体中的这两束折射线考察,我们发现,有一束遵从折射定律,另一束不遵从折射定律,即 $\sin i/\sin r \neq$ 恒量,折射线也不一定在入射面内。

我们把遵从折射定律的光线称为寻常光,即 o 光;把不遵从折射定律的光线称为非寻常光,即 e 光。它们都是线偏振光。

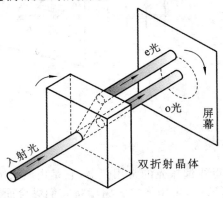

e光

o光

屏幕

入射光

双折射晶体

图 17-12　双折射现象

17.3.2　晶体的光轴

晶体内存在着一个特殊方向,光线沿这个方向传播时,o 光和 e 光不分开,它们在此方向传播的速度相同,这个方向称为晶体的光轴。

如图 17-13 所示,对 $CaCO_3$ 晶体而言,光轴就在三个成钝角的交点组成的对角线方向上。这里,请大家注意"方向"二字,不是只有对角线的一条连线才是光轴,凡是平行对角线的所有方向都是光轴。

只有一个光轴的晶体称为单轴晶体(如 $CaCO_3$),具有两个光轴的晶体称为双轴晶体(如云母、硫磺等)。

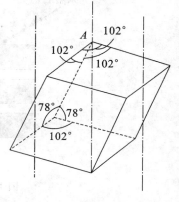

图 17-13　晶体的光轴

17.3.3　晶体的主截面与主平面

光轴与入射晶面法线构成的平面称为主截面,晶体内某一条光线与光轴组成的平面称为主平面。o 光与 e 光各有各的主平面,通过检偏器可以发现,o 光的振动面垂直于自己的主平面,e 光的振动方向在自己的主平面内。

实验发现,寻常光线和非寻常光线都是线偏振光,所以一束自然光进入各向异性晶体发生双折射即可得到线偏振光。实验还发现,寻常光的振动方向恒垂直于其主平面,而非寻常光的振动即在其主平面内。在特殊情况下,当入射面与主截面重合时,寻常光和非寻常光及它们的主平面都在主截面内,这时两者光矢量的振动方向相互垂直,如图 17-14 所示。通常情况下,o 光和 e 光的主平面间有不太大的夹角,因而 o 光和 e 光的振动面不完全互相垂直。

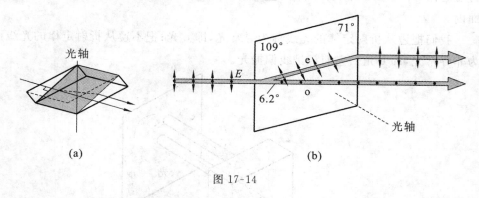

(a)　　　　　　　　　　　(b)

图 17-14

17.3.4　尼科耳棱镜

尼科耳棱镜是获得线偏振光的常用仪器,它是由两块方解石晶体(图 17-15 中 ABD 和 ACD)经过研磨后,再用加拿大树脂将它们黏合而成的。

图 17-15 是尼科耳棱镜的示意图。

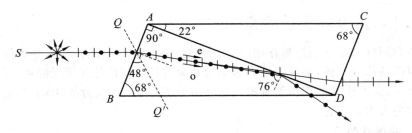

图 17-15　尼科耳棱镜

　　尼科耳原理:当一束自然光通过第一块方解石晶体后,分成 o 光和 e 光,入射到分界面;对 o 光而言,方解石晶体的折射率为 1.658,加拿大树脂的折射率为 1.550,故 o 光是从光密介质向光疏介质折射,由于角度取得合适,使得 o 光发生全反射,不能进入第二块晶体;但 e 光则不然,方解石晶体对 e 光的主折射率为 $n_e =$ 1.486,故 e 光是从光疏介质向光密介质入射,所以 e 光能进入第二块晶体,并从第二块晶体出来,获得线偏振光。

17.3.5　双折射现象的解释

　　在各向同性的介质中,一个点光源发出的光线沿各个方向传播,传播速度 $v = c/n$ 都是一样的。因此,经过一段时间 Δt 后,形成的波面是以点光源为中心的球面。

　　e 光沿各个方向的传播速度是不同的,唯有沿光轴方向与 o 光的传播速度相同,其他方向的速度随方向而变。在垂直于光轴方向的速度与 v_0 相差最大。

　　由于 o 光和 e 光在晶体中具有不同的传播速度,所以它们在晶体中的波面也不相同。这就引起了一束自然光入射到晶体中要产生双折射现象。

17.3.6　晶体的二色性

　　有的晶体(电气石晶体)不但能产生双折射,而且对 o 光具有不同的吸收特性(选择性吸收),这种特性称为二色性,这些晶体称为二色性晶体。如电气石晶体的厚度为 1 mm 时,o 光就几乎全部被吸收,而 e 光只部分被吸收。利用晶体的这种二色性,就可以制成偏振元件。如前面讲到的偏振片,就是利用具有二色性很强的硫酸奎宁碘晶体制成的。

17.4　偏振现象的应用

　　偏振现象在现代科学技术领域中有着广泛而重要的应用。利用偏振现象制成的偏振分光镜、偏振光显微镜,在生物学、冶金学和矿物学中得到了广泛应用。人为双折射现象和旋光现象在科技方面正发挥着越来越重要的作用。下面扼要地介绍人为双折射和旋光现象及其应用。

17.4.1　人为双折射现象

各向同性介质受到外界作用时,例如,受到压力或张力的固体,受到电场或磁场作用的液体或气体,都可能使介质结构和原有各向同性特征遭受破坏,成为各向异性介质,会产生光的双折射现象。这种由外界条件(或人为条件)引起的双折射现象称为人为双折射。

1. 光弹性效应

原来透明的各向同性的介质在机械力作用下,显示出光学上的各向异性,这种现象称为光弹性效应。

晶体的双折射与晶体的各向异性密切相关,非晶体物质例如玻璃、塑料等,在外力作用下变形时,会使非晶体失去各向同性的特征而具有各向异性的性质,因而能呈现双折射现象。如图 17-16 所示,把一块透明塑料板放在两个正交的偏振片之间,当受到竖直方向的压缩或拉伸时,透明塑料板的性质就和以竖直方向为轴的单轴晶体相仿,这时垂直入射的偏振光在塑料板内分解为 o 光和 e 光,两光线的传播方向一致,但速度不等,即折射率不等。实验证明,n_o 和 n_e 之间的关系为

$$n_o - n_e = kp \tag{17-3}$$

式中,k 是比例系数,取决于非晶体的性质,p 是压强。不仅如此,这两条光线穿过偏振片 II 后将进行干涉,出现干涉的色彩和条纹,而且应力越集中的地方,各向异性越强,干涉条纹越细密,这就是在图 17-16 装置中观察到的现象。光测弹性仪就是利用这种原理来检查应力分布的仪器,它在实际中有很广泛的应用。例如为了设计一个机械零件、桥梁或水坝,可用透明塑料板模拟它们的形状,并根据实际情况按比例加上应力,然后用光测弹性仪(应变分布传感仪)显示出其中的应力分布。

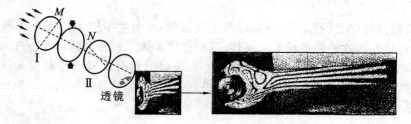

图 17-16　光弹性效应

2. 电光效应(电光传感器)

在电场的作用下,可使一些各向同性的透明介质变成各向异性,产生双折射,这种现象称为电光效应。

(1) 克尔效应。

如图 17-17 所示,在一个有平行玻璃窗的小盒内封装着一对平行板电极,盒内

充有硝基苯($C_6H_5NO_2$)的液体。将此盒放于两正交的偏振片之间,电极间电场方向与两偏振片的偏振化方向均成 45°角。电极间不加电压时,没有光射出这对正交的偏振片,这表明盒内液体没有双折射效应。当两极间加上适当大小的强电场时(约 10^4 V/cm),就有光线透过这个光学系统。这表明,盒内液体在强电场作用下变成了双折射物质,它把进来的线偏振光分解成 o 光和 e 光,使它们之间产生了附加相位差。这种现象称为克尔效应,是苏格兰物理学家克尔在 1875 年发现的。

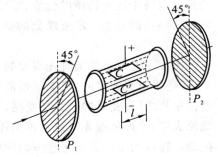

图 17-17　克尔效应

实验表明,电场 E 的方向相当于光轴方向,单色光(波长为 λ)的 n_o 与 n_e 间的关系为

$$n_e - n_o = kE^2 \tag{17-4}$$

式中,k 为克尔常数,由液体的性质决定。由于 $n_e - n_o$ 与电场强度的平方成正比,所以这是一种非线性光学现象。克尔效应不是硝基苯所独有的,即使普通的物质(如水、玻璃)也都有克尔效应,不过它们的克尔常数要小得多。

图 17-17 所示的装置称为克尔光闸或者克尔光调制器。该装置由于能够对高达 10^{10} Hz 的频率有效的响应,所以有很高的价值,已广泛被应用。它在高速摄影中用作快门,在脉冲激光器中用作 Q 开关,在光速测量、光束测距、激光通信、激光电视等方面都有广泛的应用。

(2)泡克耳斯效应。

近年来随着激光技术的迅速发展,对电光开关、电光调制的要求越来越高。克尔盒逐渐为某些具有电光效应的晶体(一般都是压电晶体)所代替,其中最典型的是 KDP 晶体,它的化学成分是磷酸二氢钾(KH_2PO_4),这种晶体在自由状态下是单轴晶体,但在电场的作用下变成双轴晶体,沿原来光轴的方向产生附加的双折射效应。这种效应与克尔效应不同,其折射率的变化 $n_e - n_o$ 与电场强度的一次方成正比。这种效应称为泡克耳斯效应,是德国物理学家泡克耳斯在 1893 年首先提出的,该器件的主要优点是工作电压较低,而且是线性的。KDP 的响应时间很短,通常小于 10 ns,所以它的调制频率高达 2.5×10^{10} Hz。KDP 已经被用作超高速快门、激光器的 Q 开关及从直流到 3×10^{10} Hz 的光调制器。它们也正被用到许多电光系统中,例如数据处理和显示技术。

17.4.2　旋光现象　磁光效应

1. 旋光现象

1811 年,阿喇果发现,当偏振光通过某些透明物质时,偏振光的振动面将旋转一定的角度,这种现象称为旋光现象。能够使振动面旋转的物质称为旋光物质,石英等晶体及糖溶液、松节油等液体都是旋光性较强的物质。实验表明,振动面旋转的角度取决于旋光物质的性质、厚度或浓度及入射光的波长。旋光现象有助于了解物质结构的信息,旋光现象的研究在光学、生物学和化学中都有十分重要的意义。

　　图 17-18 所示的为旋光现象的观察装置。M、N 两个偏振片的偏振化方向正交,单色平行光通过时,屏上呈现消光。若把光轴与晶面垂直的石英晶片置于正交的偏振片之间,此时屏上视场变亮;若 M 转过一定的角度,视场又呈现消光。这一现象表明,平面偏振光通过石英晶片后,振动面发生了旋转。实验证明,偏振光的振动面转过的角度 φ 与光在该物质中通过的距离 d 成正比,即

$$\varphi = ad \qquad (17\text{-}5)$$

式中,比例系数 a 称为物质的旋光率,它的数值等于光在该物质中通过单位长度时振动面所转过的角度。各种不同波长的光旋转的角度也不同,如 1 mm 厚的石英晶片,589 nm 偏振光转过角为 $21.75°$,404.7 nm 的光转过角为 $48.95°$。旋光率随波长变化的现象称为旋光色散。

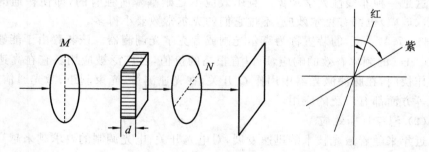

图 17-18　旋光现象

　　实验还发现,旋光物质还可分为左旋物质与右旋物质两种。当迎着光线观察时,使振动面顺时针旋转的物质称为右旋物质,逆时针旋转的物质称为左旋物质。自然界中存在的石英虽然其分子式都是 SiO_2,但是由于它们的分子排列不同,又可分为右旋和左旋两种,它们的分子排列结构是成镜像排列的。

　　旋光现象不仅在石英等晶体中被发现,而且在松节油、糖溶液等许多非晶体物质中也发现了旋光现象,对于糖溶液和松节油等液体,其振动面的旋转角度可用下式表示,即

$$\varphi = acd \qquad (17\text{-}6)$$

式中,a 和 d 的意义同式(17-5),c 为旋光物质的浓度。可见,当一定波长的偏振光通过一定厚度的旋光溶液后,其旋转角与液体的浓度成正比。液体的旋光本领随浓度而变,这个事实对测定溶液中溶质的含量特别重要,例如用来测定尿中或者糖浆中的糖分的糖度传感器。

目前还发现许多生物物质、有机物质也具有旋光性,而且还有具备左右两种旋光异构体。例如,自然界中人体的葡萄糖是右旋物质,构成蛋白质的氨基酸是左旋物质,而青霉素则含有一定成分的右旋氨基酸。这些都是生物物理学乃至生命现象研究的课题。

2. 磁光效应(磁光传感器)

许多物质在强磁场的作用下,都会产生旋光效应,通常把由强磁场的作用所产生的旋光现象称为磁光效应或法拉第效应。

1845 年,法拉第发现原来不具有旋光性的物质,在磁场的作用下,光通过时振动面发生了旋转。这个发现在物理学史上有着重要意义,它首次揭示了光学现象与电磁学现象之间的联系。

如图 17-19 所示,在两个相互正交的偏振片之间放置一块玻璃样品,如果沿光的传播方向给样品加上磁场,则发现线偏振光通过样品后其振动面转过了一角度。

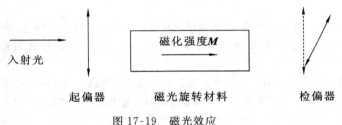

图 17-19　磁光效应

实验证明以下两个结论。

(1) 对于给定的样品,振动面的转角与样品的厚度 d 和磁感应强度 B 成正比,即

$$\varphi = VBd \tag{17-7}$$

式中,比例系数 V 称为费尔德常数。一般物质的费尔德常数都很小。

(2) 当光的传播方向反转时,磁致旋转的左右方向互换。这一点与自然旋光物质完全不同。例如,当线偏振光通过右旋的自然旋光物质时,无论光束沿正方向还是反方向传播,迎着传播方向看去,振动面总是向右旋转。因此,如果透射光沿原路返回,其振动面将回到初始位置。但是当线偏振光通过磁光物质时,如果沿着磁场方向传播,振动面向右旋;当光束沿磁场的反向传播时,迎着传播方向看去振动面将向左旋。所以,如果光束由于被反射而一正一反两次通过磁光介质后,振动面的最终位置与初始位置比较,将转过 2φ 的角度。

磁光效应在科技领域中有着广泛的应用,例如制造调制器,它是激光通信中非常重要的装置。利用磁致旋光方向与光的传播方向有关的特性,可以制成单通光闸,它只允许光从一个方向通过而不能从反方向通过,这在激光的多级放大装置中是必要的。

光学部分习题

一、填空题

1. 如图 1 所示,平面镜垂直放在凸透镜的主光轴上,并和凸透镜相距 d,一束平行主光轴的光线射向透镜,其折射光线经过平面镜反射后会聚于两镜中点 c,则此凸透镜的焦距为_____。

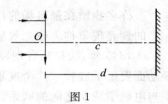

图 1

2. 一束光线从空气射入折射率为 $\sqrt{3}$ 的介质,其折射光线与反射光线恰好垂直,则这束光线的入射角是_____。

3. 玻璃的折射率为 1.5,水晶的折射率为 1.55。今有一玻璃片和一水晶片,光垂直通过它们的时间相等。若玻璃片的厚度为 10 mm,则水晶片厚度为_____。

4. 如图 2 所示,用临界角为 30°的透明材料制作直角三棱镜,要使垂直于任一直角边的入射光线能在斜边上发生全反射,那么要求三棱镜的两个锐角的取值范围是_____到_____。

5. 一束平行单色光从真空射向半径为 R 的玻璃砖。光线入射方向垂直于直径所在平面,如图 3 所示。如果玻璃的临界角为 30°,那么能从曲面射出玻璃砖的光线范围是_____。

6. 在"测定玻璃的折射率"的实验中,若画出的平行玻璃砖的界面 aa' 与 bb' 间的距离大于玻璃砖的厚度,如图 4 所示,则所测得的折射率与真实值比较的结果为_____。(填"偏大"、"偏小"或"不变")

7. 在迈克尔逊干涉仪的一条光路中放一折射率为 n、厚度为 e 的透明介质片,放入后两光束的光程差为 $\delta=$_____。

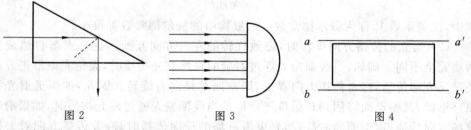

图 2   图 3   图 4

8. 在杨氏双缝实验装置中,$SS_1 = SS_2$,用波长为 λ 的单色光照射双缝 S_1 和 S_2。通过空气后在屏幕上形成干涉条纹,已知屏幕 P 点处为第 3 级明条纹,则 S_1 和 S_2 到 P 点的光程差为 $\delta=$_____。若将整个装置放入某种透明液体中,P 点为第 4 级明条纹,则该液体的折射率为 $n=$_____。

9. 波长 $\lambda=600$ nm 的单色光垂直照射到牛顿环装置上,第 2 级明环与第 5 级明环所对应的空气膜厚度之差为_____。

10. 在折射率 $n=1.52$ 的玻璃镜头上镀一层折射率 $n=1.42$ 的透明薄膜,使白光中波长为

650 nm 的红光成分在反射光中消失,则薄膜的最小厚度为_____。

11. 在折射率为 n_3 的平板玻璃上镀一层折射率为 n_2 的薄膜,波长为 λ 的单色光从空气(折射率 n_1)中以入射角 i 射到薄膜上,欲使反射光干涉加强,则所镀薄膜的最小厚度是 $e_{\min}$ _____(设 $n_1 < n_2 < n_3$)。

12. 平行单色光垂直入射到单缝上。若屏幕上 P 点处为第 2 级暗纹,则单缝处的波面相应地可划分为一个半波带;若缝宽缩小一半,则 P 点将是_____级_____纹。

13. 一束单色光垂直入射到光栅上,衍射光谱中共出现 5 条明纹。若已知此光栅的缝宽度与不透明部分宽度相等,则中央明纹一侧的两条明纹分别是第_____级和第_____级谱线。

14. 单色点光源经圆孔衍射后在屏幕上出现_____形状的明暗条纹,中央斑的角半径 $\theta \approx$ $\sin\theta =$ _____,根据瑞利判据,最小分辨角 $\theta_0 =$ _____,该光学仪器的分辨本领应为_____。

15. 一束自然光以布儒斯特角入射到平板玻璃片上,就偏振状态来说,反射光为_____,反射光 E 矢量的振动方向_____,透射光为_____。

16. 一束光垂直入射在偏振片 P 上,以入射光线为轴转动 P,观察通过 P 的光强的变化过程。若入射光是_____光,将看到光强不变;若入射光是_____,将看到明暗交替变化,有时出现全暗;若入射光是_____,则将看到明暗交替变化,但不出现全暗。

17. 要使一束线偏振光通过偏振片之后振动方向转过 90°,至少需要让这束光通过_____块理想偏振片。在此情况下,透射光强最大是原来光强的_____倍。

18. 一束平行的自然光,以 60° 角入射到平玻璃表面上。若反射光束是完全偏振的,则透射光束的折射角是_____;玻璃的折射率为_____。

* 19. 如图 5 所示,P_1、P_2 为偏振化方向间夹角为 α 的两个偏振片。光强为 I_0 的平行自然光垂直入射到 P_1 表面上,则通过 P_2 的光强 $I =$ _____。若在 P_1、P_2 之间插入第三个偏振片 P_3,则通过 P_2 的光强发生了变化。实验发现,以光线为轴旋转 P_2,使其偏振化方向旋转一角度 θ 后,发生消光现象,从而可以推算出 P_3 的偏振化方向与 P_1 的偏振化方向之间的夹角 $\alpha' =$ _____。(假设题中所涉及的角均为锐角,且设 $\alpha' < \alpha$)

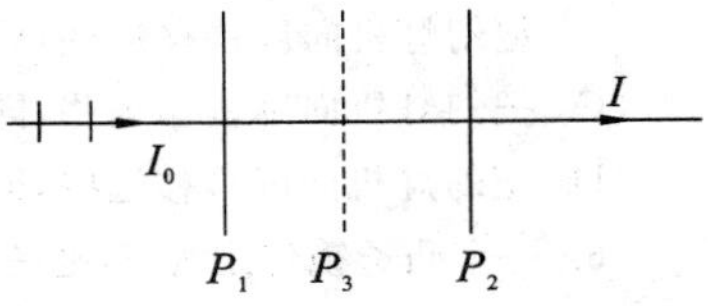

图 5

二、选择题(9~13 题为多项选择)

1. 关于光的传播,下列说法中正确的是(　　　)。

A. 光总是沿直线传播的

B. 由于不是所有的光线都遵从反射定律,所以产生漫反射

C. 发散光束经平面镜反射后,仍是发散光束

D. 镜面反射出的光束是会聚光束

2. 如图 6 所示,两块平面镜相互垂直放置,AB 是一条入射光线,经两个平面镜反射后沿 CD 射出。若转动平面镜所组成的装置,使光线 AB 的入射角增大一个较小的角度 θ,则最后的反射光线 CD 的传播方向将(　　　)。

A. 保持不变 　　　　　　　B. 顺时针转过 θ 角

C. 逆时针转过 θ 角 　　　　D. 转过 2θ 角

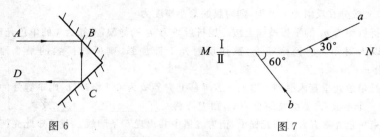

图 6　　　　　　　　　　　　图 7

3. 如图 7 所示，MN 为两种介质的界面，界面上方为介质 I，界面下方为介质 II。已知光在介质 I 中的传播速度为 c，在介质 II 中的传播速度为 $c/2$。现有光线 a、b 分别从介质 I 和 II 射向界面，则以下说法正确的是（　　）。

A. a、b 都能发生全反射

B. a、b 都不能发生全反射

C. a 能发生全反射，b 不能发生全反射

D. a 不能发生全反射，b 能发生全反射

4. 关于光学元件，以下说法正确的是（　　）。

A. 凸透镜是会聚透镜，任何光束经它会聚后必定成为会聚光束

B. 凹透镜是发散透镜，但有些光束经它后仍为会聚光束

C. 三棱镜对白光有发散作用，所以平行光经过三棱镜后变为发散光

D. 平面镜对光有反射作用，经平面镜反射后光的传播方向与原方向相反

5. 放映幻灯时，为了使屏幕上获得更大的像，可以采取的办法是（　　）。

A. 把幻灯机向屏幕移近些，同时适当地把镜头向幻灯片靠近

B. 把幻灯机向屏幕移近些，同时适当地把镜头向幻灯片远离

C. 把幻灯机向屏幕移远些，同时适当地把镜头向幻灯片靠近

D. 把幻灯机向屏幕移远些，同时适当地把镜头向幻灯片远离

6. 一个凸透镜焦距为 f，把一个物体从距透镜 $1.5f$ 处移到 $2.5f$ 处，则像与物体间的距离（　　）。

A. 一直变大　　　　　　　　　　B. 一直变小

C. 变大后变小　　　　　　　　　D. 先变小后变大

7. 如图 8 所示的光路图中，OO' 是透镜的主轴，MN 是透镜所在平面，可以判断，其中一定错误的是（　　）。

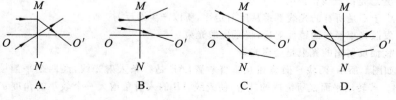

A.　　　　　　　B.　　　　　　　C.　　　　　　　D.

图 8

8. 如图 9 所示，一束本应该会聚于 A 点的光束，被凸透镜会聚于 B 点，若把一个点光源置

于 B 点,则它发出的光线(　　)。

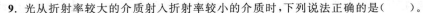

A. 经凸透镜折射后成虚像于 A 点

B. 经凸透镜折射后成虚像于 A 点和 B 点之间

C. 经凸透镜折射后成实像于凸透镜左侧

D. 经凸透镜折射后成为平行光束

图 9

9. 光从折射率较大的介质射入折射率较小的介质时,下列说法正确的是(　　)。

A. 它的传播速度将变大　　　　　　B. 它的折射角可能等于入射角

C. 它的折射角可能大于入射角　　　D. 它可能发生全反射

10. 当物体从距凸透镜 4 倍焦距处移到距凸透镜 3 倍焦距处的过程中,下面说法中正确的是(　　)。

A. 它的像的移动速度小于它本身的移动速度

B. 它的像的移动速度大于它本身的移动速度

C. 它的像的移动距离小于 1 倍焦距

D. 像的放大率变大

11. 入射光与镜面夹角为 $60°$,当镜面转过 $15°$ 时,反射光线与入射光线夹角可能是(　　)。

A. $30°$　　　　　B. $75°$　　　　　C. $90°$　　　　　D. $150°$

12. 物体经透镜在光屏上成一缩小的像,若使物体向远离透镜方向移动一些,为了仍能在光屏上成像,可以采取的方法有(　　)。

A. 移动透镜,使它更靠近光屏一些　　　B. 移动透镜,使它更靠近物体一些

C. 移动光屏,使它更靠近透镜一些　　　D. 移动光屏,使它更远离透镜一些

13. 如图 10 所示,光学元件是光疏介质,放入光密介质的环境中,其光路图正确的是(　　)。

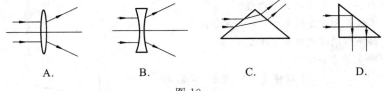

A.　　　　　　　B.　　　　　　　C.　　　　　　　D.

图 10

14. 如图 11 所示,波长为 λ 的单色平行光垂直入射到折射率为 n_2、厚度为 e 的透明介质薄膜上,薄膜上下两边透明介质的折射率分别为 n_1 和 n_3,已知 $n_1 < n_2$ 且 $n_2 > n_3$,则从薄膜上、下两表面反射的两束光的光程差是(　　)。

A. $2en_2$　　　　　B. $2en_2 + \lambda/2$　　　　　C. $2en_2 - \lambda$　　　　　D. $2en_2 + \lambda/(2n_2)$

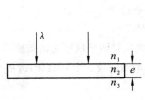

图 11

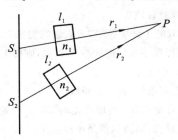

图 12

15. 如图 12 所示 S_1 和 S_2 是两个同初相的相干光源,它们到 P 点的距离分别为 r_1 和 r_2,两光路中各有一块透明介质,其厚度、折射率分别为 l_1、n_1 和 l_2、n_2,其余部分可看作真空,则从 S_1 和 S_2 发出的两光线到达 P 点的光程差等于(　　)。

A. $(r_2+n_2l_2)-(r_1+n_1l_1)$ 　　　　B. $(r_2-l_2+n_2l_2)-(r_1-l_1+n_1l_1)$

C. $(r_2-n_2l_2)-(r_1-n_1l_1)$ 　　　　D. $n_2l_2-n_1l_1$

16. 来自不同光源的两束白光,例如两束手电筒光,照射在同一区域内,是不能产生干涉条纹的,这是由于(　　)。

A. 白光是由许多不同波长的光构成的

B. 来自不同光源的光,不能具有正好相同的频率

C. 两光源发出的光强度不同

D. 两个光源是独立的,不是相干光源

17. 在相同的时间内,一束波长为 λ 的单色光在真空中和在玻璃中(　　)。

A. 传播的路程相等,走过的光程相等

B. 传播的路程相等,走过的光程不相等

C. 传播的路程不相等,走过的光程相等

D. 传播的路程不相等,走过的光程不相等

18. 在双缝干涉实验中,为使屏上的干涉条纹间距变大,可以采取的办法是(　　)。

A. 使屏靠近双缝 　　　　　　　　B. 使两缝的间距变小

C. 把两个缝的宽度稍微调窄 　　　　D. 改用波长较小的单色光源

19. 用白光光源进行双缝实验,若用一个纯红色的滤光片遮盖一条缝,用一个纯蓝色的滤光片遮盖另一条缝,则(　　)。

A. 干涉条纹的宽度将发生改变

B. 产生红光和蓝光的两套彩色干涉条纹

C. 干涉条纹的亮度将发生改变

D. 不产生干涉条纹

20. 如图 13 所示,在双缝干涉实验中,屏幕 E 上的 P 点处是明条纹:若将缝 S_2 关闭,并在 S_1 连线的垂直平分面处放一反射镜 M,则此时(　　)。

A. 屏幕 E 上的干涉条纹没有任何变化

B. P 点处仍为明条纹

C. P 点处为暗条纹

D. 干涉条纹消失

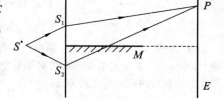

图 13

21. 在双缝干涉实验中,入射光的波长为 λ,用玻璃纸遮住双缝中的一条缝,若玻璃纸中的光程比相同厚度的空气的光程大 2.5λ,则屏上原来的明条纹处(　　)。

A. 仍为明条纹 　　　　　　　　B. 变为暗条纹

C. 既非明条纹,也非暗条纹 　　　　D. 无法确定是明条纹还是暗条纹

22. 一束波长为 λ 的单色光垂直入射到置于空气中的透明薄膜上,薄膜的折射率为 n,要使反射光得到加强,则薄膜的最小厚度是(　　)。

A. $\lambda/4$ 　　　　B. $\lambda/(4n)$ 　　　　C. $\lambda/2$ 　　　　D. $\lambda/(2n)$

23. 两块平板玻璃构成空气劈尖,左边为棱边。用单色平行光垂直入射。若上面的平板玻璃以棱边为轴,沿逆时针方向作微小转动,则干涉条纹的(   )。

A. 间隔变小,并向棱边方向平移

B. 间隔变大,并向远离棱边方向平移

C. 间隔不变,并向棱边方向平移

D. 间隔变小,并向远离棱边方向平移

24. 波长为 λ 的单色光垂直照射折射率为 n_2 的劈尖薄膜,如图 14 所示,图中各部分折射率的关系是 $n_1 < n_2 < n_3$。观察反射光的干涉条纹,从劈尖顶开始向右数第 5 条暗纹中心所对应的膜厚度 e 为(   )。

A. $\dfrac{9\lambda}{4n_2}$ B. $\dfrac{5\lambda}{2n_2}$ C. $\dfrac{11\lambda}{4n_2}$ D. $\dfrac{2\lambda}{n_2}$

25. 用单色光垂直照射在如图 15 所示的牛顿环装置上,当平凸透镜垂直向上缓慢平移而远离平面玻璃时,可以观察到这些环状干涉条纹(   )。

A. 向右平移   B. 向中心收缩   C. 向外扩张   D. 静止不动

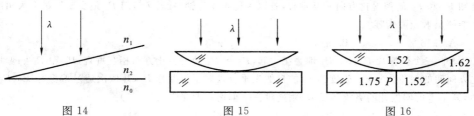

图 14   图 15   图 16

26. 在图 16 所示的三种透明材料构成的牛顿环装置(图中的数字为相应介质的折射率)中,用单色光垂直照射,在反射光中看到干涉条纹,在接触点 P 处形成的圆斑为(   )。

A. 全明   B. 全暗

C. 左半部明,右半部暗   D. 左半部暗,右半部明

27. 在迈克尔逊干涉仪的一条光路中放入一片折射率为 n 的透明介质薄膜后,两束光的光程差的改变量为一个波长 λ,则薄膜的厚度是(   )。

A. $\dfrac{\lambda}{2}$ B. $\dfrac{\lambda}{2n}$ C. $\dfrac{\lambda}{n}$ D. $\dfrac{\lambda}{2(n-1)}$

28. 根据惠更斯-菲涅耳原理,若已知光在某时刻的波阵面为 S,则 S 的前方某点 P 的光强取决于波阵面 S 上所有面积元发出的子波各自传到 P 点的(   )。

A. 振动振幅之和   B. 光强之和

C. 振动振幅和的平方   D. 振动的相干叠加

29. 在单缝夫琅禾费衍射实验中,波长为 λ 的平行光垂直入射宽度 $a = 5\lambda$ 的单缝,对应于衍射角 30° 的方向单缝处波面可分成的半波带数目的为(   )。

A. 3 个   B. 4 个   C. 5 个   D. 8 个

30. 在光栅夫琅禾费衍射实验中,单色平行光由垂直射向光栅改变为斜入射光栅,观察到的光谱线(   )。

A. 最高级次变小,条数不变   B. 最高级次变大,条数不变

C. 最高级次变大,条数变多   D. 最高级次不变,条数不变

31. 一束白光垂直照射光栅,在同一级光谱中,靠近中央明纹一侧的是(　　)。

A. 绿光　　　　　　B. 红光　　　　　　C. 黄光　　　　　　D. 紫光

32. 一束光线由空气射向玻璃,没有检测到反射光,那么入射光(　　)。

A. $i \neq i_0$,线偏振光　　　　　　　　　B. $i = i_0$,自然光

C. $i \neq i_0$,部分偏振光　　　　　　　　D. $i = i_0$,线偏振光

E. 无法确定(i_0 是布儒斯特角)

33. 使一光强为 I_0 的平面偏振光先后通过两个偏振片 P_1 和 P_2。P_1 和 P_2 的偏振化方向与原入射光光矢量振动方向的夹角分别是 α 和 $90°$,则通过这两个偏振片的光强 I 是(　　)。

A. $\dfrac{1}{2} I_0 \cos^2 \alpha$　　　　　　B. 0　　　　　　C. $\dfrac{1}{4} I_0 \sin^2 (2\alpha)$

D. $\dfrac{1}{4} I_0 \sin^2 \alpha$　　　　　　E. $I_0 \cos^4 \alpha$

34. 一束光强为 I_0 的自然光,相继通过三个偏振片 P_1、P_2、P_3 后,出射光的光强为 $I = \dfrac{I_0}{8}$,已知 P_1 和 P_3 的偏振化方向相互垂直,若以入射光线为轴,旋转 P_2,问 P_2 最少要转过多大角度才能使出射光强为零?(　　)

A. $\pi/6$　　　　　　B. $\pi/4$　　　　　　C. $\pi/3$　　　　　　D. $\pi/2$

35. 三个偏振片 P_1、P_2、P_3 堆叠在一起,P_1 和 P_3 的偏振化方向相互垂直,P_2 和 P_1 的偏振化方向间的夹角为 $\pi/6$。强度为 I_0 的自然光垂直入射于偏振片 P_1,并依次透过偏振片 P_1、P_2、P_3,若不考虑偏振片的吸收和反射,则通过三个偏振片的光强为(　　)。

A. $I_0/4$　　　　　　B. $3I_0/8$　　　　　　C. $3I_0/32$　　　　　　D. $I_0/16$

三、作图题

1. 在图 17 中,S 为点光源,N 为遮光板,M 为平面镜,试作出由 S 发出,经平面镜反射后又通过 P 点的光线。

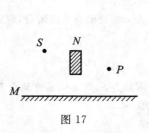

图 17

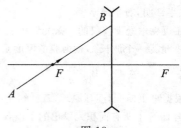

图 18

2. 在图 18 中,F 为凹透镜的焦点,AB 为通过 F 点射向透镜的一条光线,作出经过透镜折射后的光线。

3. 在图 19 中,F 为凸透镜的焦点,AB 为一个垂直于主光轴放置的物体,试画出能同时观察到 AB 完整像的区域。

4. 如图 20 所示,在以下五个图中,前四个图表示线偏振光入射在两种介质分界面上,最后一图表示入射光是自然光。n_1、n_2 为两种介质的折

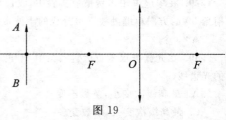

图 19

射率,图中入射角 $i_0 = \arctan \frac{n_2}{n_1}$,$i \neq i_0$,试在图上画出实际存在的折射光线和反射光线,并用点或短线把振动方向表示出来。

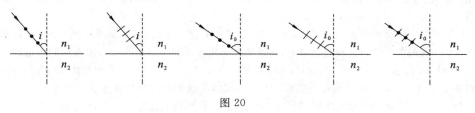

图 20

四、计算题

1. 已知水的临界角为 θ,在水下深 a 处有一个点光源,则在水面上多大面积内有光线射出?

2. 如图 21 所示,在双缝实验中入射光的波长为 550 nm,用一厚度 $e = 2.85 \times 10^{-6}$ m 的透明薄片盖住 S_1 缝,发现中央明条纹移动 3 个条纹,向上移至 O' 点,试求透明薄片的折射率。

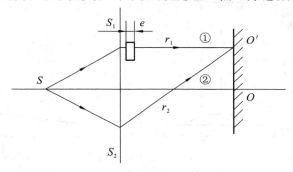

图 21

3. 在杨氏双缝实验(见图 15-2)中,双缝间距为 0.45 mm,使用波长为 540 nm 的光观测。(1) 要使光屏上条纹间距为 1.2 mm,光屏应离双缝多远?(2) 若用折射率为 1.5、厚度为 9.0 μm 的薄玻璃片遮盖狭缝 S_2,光屏上干涉条纹将发生什么变化?

4. 折射率为 1.4 的劈尖,在某单色光的垂直照射下,测得两相邻的明条纹之间的距离 $L = 0.25$ cm,已知单色光在空气中的波长为 700 nm,求劈尖的顶角(劈尖置于空气中)。

5. 为了测量金属丝的直径,把金属丝夹在两块平玻璃之间,使空气形成劈尖(见图 22)。如用单色光垂直照射,就得到等厚干涉条纹,测出干涉条纹的距离,就可以算出金属丝的直径。某次测量结果为:单色光的波长 λ 为 589.3 nm,金属丝与劈尖顶点间的距离 $L = 28.88$ mm,30 条明纹间的距离为 4.295 mm,求金属丝的直径 D。

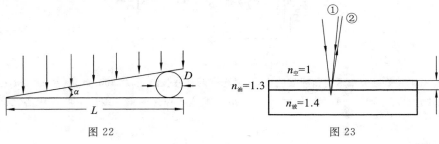

图 22   图 23

6. 让光从空气中垂直照射到覆盖在玻璃板上的厚度均匀的薄油膜上,如图 23 所示。所用光源的波长在可见光范围内连续变化时,只观察到 500 nm 与 700 nm 两个波长的光相继在反射光中消失。(已知空气的折射率为 1.00,油的折射率为 1.30,玻璃的折射率为 1.40,试求油膜的厚度。)

7. 如图 24 所示的实验装置中,平板玻璃 MN 上有一油滴,当油滴展开成油膜时,在波长 $\lambda=600$ nm 的单色平行光垂直照射下,观察到油膜反射光的干涉条纹。已知玻璃的折射率 $n_1=1.50$,油膜的折射率 $n_2=1.20$,问:(1) 当油膜中心最高点与玻璃片上表面相距 1200 nm 时,看到的条纹情况如何? 可看到几条明条纹? 各明纹所在处的油膜厚度为多少? 中心点的明暗程度如何?(2) 当油膜继续扩大时,所看到的条纹情况将如何变化?

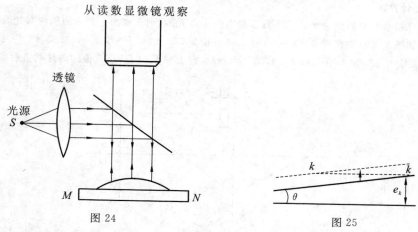

图 24

图 25

8. 两块平玻璃板构成的劈尖干涉装置发生如图 25 所示的变化,干涉条纹将怎样变化?(1) 上面的玻璃略向上平移;(2) 上面的玻璃绕左侧边略微转动,增大劈尖角;(3) 两玻璃之间注入水;(4) 下面的玻璃换成上表面有凹坑的玻璃。

9. 如图 26 所示为单缝夫琅禾费衍射,若缝宽 $a=5\lambda$,透镜焦距 $f=60$ cm,问:(1) 对应 $\theta=23.5°$ 的衍射方向,缝面可分为多少个半波带? 对应明暗情况如何?(2) 求屏幕上中央明纹的宽度。

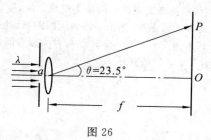

图 26

10. (1) 在单缝夫琅禾费衍射实验中,入射光有两种波长的光,$\lambda_1=400$ nm,$\lambda_2=760$ nm,已知单缝宽度 $a=1.0\times10^{-2}$ cm,透镜焦距 $f=50$ cm。求这两种光的第一级衍射明纹中心之间的距离。

(2) 若用光栅常数 $d=1.0\times10^{-3}$ cm 的光栅替换单缝,其他条件和上一问相同,求这两种光第一级主极大之间的距离.

* **11.** 用单缝衍射的原理可以测量位移及与位移联系的物理量,如热膨胀、形变等,把需要测量位移的对象和一标准直边相连,同另一固定的标准直边形成一单缝,这个单缝宽度的变化能反映位移的大小,如果中央明纹两侧的正、负第 k 级暗纹之间的距离的变化为 $\mathrm{d}x_k$,证明:

$$\mathrm{d}x_k=-\frac{2k\lambda f}{a^2}\mathrm{d}a$$

式中,f 为透镜的焦距,$\mathrm{d}a$ 为单缝宽度的变化($\mathrm{d}a\ll a$).

12. 有一透射平面光栅,每毫米有 500 条刻痕,并且刻痕间距是刻痕宽度的两倍.若用波长为 600 nm 的平行光垂直照射该光栅,问最多能观察到几条明条纹?并求出每一条明条纹的衍射角.

13. 波长 $\lambda=600$ nm 的单色光垂直入射到一光栅上,测得第二级主极大的衍射角为 30°,且第三级是缺级.问:(1) 光栅常数 d 等于多少?(2) 透光缝可能的最小宽度 a 等于多少?(3) 在选定了上述 d 和 a 之后,求屏幕上可能呈现的主极大的极次.

14. 试设计一光栅,要求:

(1) 能分辨钠光的 589.0 nm 和 589.6 nm 的第二级谱线;

(2) 第二级谱线的衍射角 $\theta\leqslant30°$;

(3) 第三级谱线缺级.

15. 图 27 中各图是多缝衍射的强度分布曲线,试回答:

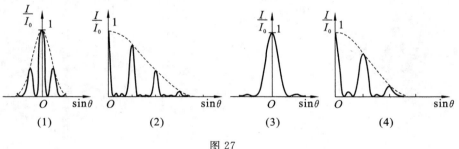

图 27

(1) 各图线是几缝衍射;

(2) 哪条图线对应的缝宽 a 最大(设入射光的波长相同)?

(3) 各图对应的 $\dfrac{d}{a}$ 等于多少?有无缺级?

(4) 标出各图横坐标以 $\dfrac{\lambda}{d}$ 和 $\dfrac{\lambda}{a}$ 标度的分度值.

16. 有一四缝光栅,如图 28 所示.缝宽为 a,光栅常数 $d=2a$.其中缝 1 总是开的,而缝 2、3、4 可以开也可以关闭.波长为 λ 的单色平行光垂直入射光栅.试画出下列条件下,夫琅禾费衍射的光强分布曲线 $\dfrac{I}{I_0}\to\sin\theta$.

(1) 关闭缝 3 和 4;

(2) 关闭缝 2 和 4;

（3）四条缝全开。

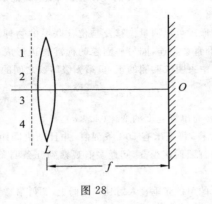

图 28

17. 一束光强为 I_0 的自然光，相继通过两个偏振片 P_1、P_2 后出射光强为 $I_0/4$。若以入射光线为轴旋转 P_2，要使出射光强为零，P_2 至少应转过的角度是多少？

18. 一束自然光从空气投射到玻璃表面上（空气折射率 $n=1$），当折射角 $\gamma=30°$ 时，反射光是线偏振光，求玻璃的折射率 n，说明出射光光矢量的振动方向。

19. 已知某透明介质对空气全反射的临界角等于 $45°$。求光从空气射向此介质时的布儒斯特角。

第六篇　近代物理学

物质有两种存在形式：实物粒子和场。我们已经研究了宏观领域中实物粒子的运动规律，以及宏观电磁场的场物质运动方程，并讨论了场物质运动所呈现的波动属性。

近代物理学主要包括相对论和量子物理学。相对论在第 4 章我们已经讨论过了，它是当宏观物体运动速度与光速可以比拟时，这些实物粒子的运动所服从的规律；量子物理学则是研究线度在 $10^{-15} \sim 10^{-10}$ m 范围内微观粒子的运动规律，其规律及物质的微观结构"量子化"是量子物理不同于经典物理的显著特征。

实验和研究表明：微观粒子的性质与宏观物体的性质有着根本性的差别，这就是波粒二象性。因此，在微观粒子的运动领域，实物和场的鸿沟已被消除，粒子和波的概念得到了完美的统一。

本篇主要介绍量子力学的一些理论基础知识。

第18章 量子物理初步

在19世纪末,物理学正处于一场大革命的前夜,当时许多科学家都认为物理学的研究已经到顶了。在当时大多数物理学家的头脑中,已经为物理世界构出了一幅幅完美的物质运动的清晰图像。就当时的成就,物理学所达到的认识可以概括为以下五个方面。

(1)世间万物都是由八十几种元素的原子所组成。

(2)原子是不可再分的最小微粒,其运动服从牛顿定律。

(3)热是大量分子作混乱机械运动的表现,利用力学规律和统计规律及其处理方法,就可以解释气体、固体和液体及凝聚态物质体系的性质。

(4)存在正负电荷,电荷产生电场,电荷的运动又产生磁场,电磁场可以脱离电荷而运动,这就是电磁波。热辐射、可见光、紫外线等,都只不过是不同波长的电磁波而已。

(5)无论力、热、声、光、原子等现象如何复杂,一切过程都遵从能量和动量守恒定律。

面对这些成就,许多人认为留给后辈的工作只不过是把实验做得更准确一些,使测量数据的小数点后再增加几位有效数字而已。

物理学真的是到顶了吗? 1900年,著名的英国物理学家开尔文在一篇瞻望20世纪的物理学的文章中,首先说到:"在已经建成的科学大厦中,后辈物理学家只要做些零碎的修补工作就行了。"接着他又说:"但是,在物理学晴朗天空的远处,还有两朵小小的、令人不安的乌云。"这两朵乌云指的就是当时物理学无法解释的两个实验。一个是热辐射实验,另一个是迈克尔逊-莫雷实验。开尔文还真算有眼力,看到了远处的这两朵小小的乌云,正是这两朵小小的乌云,把物理学界搞得天翻地覆,令人耳目一新。一个就是以迈克尔逊-莫雷实验为基础,由爱因斯坦提出的相对论;另一个是普朗克为了解释黑体辐射实验提出的量子假说,后来发展成为完整的量子力学。

18.1 热辐射 量子假设

18.1.1 黑体的热辐射

1. 热辐射

任何物体在任何温度下,都会发射出不同波长的电磁波。因物体中的分子、原子受到热激发而发射电磁辐射的现象称为热辐射。

实验表明：①不同的物体在某一频率范围内发射和吸收电磁辐射的能力是不同的,如深色物体就比浅色物体吸收和发射电磁辐射的能力大；②物体的辐射能力与吸收能力有密切的关系,辐射能力大者,吸收能力也大,反之亦然。

2. 黑体

一般来说,入射到物体上的电磁波,一部分被吸收,一部分被反射,如果物体是透明的,还有一部分要透射。设想有一种物体,它只吸收一切外来的电磁辐射,而不发生反射,这种物体称为绝对黑体,简称黑体。

事实上,射到物体上的电磁辐射或多或少地要被反射掉一部分。因此,在自然界,真正的黑体实际上是不存在的,它只是一种理想模型。

然而,用下述方法可以获得近似的黑体,在任意不透明材料(如钢、铜、陶瓷等)制成的空腔壁上,开一小孔 O,如图18-1所示,小孔的表面就可以看成黑体。因为当光线射入小孔后,要被内壁多次反射,每反射一次,空腔内壁就要吸收一部分能量,这样就导致了射入小孔的光线很少有可能再从小孔中逃逸出来。所以,空腔上的小孔的表面具有理想黑体的性质,能把入射的一切电磁辐射吸收掉。

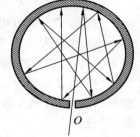

另外,如果均匀地将腔内加热,提高它的温度,腔壁将向小孔发射电磁辐射(热辐射),因此,小孔像一个黑体表面,故发射的电磁波谱,可以作为黑体在某一温度 T 时的辐射。

图 18-1　黑体模型

3. 描述物体热辐射的物理量

用单色发射本领和总发射本领这两个物理量描述物体(包括黑体)的热辐射特性。

(1) 单色发射本领(单色辐出度)。

设在单位时间内,从温度为 T 的物体单位表面积上发射波长在 $\lambda \sim \lambda + \mathrm{d}\lambda$ 范围内的辐射能量为 $\mathrm{d}E(\lambda, T)$,那么 $\mathrm{d}E(\lambda, T)$ 与波长间隔 $\mathrm{d}\lambda$ 的比值就称为该物体的单色发射本领,用 $e(\lambda, T)$ 表示,即

$$e(\lambda, T) = \frac{\mathrm{d}E(\lambda, T)}{\mathrm{d}\lambda} \qquad (18\text{-}1)$$

实验表明：对某一物体来说,e 是 (λ, T) 的函数,它反映了在不同温度下辐射能量按波长的分布情况,单位为 $\mathrm{W/m^3}$。

(2) 物体的总发射本领(辐射出射度)。

单位时间内,从物体单位面积上发射的各种波长的总辐射能量,称为物体的总发射本领,用 $E(T)$ 表示,即

$$E(T) = \int_0^\infty e(\lambda, T) \mathrm{d}\lambda \qquad (18\text{-}2)$$

$E(T)$的单位为 W/m^2。

实验表明：单色发射本领 e、物体的总发射本领 E 与物体的性质，特别与表面情况（如粗糙程度）有关。

18.1.2　黑体辐射的实验结果及规律

1. 实验装置原理

利用黑体模型，可用实验方法测定黑体的单色辐出度 $e(\lambda,T)$。对于可见光波段，实验装置如图 18-2 所示，从黑体 A 的小孔所发出的辐射，经过分光系统 B_1PB_2，不同波长的射线将沿不同方向射出。利用热电偶 C 测出不同波长的辐射功率（即单位时间内入射在热电偶上的能量）。对于红外和紫外的辐射，改用其他相应的测试设备。

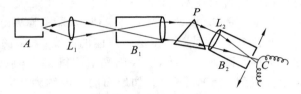

图 18-2　测定黑体单色辐出度的实验简图

图 18-3 所示为黑体的 $e(\lambda,T)$ 随 λ 和 T 变化的实验曲线。

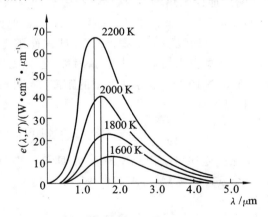

图 18-3　黑体的单色辐出度按波长分布曲线

2. 测量结论

由图 18-3 可见，黑体单色辐出度按波长分布曲线具有下列特点。

（1）$e(\lambda,T)$ 对 λ 的曲线只是黑体温度的函数，与构成黑体的材料无关。

（2）黑体总发射本领 $E(T)$（图中曲线与 λ 轴所围成的面积）与黑体的绝对温度的 4 次方成正比，即

$$E(T) = \int_0^\infty e(\lambda, T)\mathrm{d}\lambda = \delta T^4 \qquad (18\text{-}3)$$

式中，$\delta = 5.67 \times 10^{-8}$ W·m^{-2}·K^{-4} 称为斯特潘恒量。

玻尔兹曼根据热力学理论，也得到了同样的结果，因此，这结果称为斯忒潘-玻尔兹曼定律，它只用于黑体，δ 称为斯忒潘-玻尔兹曼恒量。

（3）由图 18-3 可见，随着黑体温度 T 的增加，曲线的 $e_{\max}(\lambda, T)$ 向短波长方向移动。经过维恩由实验测定，两者的关系为

$$\lambda \cdot T = b \qquad (18\text{-}4)$$

式中，$b = 2.897 \times 10^{-3}$ m·K。

这一结果称为维恩位移定律，它也可以由热力学理论导出。

3. 黑体辐射应用

热辐射的规律在现代科学技术上的应用很为广泛。它是光测高温、遥感、红外追踪等技术的物理基础。例如，根据维恩位移定律，如果实验测出黑体单色辐出度的最大值所对应的波长 $\lambda_{\max}$，就可以算出这一黑体的温度，太阳的表面温度就是用这一方法测定的。若将太阳看作黑体，从太阳光谱测得 $\lambda_{\max} \approx 490$ nm。由维恩定律算得太阳表面温度近似为 5900 K。又如地面的温度约为 300 K，可算得 $\lambda_{\max}$ 约为 10 μm，这说明地面的热辐射主要处在 10 μm 附近的波段，而大气对这一波段的电磁波吸收极少，几乎透明，故通常称这一波段为电磁波的窗口。所以，地球卫星可利用红外遥感技术测定地面的热辐射，从而进行资源、地质等探查。

例 18-1　实验测得太阳辐射波谱的 $\lambda_{\max} = 490$ nm。若把太阳视为黑体，试计算：（1）太阳每单位表面积上所发射的功率；（2）地球表面阳光直射的单位面积接收到的辐射功率；（3）地球每秒内接收的太阳辐射能（已知太阳半径 $R_S = 6.96 \times 10^8$ m，地球半径 $R_E = 6.37 \times 10^6$ m，地球到太阳的距离 $d = 1.496 \times 10^{11}$ m）。

解　根据维恩位移定律 $\lambda_{\max} T = b$，得

$$T = \frac{b}{\lambda_{\max}} = \frac{2.897 \times 10^{-3}}{490 \times 10^{-9}} \text{ K} = 5.9 \times 10^3 \text{ K}$$

根据斯忒潘-玻尔兹曼定律可求出总发射本领，即单位表面积上的发射功率为

$$E(T) = \delta T^4 = 5.67 \times 10^{-8} \times 5.9 \times 10^3 \text{ W/m}^2 = 6.87 \times 10^7 \text{ W/m}^2$$

太阳辐射的总功率为

$$P_0 = E \cdot 4\pi R_S^2 = 6.87 \times 10^7 \times 4 \times \pi \times (6.69 \times 10^8)^2 \text{ W} = 4.2 \times 10^{26} \text{ W}$$

这功率分布在以太阳为中心、以日地距离 d 为半径的球面上，故地球表面单位面积接收到的辐射功率为

$$P_E' = \frac{P_0}{4\pi d^2} = \frac{4.2 \times 10^{26}}{4\pi (1.496 \times 10^{11})^2} \text{ W/m}^2 = 1.49 \times 10^3 \text{ W/m}^2$$

由于地球到太阳的距离远大于地球半径，可将地球看成半径为 R_E 的圆盘，故地球接收太阳的辐射功率为

$$P_E = P'_E \times \pi R^2 = 1.50 \times 10^3 \times \pi \times (6.37 \times 10^6)^2 \text{ W} = 1.90 \times 10^{17} \text{ W}$$

18.1.3　经典理论解释黑体辐射的困难

19 世纪以来,许多物理学家企图用经典电磁理论和热力学,从理论上导出与图 18-3 曲线相一致的辐射公式,以便从理论上对黑体辐射的波长分布作出说明,但是,这些尝试都失败了,其中最典型的是瑞利-金斯和维恩等人的工作。

1. 瑞利-金斯公式

瑞利-金斯在 1900 年将能量按自由度均分定理应用于黑体辐射,认为能量是按波长均匀分布的,得到了如下理论公式

$$e(\lambda, T) = \frac{2\pi c k T}{\lambda^4} = c_1 \lambda^{-4} T \tag{18-5}$$

式中,c 为光速,k 为玻尔兹曼常数。式(18-5)称为瑞利-金斯公式。

由式(18-5)作出的 $e(\lambda, T)$ 对 λ 的曲线如图 18-4 所示。在短波长方向与实验偏离很大,短波长方向即紫外光方向,所以,物理学史上称之为"紫外光灾难"。

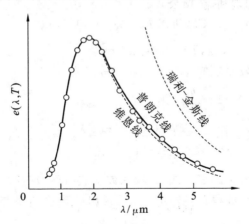

图 18-4　理论公式与实验结果的比较

2. 维恩公式

1896 年,维恩根据辐射按波长的分布类似于麦克斯韦分子速度分布的思想,导出了维恩公式,即

$$e(\lambda, T) = c_2 \lambda^{-5} e^{\frac{-c_3}{\lambda T}} \tag{18-6}$$

式中,c_2、c_3 皆为常数,实验测得

$$c_2 = 3.70 \times 10^{-16} \text{ J} \cdot \text{m}^2 \cdot \text{s}^{-1}, \quad c_3 = 1.43 \times 10^{-2} \text{ m} \cdot \text{K}$$

将结果与实验曲线对比(见图 18-4),可知,在短波长方向,实验曲线吻合的较好,在长波长方向,则相差较大。

黑体辐射的经典理论与实验结果之间的分歧是不可调和的,这是因为维恩公

式、瑞利-金斯公式都是严格按照经典理论推出来的结果,它们在解释黑体辐射问题上的失败,开始动摇了人们对经典理论的信心。

18.1.4　普朗克的量子假设

1. 普朗克公式

1900 年,普朗克在维恩公式和瑞利-金斯公式的启发下,通过用内插法凑出了一个普遍公式,即

$$e(\lambda,T)=\frac{2\pi hc^2\lambda^{-5}}{\mathrm{e}^{\frac{hc}{k\lambda T}}-1} \tag{18-7}$$

在他的公式中,第一次引入常数 h,后来称为普朗克常量。根据实验测定,$h=6.626\times10^{-34}$ J·s。式中,c 为光速,k 为玻尔兹曼恒量。式(18-7)称为普朗克公式。

经过计算表明,式(18-7)正是前面黑体辐射实验曲线的解析式,并且可以由此式导出维恩公式和瑞利-金斯公式。

当 ν 很大时,因为 $h\nu\gg kT$,所以 $hc/(k\lambda T)\gg1$,所以

$$e(\lambda,T)=2\pi hc^2\lambda^{-5}\mathrm{e}^{\frac{-hc}{k\lambda T}}=c_2\lambda^{-5}\mathrm{e}^{\frac{-c_1}{kT}} \tag{18-8}$$

这便是维恩公式,比较系数知:$c_1=hc,c_2=2\pi hc^2$。

当 $h\nu\ll kT$ 时,$\mathrm{e}^{\frac{hc}{k\lambda T}}\approx1+\frac{hc}{k\lambda T}$,则

$$e(\lambda,T)=\frac{2\pi hc^2\lambda^{-5}}{1+\frac{hc}{k\lambda T}-1}=\frac{2\pi hc^2\lambda^{-5}}{\frac{hc}{k\lambda T}}=2\pi ckT\lambda^{-4} \tag{18-9}$$

这也正是瑞利-金斯公式的表达式,比较系数知式(18-5)中的 $c_1=2\pi ck$。

由此可见,在所有波段里,普朗克公式得出的理论曲线与实验结果都惊人的吻合。

2. 量子假设

上面说到的普朗克公式是"凑"出来的,不是从理论上导出来的,但结果又是非常正确的,这就引起了普朗克极大的兴趣,所以他花了大量的时间,几乎用了所有经典物理学的理论和方法推导他得出的公式,以便解释他的公式的物理含义,但是,他失败了。多次的失败使他认识到,这个公式不能只从经典理论推导出来,必须给予一个革命性的假设,才有可能使问题迎刃而解。

1900 年 12 月 14 日,普朗克发表了题为"正常光谱的能量分布定律的理论"的论文。在这篇论文中,他正式提出了推导普朗克公式所依据的能量量子化假设。这是物理学史上一个伟大革命的起点,这一天也被视为量子物理的诞生和自然科学新纪元的起点。

普朗克的假设如下。

（1）辐射体是由许多带电的谐振子所组成的，频率为 ν 的电磁波是由频率为 ν 的线性谐振子所发射的。谐振子的能量只能处于某些特定状态，在这些状态中，其能量是最小能量的整数倍，即 $\varepsilon, 2\varepsilon, 3\varepsilon, \cdots, n\varepsilon$，谐振子在吸收和发射电磁波时，只能从其中一特定的状态过渡到另一个特定状态，也就是说，谐振子的能量是分立的，不连续的。

（2）最小能量 ε 与谐振子的频率 ν 成正比，即

$$\varepsilon = h\nu \tag{18-10}$$

式中，h 称为普朗克常量，$h\nu$ 称为频率为 ν 的能量子。

根据这一假设，运用经典统计规律和电磁理论，便导出了式（18-7）。普朗克量子假设在近代物理学发展中的重大历史意义在于：不仅圆满地解释了黑体辐射问题，更重要的是它第一次揭示了微观物体与宏观物体有着本质的不同，从而使人们对微观领域的认识大大地深入了一步，并且在此基础上建立了一个完整的理论体系，也具有十分重要的意义，许多重要的理论的建立都与 h 有密切的关系。

例 18-2　试从普朗克公式推导斯忒藩-玻尔兹曼定律及维恩位移定律。

解　在普朗克公式中，为简便起见，引入

$$c_2 = 2\pi hc^2, \quad x = \frac{hc}{k\lambda T}$$

则

$$\mathrm{d}x = -\frac{hc}{kT\lambda^2}\mathrm{d}\lambda = -\frac{kT}{hc}x^2\mathrm{d}\lambda$$

以 x 为变量的普朗克公式为

$$e(x, T) = \frac{c_2 k^5 T^5}{(hc)^5} \cdot \frac{x^5}{(\mathrm{e}^x - 1)}$$

所以黑体在一定温度下的总发射本领为

$$E(T) = \int_0^\infty e(x, T)\mathrm{d}\lambda = \frac{c_2 k^4 T^4}{(hc)^4} \cdot \int_0^\infty \frac{x^3}{\mathrm{e}^x - 1}$$

由积分表查得

$$\int_0^\infty \frac{x^3}{\mathrm{e}^x - 1} = \frac{\pi^4}{15} \approx 6.494$$

所以

$$E(T) = 6.494 \frac{c_2 k^4 T^4}{(hc)^4} = \delta T^4$$

这就是斯忒藩-玻尔兹曼定律，由上式算得

$$\delta = 6.494 \cdot \frac{2\pi k^4}{h^3 c^2} = 5.6693 \times 10^{-8} \ \mathrm{W} \cdot \mathrm{m}^{-2} \cdot \mathrm{K}^{-4}$$

与实验数值一致。

为了推证维恩位移定律,需要求出式(18-11)极大值的位置,于是取

$$\frac{de(x,T)}{dx}=\frac{c_2 k^5 T^5}{(hc)^5}\cdot\frac{(e^x-1)5x^4-x^5 e^x}{(e^x-1)^2}=0$$

所以有

$$5e^x-xe^x-5=0$$

或

$$x=5-5e^{-x}$$

上式可用叠代法解出。取 $x\approx 5$ 代入右边,可得 $x=4.966$,再代入右边,即得 $x=4.965$,以此类推,解得 $x_m=4.9651$。因此

$$x_m=\frac{hc}{k\lambda_m T}=4.9651$$

或

$$x_m\lambda_m=\frac{hc}{4.9651k}=b$$

这就是维恩位移定律,由上式算得

$$x_m=\frac{hc}{k\lambda_m T}=4.9651$$

或

$$b=\frac{hc}{4.9651k}=2.8978 \text{ m}\cdot\text{K}$$

与实验值相符合。

　　对物理学经典理论的挑战,不仅仅用黑体辐射实验无法解释光电效应,就是用经典理论也无法解释。

18.2　光电效应　爱因斯坦光子理论

　　1885—1889 年,德国物理学家赫兹做了一系列实验,证实了麦克斯韦的电磁辐射理论。就在这些著名的实验当中,赫兹偶然发现:金属表面被光照后有释放出电子的现象,这就是著名的光电效应实验。

　　当频率足够高的光照射在金属表面上时,会有光电子从金属表面逸出,这种现象称为光电效应。光照后逸出的电子称为光电子。

18.2.1　光电效应的实验规律

　　光电效应实验装置示意图如图 18-5 所示。

　　当频率足够高的光通过 M 照射在金属 K 表面上时,若有光电子发生,则光电子在 A、K 之间的电压加速下,运动到阳极 A,就会在回路中形成电流。这种电流称为光电流。

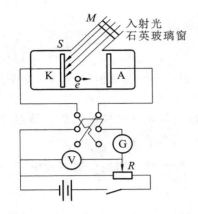

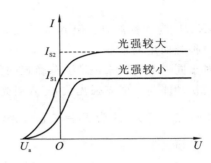

图 18-5　光电效应实验示意图　　　　　图 18-6　光电效应伏安特性曲线

将光电流与 A、K 两端所加的电势差作成曲线,如图 18-6 所示,由图可见光电流与入射光强的关系。当入射光频率、强度一定时,开始时 U 增加,I 增加,但当 U 增加到一定程度后,I 达到饱和值,记为 I_S。

对 I_S 的实验结果表明,$I_S \propto$ 入射光的强度。因为光电流达到饱和值说明了某一强度的波长的入射光在阴极 K 上单位时间内打出的光电子数是一定的,当所加电压把这些光电子全部拉到阳极时,就形成了饱和电流。如果再进一步增加电压,也不能使光电流增加。如果增加入射光的强度,则 I_S 增加,这说明从 K 中逸出的光电子数与入射光强度成正比。由此得出光电效应的第一个特点是:单位时间内从受光照射的金属板上击出的光电子数与入射光强成正比。

由图 18-6 可见,电压 U 减小,光电流 I 减小,奇怪的是,当 U 减小到零时,I 不等于零,只有当 $U=-U_a$ 时,I 才等于零,U_a 称为遏止电势差。它的存在说明了光电子从金属表面逸出时有一定的初动能,所以尽管有反向电场(U 为负时)阻碍它运动,仍有部分动能大的光电子到达阳极 A,但当 U 反向增加到 $-U_a$ 时,电子的初动能全部用于克服电场力做功,从而使所有的光电子都不可能到达阳极。由于遏止电势差使具有最大初动能的电子也不能到达阳极,所以 U_a 值由下式决定,即

$$E_{\max}=\frac{1}{2}mv_{\max}^2=eU_a \qquad (18\text{-}11)$$

因此,由实验曲线中 $U|_{I=0}=U_a$ 就可以求出最大初动能。

由图 18-7 可见,ν 一定时,U_a 不随入射光强的改变而改变。

入射光强一定,如果以 U_a 为纵坐标,以 ν 为横坐标,则测出的曲线关系如图 18-7 所示,

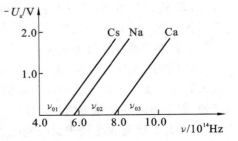

图 18-7　遏止电势差与频率的关系

由图可见,U_a 与 ν 呈线性关系。

实验发现

$$|U_a| = K\nu - U_0 \tag{18-12}$$

式中,K、U_0 为比例常数。但 K 是不随金属类别而变的普适恒量,而 U_0 则是由阴极金属种类而定的常数。

对于同一类金属来说,U_0 有确定的值。这便是光电效应的第二个特点,即光电子的初动能与入射光强无关,与入射光频率 ν 呈线性关系。

由特点二可见,因为 $E_k = \frac{1}{2}mv_m^2 > 0$,所以要使受光照的金属释放电子,入射光频率必须满足

$$\nu \geqslant U_0/K \tag{18-13}$$

当 $\nu_0 = U_0/K$ 时,刚好能释放光电子。ν_0 称为光电效应的红限频率。

光电效应的第三个特点:对表面光洁的、由一定金属材料做成的电极,有一个确定的红限频率存在,当入射光频率 $\nu < \nu_0$ 时,无论入射光强多大,都不会有光电子从金属表面逸出,即无光电效应。

实验还发现,只要入射光的频率 $\nu > \nu_0$,无论光强如何,从光照到金属表面到金属释放光电子,所需的时间不会超过 10^{-9} s,由此可得到光电效应的第四个特点:光电效应具有瞬时性,即没有弛豫时间。

18.2.2　经典理论在解释光电效应时遇到的困难

上述光电效应的实验规律和经典理论的基本概念有着深刻的矛盾,主要表现在以下几个方面。

(1) 按照光的波动说,当光照射到金属表面时,构成光波的电磁场使金属中的电子做受迫振动,其振幅应与入射光波的振幅成正比。这些做受迫振动的电子从入射光中吸收能量,如果电子获得的能量足够大,就逸出表面成为光电子。因此,电子逸出时的初动能应取决于入射光的振幅,即取决于光的强度,而与入射光的频率无关,而实验结果正好相反。

(2) 按照波动说,只要入射光提供的能量足以使金属释放电子,那么,光电效应对各种频率的光都会发生,而不应该有红限频率存在。但实验得出的事实是每一种金属都存在一个红限频率 ν_0。

(3) 按照光的波动说,光的能量均匀分布在波面上,如果光电子所需的能量是从入射到金属板上的光波中吸收来的,则在金属中一个电子吸收能量的范围是有限的,它不超过一个原子的半径($r = 0.5 \times 10^{-10}$ m),因此,如果入射光的强度不太高,则光开始照射在金属表面到光电子发射之间将有一个可测滞后时间,在这段时间内电子应从光束中不断地吸收能量,一直到所积累的能量足以使它逸出金属表

面为止。入射光强减小,则 t 应该增加,曾经有人对钾薄片逸出电子情况做过计算,距离 1 W 的光源 1 m 处,为使电子逸出,需要近 70 min。但实际结果却表明,光电子的释放和光照几乎是同时发生的,可以认为是"瞬时的"。

光电效应的解释使经典理论再次遇到了困难。为了解释这一现象,爱因斯坦发展了能量量子化的假设,提出了光子理论,从理论上成功地解释了光电效应实验,为此爱因斯坦在 1921 年获得了诺贝尔奖。

18.2.3　爱因斯坦的光子理论

为了解释光电效应的实验事实,1905 年,爱因斯坦在普朗克量子假设的基础上,进一步提出了关于光的本性的量子理论。

1. 爱因斯坦的光子假设

(1)光束可以看成是由微粒构成的粒子流,这些粒子流称为光量子或简称为光子。频率为 ν 的光束,其每个光子的能量为

$$\varepsilon = h\nu \tag{18-14}$$

式中,h 称为普朗克常量。即一束光是一粒一粒的、以光速 c 运动的粒子流,不同频率的光具有不同的能量,也就是说,光不仅在发射和吸收时是量子化的,在空间传播也是量子化的。

(2)光的强度(即单位时间内通过单位面积的光能量)取决于单位时间内通过单位面积的光子数 N。频率为 ν 的单色光的光强为

$$S = Nh\nu \tag{18-15}$$

2. 光电效应的光量子解释

按照爱因斯坦的光子假设,光电效应的过程是:当光子投射到金属表面的某个电子上时,便能把全部能量 $h\nu$ 传递给电子,使电子从金属表面逸出,光子一部分能量消耗于电子从金属表面逸出所需要做的逸出功上,另一部分转换为逸出表面时的初动能。根据能量转换和守恒定律,应有

$$h\nu = \frac{1}{2}mv^2 + A \tag{18-16}$$

式(18-16)称为爱因斯坦方程。利用这个方程,可以圆满地解释光电效应的实验规律。

(1)光电流与入射光强度成正比,即 $I_{\mathrm{s}} \propto S$。

因为入射光是由单位时间到达金属表面的光子数目决定的,而被击出的光量子全部到达阳极 A 时,形成饱和光电流。因此,饱和光电流与被击出的光量子数目成正比,因而也就与到达金属表面的光子数目成正比,即与入射光强成正比。

(2)光量子的初动能与 ν 呈线性关系。

由上方程可知,$\frac{1}{2}mv^2 = h\nu - A$,对一定的金属,其逸出功 A 为常数。可见,入射光的频率 ν 增加,从金属中逸出的光量子的初动能就越大,$\frac{1}{2}mv^2$ 仅取决于每个

入射光子的能量 $h\nu$,而与光子数目的多少无关。

（3）存在红限频率。

由上式可见,如果频率 ν 太低,以至于 $h\nu < A$,那么电子根本不能脱离金属表面,即使入射光强很大（光子数目很多）也不会有光电效应产生。只有当 $\nu > \nu_0 = A/h$ 时,电子才能从金属中逸出,这个极限频率 $\nu_0 = A/h$ 对应的频率即为红限频率。所以,红限频率相当于电子所吸收的能量全部消耗于脱出功时,入射光所具有的频率。对容易失去电子的金属（如碱金属）,其红限频率在可见光区域内,而其他大多数金属在紫外区。

（4）光电效应具有瞬时性。

因为金属中的电子能够一次吸收入射光子,所以光电效应的产生不需要积累的时间。

1916 年,密立根公布了他对光电效应进行精确测量所得的结果,这一结果完全证实了爱因斯坦光子假设的正确性。密立根研究了 Na、Mg、Al、Cu 等金属的遏止电势差 U_a 的绝对值与入射光的频率 ν 之间的关系。也就是说,$\frac{1}{2}mv_m^2 = eK\nu - eU_0$,与爱因斯坦方程完全符合,其中 $h = eK$。由此,密立根求得普朗克常量 $h = 6.63 \times 10^{-34}$ J·s,这个结果与其他实验完全符合。在 1923 年,密立根由于这项研究和他对宇宙射线的研究的贡献获得了诺贝尔奖。

至此可以说,以前从经典理论出发解释光电效应的实验规律所遇到的困难,在爱因斯坦光子假设提出后,都顺利地得到了解决。

18.2.4　光子

光子概念的提出,不仅成功地解决了光电效应问题,而且使人们对光的本质有了一个新的飞跃,如果光子概念是正确的,则光子具有质量、动量、能量等粒子属性,实验证明:光子确实具有这些属性。

1. 光子的能量

光子的能量为

$$\varepsilon = h\nu$$

2. 光子具有质量

光在真空中传播速度是 c,故光子的速度也是 c,由狭义相对论的质能关系可知 $\varepsilon = mc^2$,另一方面,由光子假设可知 $\varepsilon = h\nu$,故光子质量可以写为

$$m_\phi = \varepsilon/c^2 = h\nu/c^2 \tag{18-17}$$

所以,m_ϕ 是个有限量,其值视光子的能量而定。

3. 光子具有动量

$$p = m_\phi c = h\nu/c = h/\lambda \tag{18-18}$$

可见,式(18-18)是表征粒子属性的物理量 ε、m_ϕ、p 与表征波动特性的物理量

λ、ν之间的关系式,由此说明,光不仅具有波动性,也具有粒子性。光的波动性与粒子性相互并存的性质称为光的波粒二象性。

18.2.5 光电效应的实际应用

光电效应在实际应用中,根据物质与光作用的结果分为以下三大类。

1. 外光电效应

在光线作用下能使电子逸出物体表面的现象称为外光电效应,基于外光电效应的光电元件有光电管、光电倍增管等,光电倍增管的结构如图 18-8 所示。利用光电倍增管我们可以通过测量在负载 R_L 上的电压做成光电传感器,测量光的强度(通量),最灵敏的光电倍增管可以探测到一个光子的通量。

 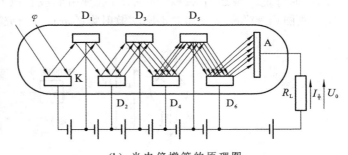

(a)光电倍增管实物   (b) 光电倍增管的原理图

图 18-8 光电倍增管

2. 内光电效应

在光线作用下能使物质(通常是半导体)内部的电阻率改变的现象称为内光电效应,基于内光电效应的光电元件有光敏电阻、光敏晶体管等,如图 18-9 所示为光敏三极管工作原理图。利用它们可以做成各种各样的光电传感器,以通过光电效应把各种非电量转换为受光控制的可控电量,实现非电量到电量的转换,这在现代自动控制(如光电控制器、光纤加速度传感器等)中有着极其广泛的应用。

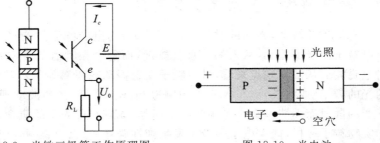

图 18-9 光敏三极管工作原理图   图 18-10 光电池

3. 光生伏特效应

在光线作用下,物体产生一定方向电动势的现象称为光生伏特效应。基于光生伏特效应的光电元件有光电池(见图 18-10)(利用光照到半导体的 PN 结区时,在结区附近激发出电子-空穴对,形成光生电动势),这在石油、煤等不可再生的资源日趋紧张的情况下,太阳能已经成为一种亟待开发的清洁能源,有着极好的应用前景。

18.3 康普顿效应

18.3.1 康普顿效应

1923 年,康普顿(A. H. Compton)用已知波长的 X 射线照射晶体,当 X 射线被晶体(石墨)散射(见图 18-11)时,在散射波中探测到了既有原入射波波长的部分,也惊奇地发现还有 $\lambda > \lambda_0$ 的射线,这种引起波长改变的散射效应称康普顿效应。我国物理学家吴有训对不同的散射物质进行了研究。

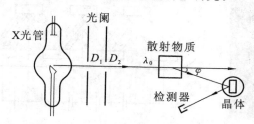

图 18-11 康普顿的实验装置示意图

实验结果指出:

① 波长的偏移 $\Delta\lambda = \lambda - \lambda_0$ 随散射角 φ(散射线与入射线之间的夹角)而异;当散射角增大时,波长的偏移也随之增加,而且随着散射角的增大,原波长的谱线强度减小,而新波长的谱线强度增大(见图 18-12)。

② 在同一散射角下,对于所有散射物质,波长的偏移 $\Delta\lambda$ 都相同,但原波长的谱线强度随散射物质的原子序数的增大而增加,新波长的谱线强度随之减小。

18.3.2 康普顿的研究结果及其意义

按经典电磁理论解释,光的散射是这样产生的:当电磁波通过物体时,将引起物体中带电粒子做受迫振动,从入射波吸收能量,而每个振动着的带电粒子,将向四周辐射电磁波。从波动观点来看,带电粒子受迫振动的频率等于入射光的频率,所发射的光的频率(或波长)应与入射光的频率相同。可见,光的波动理论能够解释波长不变的散射而不能解释康普顿效应。但是,如果应用光子的概念,并假设单个光子和实物粒子一样,能与电子等粒子发生弹性碰撞,那么康普顿效应能够在理论上得到与实验相符合的解释。根据光子理论,一个光子与散射物中的一个自由电子或束缚微弱的电子发生碰撞后,散射光子将沿某一方向行进,这一方向就是康普顿散射的方向。在碰撞过程中,一个自由电子吸收一个入射光子能量后,发射一个散射光子,当光子向某一方向散射时,电子受到反冲而获得一定的动量和能量。在整个碰撞过程中,动量守恒和能量守恒。因此,散射光子的能量就比入射光子的能量低,因为光子的能量与频率之间有关系 $\varepsilon=h\nu$,所以,散射光的频率要比入射光的频率小(即波长 $\lambda>\lambda_0$)。如果光子与原子中束缚得很紧的电子碰撞,光子将与整个原子作弹性碰撞,因原子的质量要比光子大得多,按照碰撞理论,散射光子的能量不会显著地减小,因而散射光的频率也不会显著地改变,康普顿偏移非常小,所以观察到散射线里也有与入射线波长相同的射线。

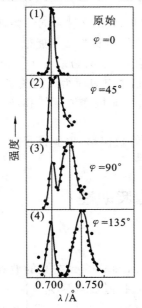

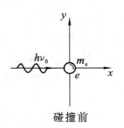

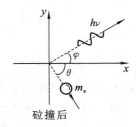

图18-12　康普顿散射与角度的关系　　图 18-13　光子与电子的碰撞

现在来定量分析单个光子和电子的碰撞。图 18-13 所示为一个光子与一个电子之间的碰撞。假定电子开始时处于静止状态,而且它是自由的。这时,频率为 ν_0 的电磁波沿 x 轴前进。

具有能量 $h\nu_0$ 和动量 $\dfrac{h\nu_0}{c}\boldsymbol{i}$ 的一个光子与这电子碰撞后将被散射,散射光子与原来的入射光子方向成 φ 角。这时,散射光子的能量变为 $h\nu$,动量变为 $\dfrac{h\nu}{c}\boldsymbol{n}$,$\boldsymbol{n}$ 表示光子在运动方向上的单位矢量。与此同时,能量为 m_0c^2、动量为零的电子在碰撞后将沿着某一角度 θ 的方向飞出,这时电子的能量变为 mc^2,动量变为 mv;$m=\dfrac{m_0}{\sqrt{1-v^2/c^2}}$为电子的质量,$m_0$ 为电子的"静止"质量,v 为电子碰撞后的速率。根据弹性碰撞过程中将遵守能量守恒和动量守恒,有

$$h\nu_0+m_0c^2=h\nu+mc^2$$

$$mv = \frac{h\nu_0}{c}\boldsymbol{i} - \frac{h\nu}{c}\boldsymbol{n}$$

由上两式和质速关系 $m = \dfrac{m_0}{\sqrt{1 - v^2/c^2}}$,可得

$$\Delta\lambda = \lambda - \lambda_0 = \frac{h}{m_0 c}(1 - \cos\varphi) = \frac{2h}{m_0 c}\sin^2\frac{\varphi}{2} = 2\lambda_c \sin^2\frac{\varphi}{2} \qquad (18\text{-}19)$$

式中:$\lambda_c = \dfrac{h}{m_0 c} = 2.43 \times 10^{-12}$ m 称为电子的康普顿波长。式(18-19)说明了波长的偏移 $\Delta\lambda$ 与散射物质以及入射光的波长无关,仅取决于散射方向。当散射角 φ 增大时,$\Delta\lambda$ 也将随之增大,由式(18-19)计算的理论值与实验结果能很好地符合。

X 射线的散射现象在理论上和实验上的符合,不仅有力地证实了光子理论,证实了频率为 ν 的光子具有能量 $h\nu$、动量 $h\nu/c$,并把光电效应得到的关系式 $\varepsilon = h\nu$ 推广到 X 射线区,证实了 $h\nu$ 的普遍性。首次证实了能量守恒定律和动量守恒定律在微观领域也同样成立。

由于康普顿不仅解释了 X 射线散射实验的波长偏移,也验证了狭义相对论的正确性,为此康普顿于 1927 年获得诺贝尔物理学奖。

18.4 实物粒子的波动性

18.4.1 德布罗意波

1924 年,法国青年物理学家德布罗意(L. V. Debroglie)在光的波粒二象性启发下,提出了如下问题:整个世纪以来,在光学中,比起波的研究方法来,如果说是过于忽视粒子的研究方法的话,那么在实物粒子的理论之上,是不是发生了相反的错误,把粒子的图像想象得太多,而过分忽视了波的图像呢? 德布罗意认为,自然界常常是对称的,如果光具有粒子性,则实物粒子,如电子、中子等,也应该具有波动性。他把光波的频率、波长与光子的能量、动量的关系 $E = h\nu$、$p = h\nu/c$ 引申到实物粒子,认为质量为 m 的自由粒子以速率 v 运动时,从粒子性方面来看,具有能量 E 和动量 p,从波动性方面来看,又具有波长 λ 和频率 ν,这些物理量间的关系应与光波的波长、频率和光子的动量、能量之间的关系类似,有

$$\begin{cases} \lambda = \dfrac{h}{p} = \dfrac{h}{mv} = \dfrac{h}{m_0 v}\sqrt{1 - \dfrac{v^2}{c^2}} \\[3mm] \nu = \dfrac{E}{h} = \dfrac{mc^2}{h} = \dfrac{m_0 c^2}{h}\dfrac{1}{\sqrt{1 - v^2/c^2}} \end{cases} \qquad (18\text{-}20)$$

式(18-20)称为德布罗意公式或德布罗意假设,而这种与实物粒子相联系的波称为物质波或德布罗意波。

若实物粒子运动速度远小于光速,则不必考虑相对论效应,其动能 $E_k =$

$\frac{1}{2}mv^2$，动量 $p=mv$，即 $E_k=\frac{p^2}{2m}$。于是，其德布罗意波长为

$$\lambda=\frac{h}{p}=\frac{h}{mv}=\frac{h}{\sqrt{2mE_k}} \qquad (18\text{-}21)$$

18.4.2　电子衍射实验

1927 年，戴维逊（C. J. Davisson）和革末（L. H. Germer）做了电子束在晶体表面上的散射实验，观察到了与 X 射线衍射类似的电子衍射现象，首先证实了电子的波动性。

戴维逊和革末把电子束垂直投射在镍单晶体上，观测从晶体表面散射的电子束强度 I 与反射角 θ 的关系，如图 18-14 所示。电子从电子枪射出，经电场加速后，通过栏缝成为很细的电子束垂直投射到镍单晶体的某一表面，晶体可绕一平行于电子束的轴转动。探测器可以在弧形轨道上滑动，从而能够接收到以不同的角度从单晶体反射出来的电子。当一束动能为 54 eV 的电子束垂直入射到晶格常数 $d=2.15$ Å（1 Å=0.1 nm）的镍单晶体上时，实验测得，从晶体上反射的电子束强度 $I(\theta)$ 与反射角 θ 的关系曲线如图 18-15 所示。可见，当 θ 很小时，衍射电子的强度很大，但在 $\theta=50°$ 处，反射电子束强度出现一极大值，这与以下的理论计算结果很符合。

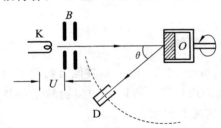

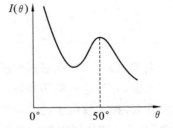

图 18-14　戴维逊-革末实验　　　　图 18-15　反射电子束强度与反射角的关系

图 18-16 所示的为电子在晶面上的散射示意图，为简单起见，仅对一维情况进行讨论。设晶面原子以等间距 d 排列成一条直线。如果沿 θ 方向测量散射电子，由于入射波与晶体垂直，所以对于散射波来说，任意两相邻原子发生的散射波的波程差为

$$\delta=d\sin\theta$$

若入射电子的波长为 λ，则由波的干涉理论可知，当 θ 满足关系

$$d\sin\theta=k\lambda, \quad k=1,2,\cdots \qquad (18\text{-}22)$$

时，在 θ 方向可测得电子分布的最大值。由式

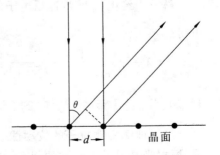

图 18-16　电子在晶面上的反射

（18-22）知，出现一级极大值的方向为

$$\theta = \arcsin\frac{\lambda}{d} = \arcsin\left(\frac{h}{\sqrt{2mE_k}}\Big/d\right) = \arcsin\frac{h}{\sqrt{2mE_k}\,d}$$

将实验中使用的电子束的动能 $E_k = 54$ eV 和镍单晶体的晶格常数 $d = 2.15\lambda$ 代入上式，可得 $\theta = 51°$。

可见，实验结果与理论计算值符合的很好，从而有力地证实了德布罗意波假设的正确性。

1928 年，汤姆逊（G. P. Thomson）做了电子束穿过多晶薄膜后的衍射实验，他在照相屏上得到了与 X 射线通过多晶薄膜后产生的衍射图样十分相似的同心圆衍射图样（见图 18-17），并且电子衍射时的波长也与德布罗意公式相符，再一次证实了德布罗意波假设的正确性。

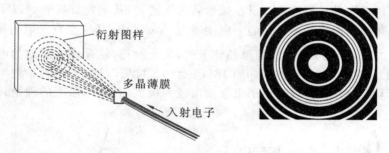

图 18-17　汤姆逊电子衍射

除电子以外，人们还通过实验证实了原子、分子、中子、质子等其他实物粒子也具有波动性，并且这些粒子的波长与德布罗意公式相符。所以一切实物粒子都具有波动性，各种实物粒子的波粒二象性都可以用德布罗意公式表示。

例 18-3　试计算初速为 0 的电子被电位差为 10^5 V 的电场加速后，电子的波长是多少？

解　由经电压 U 加速后电子的动能 $E_k = \frac{1}{2}mv^2 = eU$ 和德布罗意公式 $\lambda = \frac{h}{mv}$ 可得

$$\lambda = \frac{h}{\sqrt{2em}}\frac{1}{\sqrt{U}} = \frac{6.63\times10^{-34}}{\sqrt{2\times1.6\times10^{-19}\times9.1\times10^{-31}}}\frac{1}{\sqrt{10^5}} = 0.039(\overset{\circ}{A})$$

18.4.3　德布罗意波的统计解释

为了理解实物粒子的波动性，不妨回顾一下光的衍射。对于光的衍射图样来说，根据光是一种电磁波的观点，在衍射图样的亮处，波的强度大，在衍射图样的暗处，波的强度小。而波的强度与波幅的二次方成正比，所以图样亮处的波幅的二次

方比图样暗处的波幅的二次方要大。同时,根据光子的观点,某处光的强度大,表示单位时间内到达该处的光子数多,某处光的强度小,表示单位时间内到达该处的光子数少,而从统计的观点来看,也就是说,光子到达亮处的概率要远大于光子到达暗处的概率。因此,粒子在某处附近出现的概率是与该处波的强度成正比的。

现在应用上述观点来分析电子的衍射图样,从粒子的观点来看,衍射图样的出现,是由于电子射到各处的概率不同而引起的,电子密集的地方概率很大,电子稀疏的地方概率很小;而从波动的观点来看,电子密集的地方表示波的强度大,电子稀疏的地方表示波的强度小。所以,某处附近电子出现的概率就反映了该处德布罗意波的强度。电子是如此,其他微观粒子也是如此。一般来说,在某处德布罗意波的强度是与该处邻近出现的概率成正比,这就是德布罗意波的统计解释。

在量子力学的概念中,实物粒子波与经典波是有明显区别的。实物粒子波不代表描述粒子的某一物理量在时空中周期性的变化。如前所述,它是一种概率波,是粒子在空间各处出现的概率分布呈现的波动表现。概率波只是保留了波具有叠加性这一特征,因此它不是经典波,它是量子波。实物粒子也不是经典粒子,经典粒子在运动过程中有确定的轨道,而实物粒子具有波动性,在同一时刻,它出现在空间不同的位置,具有不同的概率——你不可能确切地知道它到底出现在哪里,你只知道它出现在那里的概率! 它没有轨道的概念,因此它只能是一颗量子粒子。量子粒子的统计行为遵循一种可以预言的波动图样,因此,量子粒子与量子波是统一的。

由于德布罗意等人在实物的波动性方面的贡献,德布罗意获得了 1929 年度诺贝尔物理学奖,戴维逊和汤姆逊共同获得了 1937 年度诺贝尔物理学奖。

18.4.4　应用举例

微观粒子的波动性已经在现代科学技术上得到了应用。一个常见的例子是电子显微镜,其分辨率较光学显微镜高,这是因为电子束的波长比可见光的波长要短得多的缘故。光学仪器的分辨率和波长成反比,波长越短,分辨率越高。普通的光学显微镜由于受可见光波长的限制,分辨率不可能很高。而电子的德布罗意波长比可见光短得多,按上面例题的计算,当加速电势差为几十万伏特,电子的波长只有 0.039 Å 时。由于技术上的原因,直到 1932 年电子显微镜才由德国人鲁斯卡(E. Ruska)研究成功,其原理与光学显微镜相似,只不过电子束是由磁透镜聚焦后照射在样品表面上形成衍射图像的。目前电子显微镜的分辨率已达 0.2 nm,所以,电子显微镜在研究物质结构、观察微小物体方面具有显著的功能,是当代科学研究的重要工具之一,它在工业、生物医学等方面的应用日益广泛。

18.5　不确定关系

在经典力学中的粒子(质点)的运动状态是用位置坐标和动量来描述的,而且这两个量都可以同时准确地予以测定,这就是前面讲述过的牛顿力学的确定性。因此,可以说同时准确地测定粒子(质点)在任意时刻的坐标和动量是经典力学赖以保持有效的关键。然而,对于具有二象性的微观粒子来说,是否也能用确定的坐标和确定的动量来描述呢? 下面以电子通过单缝衍射为例来进行讨论。

设有一束电子沿 Oy 轴射向屏 AB 上缝宽为 a 的狭缝。于是,在照相底片 CD 上,可以观察到如图 18-18 所示的衍射图样。如果仍用坐标和动量来描述这电子的运动状态,那么不禁要问:一个电子通过狭缝的瞬间,它是从缝上哪一点通过的呢? 也就是说,电子通过狭缝的瞬间,其坐标 x 为多少? 显然,这一问题我们无法准确地回答,因为该电子究竟在缝上哪一点通过是无法确定的,即不能准确地确定该电子通过狭缝时的坐标。然而,该电子确实是通过了狭缝,因此,可以认为电子在 Ox 轴上的坐标的不确定范围 $\Delta x = a$。

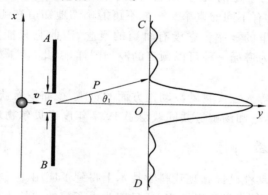

图 18-18　电子的单缝衍射强度曲线

在同一瞬间,由于衍射的缘故,电子动量的大小虽未变化,但动量的方向有了改变。由图 18-18 可以看到,如果只考虑一级($k=1$)衍射图样,则电子被限制在一级最小的衍射角范围内,有

$$\sin\theta_1 = \lambda/a$$

根据动量 p 的分解,可知电子在 x 方向上动量分量 p_x 的大小将被限制在

$$0 \leqslant p_x \leqslant p\sin\theta_1$$

的范围内,即电子动量沿 Ox 轴方向的分量的不确定范围为

$$\Delta p_x = p\sin\theta_1 = \frac{h}{\lambda} \cdot \frac{\lambda}{a} = \frac{h}{a} = \frac{h}{\Delta x}$$

将上式写成下述形式

$$\Delta x \cdot \Delta p_x = h$$

考虑到衍射次极大 Δp_x 还要大一些，即 $\Delta p_x \geqslant p\sin\theta_1$，因此一般地有

$$\Delta x \cdot \Delta p_x \geqslant h \tag{18-23}$$

这就是海森伯分析得到的不确定关系。这个关系表明由于粒子的波动性，粒子在某个方向上的动量和位置坐标不能同时准确地确定，其不确定量的乘积不小于普朗克常量。不确定关系表明如果粒子的位置测量得越准确（Δx 越小），那么其动量就越不确定（Δp_x 越大）；反之亦然。不确定关系在量子力学中可以严格证明，不过其形式稍有差别，即

$$\Delta x \cdot \Delta p_x \geqslant \frac{\hbar}{2} \tag{18-24}$$

而

$$\hbar = \frac{h}{2\pi}$$

式(18-23)和式(18-24)都是关于不确定量的数量级估计，因此它们并无实质性的差别。对于位矢和动量在其他方向上的分量，类似的有不确定关系

$$\Delta y \cdot \Delta p_y \geqslant \frac{\hbar}{2} \tag{18-25}$$

$$\Delta z \cdot \Delta p_z \geqslant \frac{\hbar}{2} \tag{18-26}$$

能量与时间这一对物理量也有类似的不确定关系，物体处于某状态时的能量不确定量 ΔE 与物体处于此状态的时间 Δt 有下列不确定关系，即

$$\Delta E \cdot \Delta t \geqslant \frac{\hbar}{2} \tag{18-27}$$

式(18-27)可用来分析原子激发态的能级宽度和寿命。实验表明，与能级间的跃迁直接相关的光谱线有一定的宽度，这说明原子激发态的能级不是一个单一值，而是具有一定能级宽度 ΔE。实验还表明，原子处于某个激发态的时间是有一定长短的，原子处于这个激发态的平均时间 Δt 称为激发态的寿命 τ。关于原子激发态系统的能级宽度和寿命的测量，都证实了不确定关系式(18-27)。

从式(18-27)还可以看出，若一个粒子的能量状态是完全确定的，即 $\Delta E = 0$，则粒子停留在该态的时间为无限长，即 $\Delta t = \infty$。

由以上所述的不确定关系可知，在一个单一实验中，要同时测量位置和动量，或者时间和能量达到任意精度是不可能的，它们的测量精度受到一个终极的、不可逾越的限制。这种限制不是由仪器的误差或人为测量误差造成的，而是波粒二象性的必然结果。我们只能说，粒子位置不确定性越大（a 越宽），粒子的动量就越确定；能级的寿命越长，能级的宽度（不确定量）就越小，辐射产生的谱线宽度就越小，单色性就越好；反之亦然。不确定关系是自然界的客观规律，是量子力学中的一个基本原理。

18.6　玻尔的氢原子理论

　　按照卢瑟福模型,原子由带正电荷的原子核和核外电子组成;核外电子在库仑力的作用下围绕原子核运动,犹如行星在万有引力的作用下围绕太阳运动。然而根据麦克斯韦电磁理论,加速运动的带电粒子将不断向外辐射电磁能量,其自身的能量逐渐减少。定量计算表明,核外电子将在极短的时间内坍缩到原子核上。所以,以牛顿力学和麦克斯韦电磁理论为基础的卢瑟福模型不能解释物质世界的稳定性。

　　实验观察表明,不同元素的原子气体具有不同的特征光谱。所以,原子气体的特征光谱成为研究原子性质的有效途径。在 19 世纪后期,人们不仅已经精确测定了氢原子谱线的波长,而且还发现了谱线波长所满足的简单公式。1913 年,年轻的丹麦物理学家玻尔在前人关于氢光谱的研究结果的启发下,修正了卢瑟福原子模型,提出了氢原子结构的玻尔模型。

　　玻尔氢原子模型的历史意义在于,继普朗克和爱因斯坦之后再一次表明经典物理不足以描述更广阔的物质世界;必定存在某些超出经典物理范畴的物理规律,它们支配着微观粒子的运动。更具体地说,玻尔的工作表明量子化是微观过程重要而普遍的特征。

18.6.1　氢原子光谱

　　19 世纪后期,安斯已经测定了氢原子光谱中四条可见光线的波长,精确度达到了 10^{-3} nm。巴耳末给出了这些测量结果所满足的简单规律,即巴耳末公式

$$\lambda = 364.56 \text{ nm} \cdot \frac{n^2}{n^2 - 4} \tag{18-28}$$

式中,$n = 3, 4, 5, 6$。巴耳末相信氢原子光谱中还存在其他谱线,它们的波长也可以按式(18-28)取 $n = 7, 8, 9, \cdots$,分别得到 $\lambda = 396.97$ nm, 377.02 nm, 374.98 nm, $\cdots$。对应 $n = 7$ 的谱线已经靠近可见光谱的边缘,其他都是不可见的紫外光。巴耳末还推断式(18-28)可以推广为

$$\lambda = B_m \cdot \frac{n^2}{n^2 - m^2} \tag{18-29}$$

式中,m 和 n 可以是任意两个正整数,且 $n > m$;B_m 为只依赖于 m 的参数,例如 $B_2 = 364.56$ nm。所以,氢原子光谱可以分解为无穷多个线系,每个线系(给定 m)由无穷多条分离的谱线(不同的 n)组成。取 $m = 1$ 给出氢光谱的莱曼线系,取 $m = 3$ 给出帕邢系,取 $m = 4$ 给出布拉开系,取 $m = 5$ 给出普丰德系。可能只有科学史

家了解巴耳末得出以上结论的根据,但关于氢光谱的实验证明他的预测都是对的。

巴耳末的工作是研究氢光谱的里程碑。在此基础上,里兹和里德伯进一步发现:所有元素的部分光谱线的波长均可以表示为

$$\frac{1}{\lambda} = R\left(\frac{1}{m^2} - \frac{1}{n^2}\right) \tag{18-30}$$

式中,R 称为里德伯常数。随着原子序数的增加,元素的里德伯常数稍有增大,即由氢元素的 $R_H = 1.09677576 \times 10^7 \, \mathrm{m}^{-1}$ 逐渐趋近 $R_\infty = 1.09737315 \times 10^7 \, \mathrm{m}^{-1}$。

18.6.2　量子跃迁和定态

氢原子仅有一个核外电子,是自然界最简单的原子。任何可能的原子结构理论首先必须定量地解释关于氢原子气体的光谱规律,即式(18-28)。

根据爱因斯坦的光量子理论,原子发光应该是光子的发射过程,发射一个光子前后的原子,其能量经历一个不连续的变化,即

$$E_初 - E_末 = h\nu \tag{18-31}$$

所以,原子的特征光谱线意味着原子的能量只能取一系列离散的数值,即原子能量的量子化。牛顿在研究太阳系天体力学问题时已经证明:行星在太阳的万有引力作用下可以沿任意闭合椭圆轨道周期运动,并且行星-太阳系统的总能量可以连续改变。原子能量的量子化表明,必须有新的物理规律才能解释原子世界中的物理过程。

玻尔针对经典物理在解释氢原子光谱存在的问题,提出了以下三个完全相反的假设。

(1) 定态假设。

氢原子中的核外电子在特殊的轨道上即便是作加速运动也不向外辐射电磁波,原子的这样一些特殊的状态称为原子的定态。

(2) 跃迁假设。

原子可以由一个定态跃迁到另一个能量不同的定态,并吸收或者发射一个光量子,区别于经典物理中物理量的连续变化,系统状态的这样一个不连续变化过程称为量子跃迁。

(3) 轨道假设。

处于定态的原子其核外电子围绕原子核作圆周运动的角动量满足量子化条件

$$L = n\hbar \tag{18-32}$$

式中,$n = 1, 2, 3, \cdots$。它可以定量地解释氢光谱的巴耳末公式。

由于质子和中子的质量远大于电子的质量,可以近似认为氢原子中电子围绕着固定不动的原子核作圆周运动。原子核和电子之间的库仑相互作用提供所需的向心力,即

$$\frac{mv^2}{r} = \frac{1}{4\pi\varepsilon_0} \frac{e^2}{r^2} \tag{18-33}$$

氢原子系统的能量是电子动能(不考虑相对效应)与氢原子系统静电势能之和

$$E = \frac{1}{2}mv^2 - \frac{1}{4\pi\varepsilon_0} \frac{e^2}{r} = -\frac{1}{8\pi\varepsilon_0} \frac{e^2}{r} \tag{18-34}$$

圆周运动的电子的角动量为

$$L = mvr \tag{18-35}$$

从式(18-32)、式(18-33)、式(18-34)、式(18-35)容易得到满足角动量量子化条件的氢原子的定态能量

$$E = -\frac{me^4}{8\varepsilon_0^2 h^2} \cdot \frac{1}{n^2} \tag{18-36}$$

相应的轨道半径为

$$r_n = n^2 \frac{4\pi\varepsilon_0 \hbar^2}{me^2} \tag{18-37}$$

令 $n=1$，给出氢原子的最低能量，大约为 -13.6 eV，这正是使得处于基态的氢原子电离为 H^+ 所需要提供的能量，也称为氢原子的电离能。处于基态的原子不再向外发射光子，是原子的稳定状态。处于基态的氢原子，其核外电子的轨道半径大约为 $r_1 = 0.053$ nm，称为氢原子的玻尔半径，可以粗略地认为它就是氢原子的半径。

当核外电子由高能级向 $n=2$ 的低能级跃迁时，其发射光子携带的能量为

$$h\nu = E_n - E_2$$

即

$$h\nu = E = \frac{me^4}{8\varepsilon_0^2 h^2} \cdot \left(\frac{1}{2^2} - \frac{1}{n^2} \right) \tag{18-38}$$

代入有关数值，恰好与巴耳末公式吻合，即式(18-28)。

18.6.3　弗兰克-赫兹实验

在玻尔的氢原子模型中，定态的能量量子化是一个经典物理无法解释的新概念。按照玻尔对定态的解释，不仅原子发射和吸收光子的过程对应原子不同定态之间的量子跃迁，而且对原子其他形式的作用，也必定导致同样的跃迁过程。在1914 年，即玻尔发表关于氢原子结构的研究结果后一年，弗兰克与赫兹完成了两个关于原子能量量子化定态问题的重要实验。他们通过对电子与原子气体的碰撞过程的研究证实了原子状态的变化只能以定态之间的量子跃迁的形式发生。

图 18-19(a)所示为弗兰克-赫兹实验装置的示意图。在一个含有低压单原子蒸汽的玻璃池内安装了三个电极。由左端阴极 K 发射的热电子经过栅极 G 到达右端的阳极 A 形成电流。在实验中，栅极对阴极的电压 V_c 为可调变量，而阳极对栅极之间维持一个大约几分之一的负电压。

栅极对阴极的正电压将使热电子脱离阴极，奔向栅极，在电子到达栅极之前，

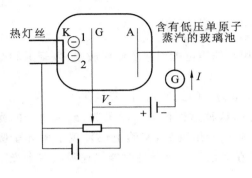

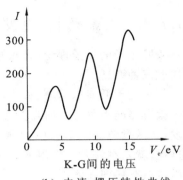

(a) 装置示意图   (b) 电流-栅压特性曲线

图 18-19   弗兰克-赫兹实验

加速电场将不断提高电子的速度和动能。电子速度越快,则安培计中电流读数越大。按照经典理论,电子与蒸汽原子的弹性或非弹性碰撞都可能丧失自己的部分能量,从而平稳地减缓电流随栅压增加的快慢程度。反之,如果玻尔关于原子定态的概念是正确的,电子必须被加速到具有足够大的动能才能与蒸汽原子发生非弹性碰撞过程,并且在将原子激发到具有特定能量的激发态的同时,丧失相应的能量。如果大部分电子恰好在到达栅极附近时由于与原子的完全非弹性碰撞而丧失了在加速电场中获得的全部动能,则安培计中的电流读数将突然明显下降。

图 18-19(b)所示为电子通过水银蒸汽的典型实验得到的电流-栅压特性曲线。

通过光谱学实验可以确定汞原子第一激发态比基态的能量高出 4.9 eV。所以在栅压低于 4.9 eV 时,电子无法获得足够的动能与处于基态的汞原子发生非弹性碰撞,电流随栅压平稳增加。直到栅压提高到 4.9 eV,开始有部分电子与原子发生非弹性碰撞,电流下降;随着栅压继续提高,更多的电子与原子发生非弹性碰撞,电流继续下降。当栅压高于 4.9 eV 时,因非弹性碰撞而失去 4.9 eV 动能的电子在到达栅极时仍然具有一定的动能和速度,从而继续向前运动到达阳极。所以在出现一个极小值后,电流又会随栅压增加。如果栅压提高到 4.9 eV 的两倍,即大约 9.8 eV,电子在到达栅极之前可能与原子发生第二次非弹性碰撞,电流再一次随栅压明显下降,如此循环,实验给出与玻尔理论一致的结果。

弗兰克-赫兹实验是对玻尔关于原子定态和分离能级概念的有力支持。

18.7   激   光

激光是基于受激发射放大原理而产生的一种相干光辐射。激光的英文名为"laser",就是由"light amplihcation by stimulated emission of radiation"第一个字母缩写而成。因此,了解激光原理,就必须理解受激发射(或称受激辐射)和光放大这方面的概念。

18.7.1　受激吸收、自发辐射和受激辐射

按照原子的量子理论,光和原子的相互作用可能引起受激吸收、自发辐射和受激辐射三种跃迁。

原来处于低能态 E_1 的原子,受到频率为 ν 的光照射时,若满足 $h\nu = E_2 - E_1$,原子就有可能吸收光子向高能态 E_2 跃迁,这种过程称为受激吸收,或称原子的光激发,其示意图如图 18-20(a)所示。自从激光出现后,实验上还发现了多光子吸收过程,就是在强激光作用下,一个原子在满足了一定条件时能接连吸收多个光子从低能态跃迁到高能态。

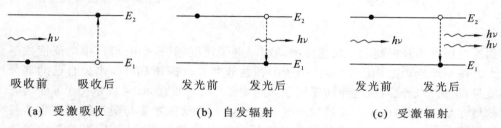

(a)　受激吸收　　　　　　(b)　自发辐射　　　　　　(c)　受激辐射

图 18-20　光的辐射和吸收

处于高能态的原子是不稳定的。在没有外界的作用下,激发态原子会自发地向低能态跃迁,并发射出一个光子,光子的能量为 $h\nu = E_2 - E_1$,这称为自发辐射,如图 18-20(b)所示。

普通光源的发光就属于自发辐射。由于发光物质中各个原子自发、独立地进行辐射,因而各个光子的相位、偏振态和传播方向之间没有确定的关系。对大量发光原子来说,即使在同样的两能级 E_1、E_2 之间跃迁,所发出的同频率的光,也是不相干的。

处于高能态的原子,如果在自发辐射以前,受到能量为 $h\nu = E_2 - E_1$ 的外来光子的诱发作用,就有可能从高能态 E_2 跃迁到低能态 E_1,同时发射一个与外来光子频率、相位、偏振态和传播方向都相同的光子,这一过程称为受激辐射。图 18-20(c)为受激辐射的示意图。在受激辐射中,一个入射光子作用的结果会得到两个状态相同的光子,如果这两个光子再引起其他原子产生受激辐射,这样继续下去,就能得到大量的特征相同的光子,这就实现了光放大。可见,在连续诱发的受激辐射中,各原子发出的光是互相有联系的。它们的频率、相位、偏振态和传播方向都相同,因此这样的受激辐射的光是相干光。

18.7.2　产生激光的基本条件

1. 粒子数反转

激光是通过受激辐射来实现放大的光。在光和原子系统相互作用时,总是同

时存在着受激吸收、自发辐射和受激辐射三种跃迁过程。从光的放大作用来说,受激吸收和受激辐射是互相矛盾的。吸收过程使光子数减少,而辐射过程则使光子数增加。因此,光通过物质时光子数是增加还是减少,取决于哪个过程占优势,但这又取决于处于高、低能态的原子数。统计物理理论指出,在通常的热平衡状态下,工作物质中的原子在各能级上的分布服从玻尔兹曼分布定律,即在温度为 T 时,原子处于能级 E_i 的数目 N_i 为

$$N_i = A e^{-E_i/(kT)} \tag{18-39}$$

式中,k 为玻尔兹曼常数。因此,处于 E_1 和 E_2 的原子数 N_1 和 N_2 之比为

$$\frac{N_2}{N_1} = e^{-(E_2 - E_1)/(kT)} \tag{18-40}$$

对室温 $T = 300$ K,设 $E_2 - E_1 = 1$ eV,得 $\dfrac{N_2}{N_1} \approx 10^{-40}$。这说明在正常状态下,处于高能态的原子数远远小于处于低能态的原子数,这种分布称为正常分布。在正常分布下,当光通过物质时,受激吸收过程比受激辐射过程占优势,不可能实现光放大。要使受激辐射胜过受激吸收而占优势,必须使处在高能态的原子数大于低能态的原子数,这种分布与正常分布相反,称为粒子数布居反转分布,简称粒子数反转。实现粒子数布居反转是产生激光的必要条件。

要实现粒子数布居反转,首先要有能实现粒子数布居反转分布的物质,称为激活介质(或称工作介质)。这种物质必须具有适当的能级结构。其次必须从外界输入能量,使激活介质有尽可能多的原子吸收能量后跃迁到高能态。这一能量供应过程称为“激励”,又称“抽运”或“光泵”。激励的方法一般有光激励、气体放电激励、化学激励、核能激励等。

我们知道,处于激发态的原子是不稳定的,平均寿命约为 10^{-8} s,有些物质存在着比一般激发态稳定得多的能级,其平均寿命可达到 $10^{-3} \sim 1$ s 的数量级。这种受激态常称为亚稳态。具有亚稳态的物质就有可能实现粒子数反转,从而实现光放大。一般说来,产生激光的工作物质有三能级系统和四能级系统等。现以三能级系统为例来说明实现光放大的原理。如图 18-21 所示,E_1 为基态能级,E_3 为激发态能级,E_2 为亚稳态能级。激励能源把 E_1 上的原子抽运到 E_3 上去,这些原子通过碰撞把能量转移给晶格而无辐射地跃迁到 E_2 上。由于在 E_2 态的原子寿命较长,这样使 E_2 态的原子数不断增加,而 E_3 上不断减少,于是在 E_1 和 E_2 两能级间实现了原子数反转。如果这时有一频率满足 $(E_2 - E_1)/h$ 的外来光子射入,就会使受激辐射占优势而产生光放大。不同工作物质的能级结构不同,但它们形成光放大的基本原理是

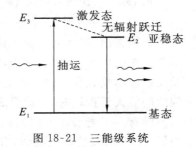

图 18-21　三能级系统

相同的。

2. 光学谐振腔

工作物质激活后能产生光放大,为得到激光提供了必要条件,但是还不可能得到方向性和单色性都很好的激光。这是因为处于激发态的原子,可以通过自发辐射和受激辐射两种过程回到基态。在实现了粒子数反转分布的工作物质内,初始诱发工作物质原子发生受激辐射的光子来源于自发辐射,而原子的自发辐射是随机的,因而在这样的光子激励下发生的受激辐射也是随机的,所辐射的光的相位、偏振态、频率和传播方向都是互不相关的,也是随机的,如图 18-22 所示。

如何将其他方向和频率的光子抑制住,而使某一方向和频率的光子享有最优越的条件进行放大,采用光学谐振腔就能实现这一目标。

最常用的光学谐振腔是在工作物质两端放置一对互相平行的反射镜,这两个反射镜可以是平面镜,也可以是凹面镜或凸面镜等。其中一个是全反射镜(反射率为 100%),另一个是部分反射镜,如图 18-23 所示。在工作物质中,形成粒子数反转的原子,受外来光子的诱发产生受激辐射的光子,凡偏离谐振腔轴线方向运动的光子或直接逸出腔外,或经几次来回反射最终逸出腔外,只有沿轴线方向的光子,在腔内来回反射,产生连锁式的光放大,在一定条件下,从部分反射镜射出很强的光束,这就是输出的激光。

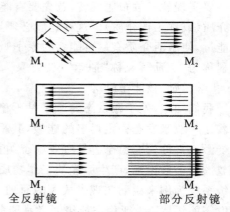

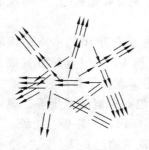

图 18-22　无谐振腔时受激辐射　　　图 18-23　谐振腔对光束方向的选择性
　　　　　　的方向是随机的

必须指出,工作介质加上谐振腔后,还不一定能产生激光。因为在谐振腔中除了产生光的放大作用(或称为增益)外,还存在由于工作物质对光的吸收和散射以及反射镜的吸收和透射等所造成的各种损耗,只有当光在谐振腔内来回一次所得到的增益大于损耗时,才能形成激光。下面稍作定量说明。

设有一束光沿 x 方向射入介质,在 x 处,光强为 $I(x)$,经过距离 dx 后,光强的增量为 dI,与光的吸收类似,有

$$dI = GI(x)dx$$

式中，G 称为增益系数，描述工作介质对光的放大能力，将上式积分得

$$I = I_0 e^{Gx} \tag{18-41}$$

I_0 为 $x=0$ 处的光强。

谐振腔中光的增益和损耗如图 18-24 所示。设从镜面 M_1 出发的光的光强为 I_1，经过腔长 L 的激活介质的放大，到达镜面 M_2 时的光强增为

$$I_2 = I_1 e^{Gx}$$

经 M_2 反射后，光强降为

$$I_3 = \gamma_2 I_2 = \gamma_2 I_1 e^{Gx}$$

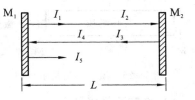

图 18-24 谐振腔中光的增益和损耗

式中，γ_2 为反射镜 M_2 的反射率。在回来路上又经过工作介质的放大，光强增加为

$$I_4 = I_3 e^{Gx} = \gamma_2 I_1 e^{2Gx}$$

再经 M_1 反射，光强降为

$$I_5 = \gamma_1 I_4 e^{Gx} = \gamma_1 \gamma_2 I_1 e^{2Gx}$$

式中，γ_1 为反射镜 M_1 的反射率。显然，要使光在谐振腔中增益大于损耗，必须满足条件

$$\gamma_1 \gamma_2 e^{2Gx} > 1$$

这称为阈值条件。对于给定的谐振腔，γ_1、γ_2 和 L 均固定，上式中决定光强增减的 $\gamma_1 \gamma_2 e^{2Gx}$ 这个量的大小随 G 的增加而增加。这就是说，只有当 G 大于某一最小值 G_m 时，才能使 $\gamma_1 \gamma_2 e^{2Gx} > 1$。这个最小值 G_m 称为谐振腔的阈值增益。由阈值条件可得

$$G_m = \frac{1}{2L} \ln \frac{1}{\gamma_1 \gamma_2} = -\frac{1}{2L} \ln \gamma_1 \gamma_2 \tag{18-42}$$

因此设计谐振腔时，必须选择合适的长度，并在反射镜上镀以不同的介质薄层，可以有选择地使其对特定波长的光具有高反射率，满足阈值条件，才能得到该波长的光经放大形成的激光。

综上所述，要形成激光，必须满足两个条件：一是要有能实现粒子数反转的激活介质，这是前提条件；二是要有满足阈值条件的谐振腔。

18.7.3 激光器原理

任何激光器都是由激励能源、工作物质和谐振腔等组成，如图 18-25 所示。

按工作物质来分，激光器可分为气体、液体、固体、半导体和自由电子激光器；按光的输出方式则可分为连续输出和脉冲输出激光器；各种激光器输出波段范围可从远红外（$25 \sim 1000\ \mu m$）直到 X 射线（$0.001 \sim 5\ \mu m$）。下面以红宝石激光器和氦氖激光器为例进行讨论。

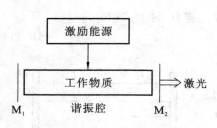

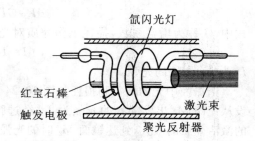

图 18-25　激光器结构示意图　　　　　　图 18-26　红宝石激光器基本结构

1. 红宝石激光器

红宝石激光器是 1960 年第一个问世的固体脉冲激光器,其基本结构如图 18-26 所示。

工作介质是一根淡红色的红宝石棒(Al_2O_3 晶体),其中掺有重量比为 0.035% 的铬离子(Cr^{3+}),它们替代了晶格中一部分铝离子(Al^{3+})的位置。红宝石激光器有关的工作能级和光谱性质都来源于铬离子。棒长约 10 cm,直径约 1 cm,两个端面经精磨抛光成为一对平行平面镜,平行度极高,在 1′ 以内,其中一个端面镀银,成为全反射面,另一个端面半镀银,成为透射率 10% 左右的部分反射面。棒外是螺旋形管的氙闪光灯,由氙闪光灯发出的光照射到红宝石棒的侧面,外面有聚光器加强照射效果。氙闪光灯在绿色和蓝色的光谱段有较强的光输出。闪光灯通常一次工作几毫秒,输入能量大部分耗散为热,只有一部分变成光能为红宝石所吸收,并转移到其中 Cr^{3+} 的相应能级上。

铬离子在基质 Al_2O_3 中是作为杂质存在的,它有如图 18-27 所示的三个能级 E_0、E_1、E_2,E_0 是基态,E_2 是激发态(实际上是两个极靠近的窄能带),E_1 是亚稳态(也包含两个极靠近的能级)。处于 E_0 的粒子被氙闪光灯激发到 E_2,这种激发称为光抽运(或光泵)。粒子在 E_2 是不稳定的,寿命很短(约 10^{-8} s),很快自发地无辐射地落入亚

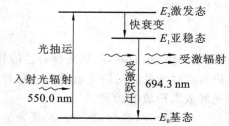

图 18-27　铬离子在红宝石中的能级

稳态 E_1。粒子在 E_1 态的寿命较长,约为 10^{-3} s。只要激发光足够强,在闪光时间内,亚稳态的粒子数增多,基态的粒子数减少,就可实现粒子数反转。

红宝石棒的两个端面起着光学谐振腔的作用,只有与晶体棒平行的光束才能在红宝石介质内来回反射而被不断放大,并从半镀银的端面透射输出,红宝石激光器的脉冲激光主要波长为 694.3 nm,它的单色性并不太好。

2. 氦氖激光器

氦氖激光器是实验室中最常见的激光器。如图 18-28 所示,在密封的玻璃管

内有一毛细管(一般内径在 1 mm 左右),毛细管内充以稀薄的 He 和 Ne 气体,He、Ne 的比例约为 7:1,总压强仅 2~3 mmHg,加上高电压后使气体放电,因此对原子的激发是通过气体放电进行的。

在图 18-28(a)中激光管的两端面上的反射镜构成谐振腔,称为内腔式激光器。如果构成谐振腔的两个反射镜放在管外,则称为外腔式激光器,外腔式的优点是调节方便。若再在管的两端用两玻璃片按布儒斯特角方向封贴(见图 18-28(b)),可获得偏振性极好的平面偏振激光。

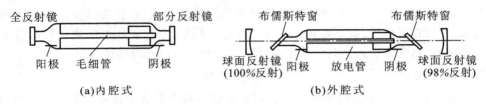

图 18-28　氦氖激光器

He、Ne 原子能级示意图如图 18-29 所示。He 原子能级图中,除了基态能级外,还有两个能量较高寿命较长的亚稳态能级,Ne 原子有两个能级 1 和 2,与 He 原子的两亚稳态能量十分接近(仅相差 0.15 eV),当激光管中电子气体放电时,由于 Ne 原子吸收电子能量被激发的概率比 He 原子被激发的概率小,所以被加速的电子把 He 原子激发到它的两亚稳态上,这些 He 原子并不马上跃回到基态。而是与 Ne 原子发生碰撞,将能量转移给 Ne 原子,使 Ne 原子激发到 1、2 两能级,而处于这两能级上的 Ne 原子,自发辐射的概率是较小的,这样就实现了 Ne 原子的能级 1 与 3 间、1 与 4 间、2 与 3 间的粒子数反转分布。从这三对能级之间的跃迁,能发出波长为 632.8 nm 最常用的 He-Ne 激光(红光)、1.15 mm(近红外线)、3.39 mm(红外线)的三条谱线。

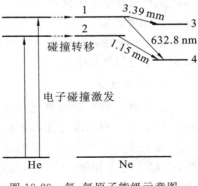

图 18-29　氢、氖原子能级示意图

18.7.4　激光的特性及其应用

激光之所以在短期内获得如此重大的发展,是和它的特殊性能分不开的。其主要特征如下。

1. 方向性好

激光束的发散角很小,一般为 10^{-5}~10^{-8} sr,是普通探照灯十多万分之一。若将激光射向几千米外,光束直径仅扩展几厘米,而普通探照灯扩展达几十米。激光的方向性好主要是由受激辐射的光放大机理和光学谐振腔的方向限制作用所决定的。激光的这种方向性好的特性,可用于定位、导向、测距等。例如,用激光测定月地距离约 3.8×10^6 km,其中误差仅为几十厘米,其测量精密度达到 9 位有效数字。

2. 单色性好

从普通光源得到的单色光的谱线宽度约为 10^{-2} nm,单色性最好的氪灯（^{86}Kr）的谱线宽度为 4.7×10^{-3} nm,而氦氖激光器发射的 632.8 nm 激光的谱线宽度只有 10^{-9} nm。若从多模激光束中提取单模激光,采取稳频等技术措施,还可以进一步提高激光的单色性。利用激光单色性好的特性,可作为计量工作的标准光源。例如,用单色、稳频激光器作为光频计时标准,它在一年时间内的计时误差不超过 1 μs,大大超过了目前采用的微波频段原子钟的计时精度。

3. 高亮度

光源的亮度是指光源单位发光表面在单位时间内沿给定方向上单位立体角内发射的能量。普通光源的亮度相当低,例如,太阳表面的亮度约为 10^3 W/(cm^2 · sr)数量级,而目前大功率激光器的输出亮度可高达 $10^{10} \sim 10^{17}$ W/(cm^2 · sr)的数量级。激光光源亮度高,首先是因为它的方向性好,发射的能量被限制在很小的立体角中;其次还可以通过调 Q（提高激光输出功率和压缩激光脉冲宽度）等技术措施压缩激光脉冲持续时间,进一步提高其亮度。由于激光光源使能量在空间和时间上高度集中,因此能在直径极小的区域内（10^{-3} mm）产生几百万度的高温。从一个功率约 1 kW 的 CO_2 激光器发出的激光经聚光以后,在几秒钟内就可将 5 cm 厚的钢板烧穿。激光高亮度的特性,可用于打孔、切割、焊接、表面氧化、区域熔化等工业加工,也可制成激光手术刀做外科手术。

4. 相干性好

由于激光器发射的激光是通过受激辐射发光的,它是相干光,所以激光具有很好的相干性。利用激光光源进行有关的光学实验具有独特的优点。

由于激光具有上述一系列的特点,从而突破了以往所有普通光源的种种局限性,引起了现代各种光学应用技术的革命性进展。不仅如此,还极大地促进现代物理学、化学、天文学、宇宙科学、生物学和医学等一系列基础科学的进展。非线性光学（强光光学）就是激光技术对现代物理学发展而建立的一门新兴的光学分支。现在,利用激光产生超高温、超高压、超高速、超高场强、超高密度、超高真空等极端物理条件,从而便于人们去发现一些新问题、新现象,并对一些已有的重大理论结论进行实验论证。

18.8　薛定谔方程

从 18.6 节知,玻尔的氢原子理论对氢原子和类氢离子光谱的说明是成功的,是人类探索原子结构过程中的里程碑,对现代量子力学的发展起着重要作用,但面对多电子原子的光谱以及谱线强度、宽度等问题却无法处理。玻尔提出的理论既有经典理论不相容的量子化特征,又视微观粒子为经典力学的质点,借助于牛顿力学处理电子轨道问题。故有人认为玻尔理论是掺杂有经典理论的旧量子论,从而导致理论本身的局限性。

　　从 18.4 节的讨论,我们知道,实物粒子具有波粒二象性,实物粒子的波不是传统的波,是一种概率波,不能用传统的波动方程来描写,那么该用什么样的波动方程来描述实物粒子的波特性呢? 这正是本节所要解决的问题。

18.8.1　波函数　概率密度

　　薛定谔认为,像电子、中子、质子等这样具有波粒二象性的微观粒子,也可像声波或光波那样用波函数来描述它们的波动性。只不过电子波函数中的频率和能量的关系、波长和动量的关系,应如同光的二象性关系那样,遵从德布罗意提出的物质波关系式而已。这就是说微观粒子的波动性与机械波(如声波)的波动性有本质的不同,但目前为了较直观地得出电子等微观粒子的波函数,我们不妨进一步讨论一下机械波的波函数,看看对微观粒子的波动方程有何借鉴作用。

　　我们曾得出平面机械波的波函数

$$y(x,t)=A\cos 2\pi\left(\nu t-\frac{x}{\lambda}\right) \tag{18-43a}$$

以及平面电磁波的波函数

$$E(x,t)=E_0\cos 2\pi\left(\nu t-\frac{x}{\lambda}\right), \quad H(x,t)=H_0\cos 2\pi\left(\nu t-\frac{x}{\lambda}\right)$$

显然,平面机械波和平面电磁波的波函数在形式上是相同的。现在将平面机械波的波函数写成复数形式,有

$$y(x,t)=A\mathrm{e}^{-\mathrm{i}2\pi\left(\nu t-\frac{x}{\lambda}\right)} \tag{18-43b}$$

实际上,式(18-43a)是式(18-43b)的实数部分。对于动量为 p、能量为 E 的粒子,它的波长 λ 和频率 ν 分别为

$$\lambda=\frac{h}{p}, \quad \nu=\frac{E}{h}$$

如果粒子不受外力场的作用,则粒子为自由粒子,其能量和动量亦将是不变的。因而,自由粒子的德布罗意波的波长和频率也是不变的,可以认为它是一平面单色波。若其波函数用 $\Psi(x,t)$ 表示,则有

$$\Psi(x,t)=\varphi_0\mathrm{e}^{-\mathrm{i}2\pi\left(\nu t-\frac{x}{\lambda}\right)}$$

上式也可以写成

$$\Psi(x,t)=\varphi_0\mathrm{e}^{-\mathrm{i}\frac{2\pi}{h}(Et-px)} \tag{18-44}$$

前面在 18.4 节中论述德布罗意波的统计意义时曾指出,对电子等微观粒子来说,

粒子分布多的地方,粒子的德布罗意波的强度大,而粒子在空间分布数目的多少,是和粒子在该处出现的概率成正比的。因此,某一时刻出现在某点附近体积元 dV 中的粒子的概率与 $\Psi^2 dV$ 成正比。由式(18-44)知,波函数 Ψ 为一复数。而波的强度应为实正数,所以 $\Psi^2 dV$ 应由下式所替代,即

$$\Psi^2 dV = \Psi\Psi^* dV$$

式中,Ψ^* 是 Ψ 的共轭复数。$|\Psi|^2$ 为粒子出现在某点附近单位体积元中的概率,称为概率密度。

总而言之,在空间某处波函数的二次方跟粒子在该处出现的概率成正比,这就是波函数的统计意义。因此,德布罗意波也称为概率波。如果在空间某处$|\Psi|^2$的值越大,粒子出现在该处的概率也越大;$|\Psi|^2$的值越小,粒子出现在该处的概率就越小。然而,无论$|\Psi|^2$如何小,只要它不等于零,那么粒子总有可能出现在该处。

由于粒子要么出现在空间的这个区域,要么出现在其他区域,所以某时刻在整个空间内发现粒子的概率应为1,即

$$\int_V |\Psi|^2 dV = 1 \tag{18-45}$$

式(18-45)称为波函数的归一化条件。满足式(18-45)的波函数称为归一化波函数。

18.8.2　薛定谔方程

在经典力学中,如果知道质点的受力情况,以及质点在起始时刻的坐标和速度,那么由牛顿运动方程可求得质点在任何时刻的运动状态。在量子力学中,微观粒子的状态是由波函数描述的,如果知道它所遵循的运动方程,那么,由其起始状态和能量,就可以求解粒子的状态。下面先建立自由粒子的薛定谔方程,然后,在此基础上,建立在势场中运动的微观粒子所遵循的薛定谔方程。需要注意,这里只是介绍建立薛定谔方程的思路,并不是理论推导,因为它和牛顿方程一样,不是由别的基本原理推导出来的。

设有一质量为 m、动量为 p、能量为 E 的自由粒子,沿 x 轴运动,则其波函数可由式(18-44)表示。将该式对 x 取二阶偏导数,对 t 取一阶偏导数,分别得

$$\frac{\partial^2 \Psi}{\partial x^2} = -\frac{4\pi^2 p^2}{h^2}\Psi, \quad \frac{\partial \Psi}{\partial t} = -\frac{\mathrm{i}2\pi}{h}E\Psi \tag{18-46}$$

考虑到自由粒子的能量 E 只等于其动能 E_k,且当自由粒子的速度较光速小很多时,在非相对论范围内,自由粒子的动量与动能之间的关系为 $p^2 = 2mE_k$。于是,由式(18-46)可得

$$-\frac{h^2}{8\pi^2 m}\frac{\partial^2 \Psi}{\partial x^2} = \mathrm{i}\frac{h}{2\pi}\frac{\partial \Psi}{\partial t} \tag{18-47}$$

这就是作一维运动的自由粒子的含时薛定谔方程。

若粒子在势能为 E_p 的势场中运动,则其能量为 $E = E_k + E_p = \dfrac{p^2}{2m} + E_p$. 将此关系式代入式(18-46),不难得到

$$-\frac{h^2}{8\pi^2 m}\frac{\partial^2 \Psi}{\partial x^2} + E_p \Psi = \frac{\partial \Psi}{\partial t} \qquad (18\text{-}48)$$

这就是在势场中作一维运动的粒子的含时薛定谔方程。这个方程描述了一个质量为 m 的粒子,在势能为 E_p 的势场中,其状态随时间而变化的规律。

在有些情况下,微观粒子的势能 E_p 仅是坐标的函数,而与时间无关。于是,就可以把式(18-44)所表达的波函数分成坐标函数与时间函数的乘积,即

$$\Psi(x,t) = \varphi(x)\varphi(t) = \varphi(x)\mathrm{e}^{-\mathrm{i}\frac{2\pi}{h}Et} \qquad (18\text{-}49)$$

其中
$$\varphi(x) = \varphi_0 \mathrm{e}^{\mathrm{i}\frac{2\pi}{h}px}$$

把式(18-49)代入式(18-48),可得

$$\frac{\partial^2 \varphi(x)}{\partial x^2} + \frac{8\pi^2 m}{h^2}(E - E_p)\varphi(x) = 0 \qquad (18\text{-}50)$$

显然,由于 $\varphi(x)$ 只是 x 的函数,而与时间无关,所以,式(18-50)称为在势场中一维运动粒子的定态薛定谔方程。此方程之所以被称为定态薛定谔方程,不仅是因为粒子在势场中的势能只是坐标的函数,与时间无关,而且系统的能量也为与时间无关的量,概率密度 $\Psi\Psi^*$ 亦不随时间而改变,这是定态所具有的特性。下面即将讲述的粒子在无限深势阱中的运动,电子在原子内的运动等,都可视为定态下的运动。

如粒子是在三维势场中运动的,则可把式(18-50)推广为

$$\frac{\partial^2 \varphi(x,y,z)}{\partial x^2} + \frac{\partial^2 \varphi(x,y,z)}{\partial y^2} + \frac{\partial^2 \varphi(x,y,z)}{\partial z^2} + \frac{8\pi^2 m}{h^2}[E - E_p(x,y,z)]\varphi = 0$$

或简写为

$$\nabla^2 \varphi + \frac{8\pi^2 m}{h^2}(E - E_p)\varphi = 0 \qquad (18\text{-}51)$$

式中,$\nabla^2 = \dfrac{\partial^2}{\partial x^2} + \dfrac{\partial^2}{\partial y^2} + \dfrac{\partial^2}{\partial z^2}$ 称为拉普拉斯(Laplace)算子。

这就是一般的定态薛定谔方程,它是在势能 E_p 仅与坐标有关的力场中运动的粒子的德布罗意波的波动方程。

应当指出,式(18-51)不是由任何原理导出的,而是由自由粒子含时薛定谔方程推广而得的,在推广时,假设在势场中粒子的运动仍可沿用式(18-50)。薛定谔方程和物理学中的其他基本方程(如牛顿力学方程、麦克斯韦电磁场方程等)一样,其正确性只能由实验来验证。下面将看到,由薛定谔方程推得的结论确能解释一些实验结果。

由定态薛定谔方程不仅可以解得在给定势场中运动的粒子的波函数,从而知道

粒子处于空间某一体积内的概率,而且还可以得到定态时系统的能量。但要使式(18-51)解得的波函数 φ 是合理的,还需要 φ 满足单值、连续、有限这三个条件,即:

① $\varphi(x,y,z)$ 应该为单值;

② φ 及其一阶导数 $\dfrac{\partial\varphi}{\partial x}$、$\dfrac{\partial\varphi}{\partial y}$、$\dfrac{\partial\varphi}{\partial z}$ 应该为连续;

③ $|\varphi|^2$ 为概率密度,应为有限值,$\displaystyle\int_{-\infty}^{+\infty}|\varphi|^2\mathrm{d}x\mathrm{d}y\mathrm{d}z$ 应该为有限值,并且是归一化的。

18.8.3　一维势阱问题

如图 18-30 所示,设想有一粒子处在势能为 E_p 的力场中,并沿 x 轴作一维运动。粒子的势能 E_p 分布为

$$E_p(x)=\begin{cases}0, & 0<x<a & \text{(阱内)}\\ \infty, & x\leqslant 0,x\geqslant a & \text{(阱外)}\end{cases}$$

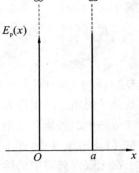

图 18-30　一维无限深势阱

这就是说,粒子只能在宽度为 a 的两个无限高势垒之间自由运动,这个理想化了的势能曲线称为无限深的方形势,因为粒子限于沿 x 轴方向运动,故这个势阱为一维无限深的方形势阱,简称一维(方)势阱。

如金属中的电子受金属的束缚或原子中的质子受原子的束缚,就可以近似地看成是处在一维无限深势阱中。

由上述边界条件知,粒子在势阱中的势能 $E_p(x)$ 与时间无关,且 $E_p=0$。因此,由一维定态薛定谔方程(18-50),粒子在一维无限深方势阱中的定态薛定谔方程为

$$\frac{\partial^2\varphi(x)}{\partial x^2}+\frac{8\pi^2 m}{h^2}E\varphi(x)=0$$

式中,m 为粒子的质量,E 为粒子的总能量。如令 k 为

$$k=\sqrt{\frac{8\pi^2 m}{h^2}E} \tag{18-52}$$

则上式可写成

$$\frac{\partial^2\varphi(x)}{\partial x^2}+k^2\varphi(x)=0$$

这在数学形式上与典型的简谐运动方程是一样的,只是由 x 代替了 t,故知其通解为

$$\varphi(x)=A\sin kx+B\cos kx$$

式中,A、B 为两个常数,可用边界条件求出。根据边界条件,$x=0$ 时,$\varphi(0)=0$,则

由上式可知,只有 $B=0$,才能使 $\varphi(0)=0$。于是,上式为

$$\varphi(x)=A\sin kx \tag{18-53}$$

又根据边界条件,$x=a$ 时,$\varphi(a)=0$。此时式(18-53)为

$$\varphi(a)=A\sin ka=0$$

一般说来,A 可不为零,故 $\sin ka=0$,有

$$ka=n\pi \quad (n=1,2,3,\cdots) \tag{18-54}$$

式(18-54)也可写成

$$k=n\pi/a$$

将上式与式(18-52)相比较,可得势阱中粒子可能的能量值为

$$E=n^2\frac{h^2}{8ma^2} \tag{18-55}$$

式中,n 为量子数,表明粒子的能量只能取离散的值。由式(18-55)可以看到,$n=1$ 时,势阱中粒子的能量为 $E_1=\dfrac{h^2}{8ma^2}$,当 $n=2,3,4,\cdots$ 时,势阱中粒子的能量则为 $4E_1,9E_1,16E_1,\cdots$,如图 18-31 所示。这就是说,一维无限深势阱中粒子的能量是量子化的。由此可见,能量量子化乃是物质的波粒二象性的自然结论,而不像初期量子论那样,需以人为假定的方式引入。

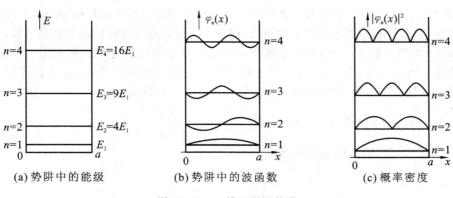

(a) 势阱中的能级　　　(b) 势阱中的波函数　　　(c) 概率密度

图 18-31　一维无限深势阱

下面再来确定常数 A。由于粒子被限制在 $x\geqslant 0$ 和 $x\leqslant a$ 的势阱中,因此,按照归一化条件,粒子在此区间内出现的概率总和应等于 1,即

$$\int_{-\infty}^{\infty}|\varphi|^2\mathrm{d}x=\int_0^a|\varphi|^2\mathrm{d}x=\int_0^a\varphi\varphi^*\mathrm{d}x=1$$

有

$$A^2\int_0^a\sin^2\frac{n\pi}{a}x\,\mathrm{d}x=1$$

令

$$\theta=\frac{\pi x}{a},\quad \mathrm{d}\theta=\frac{\pi}{a}\mathrm{d}x$$

$$A^2 \int_0^a \frac{a}{\pi} \sin^2 n\theta \, \mathrm{d}\theta = \left(\frac{A^2 a}{\pi}\right) \frac{\pi}{2} = \frac{1}{2} A^2 a$$

于是得
$$A = \sqrt{\frac{2}{a}}$$

这样,可得波函数为

$$\varphi(x) = \sqrt{\frac{2}{a}} \sin \frac{n\pi}{a} x \quad (0 \leqslant x \leqslant a) \qquad (18\text{-}56)$$

由此可得,能量为 E 的粒子在势阱中的概率密度为

$$|\varphi(x)|^2 = \frac{2}{a} \sin^2 \frac{n\pi}{a} x \qquad (18\text{-}57)$$

最后得波函数为

$$\begin{cases} \Psi(x,t) = 0 & (x<0, x>a) \\ \Psi(x,t) = \sqrt{\frac{2}{a}} \sin \frac{n\pi}{a} x \, \mathrm{e}^{-\mathrm{i}\frac{Et}{\hbar}} & (0 \leqslant x \leqslant a) \end{cases} \qquad (18\text{-}58)$$

图 18-31 给出了无限深一维势阱中粒子在前三个能级的波函数和概率密度。从图中可以看出,粒子在势阱中各处的概率密度并不是均匀分布的,而是随量子数而改变的。例如当量子数 $n=1$ 时,粒子在势阱中部(即 $x=a/2$ 附近)出现的概率最大,而在两端出现的概率为零,这一点与经典力学很不相同。按照经典力学,粒子在势阱内各处的运动是不受限制的,粒子在势阱内各处出现的概率亦应当是相等的。此外,从图中还可以看出,随着量子数 n 的增大,概率密度分布曲线的峰值的个数也增多。例如,$n=2$ 有两个峰值,$n=3$ 有三个峰值……而且两相邻峰值之间的距离随 n 的增大而变小。可以想象,当 n 很大时,相邻峰值之间的距离将缩得很小,彼此靠得很近。这就非常接近于经典力学中,粒子在势阱中各处概率相同的情况了。

18.8.4　一维方势垒隧道效应

如图 18-32 所示的势能分布为

$$E_{\mathrm{p}}(x) = \begin{cases} 0, & x<0, x>a \\ E_{\mathrm{p}0}, & 0 \leqslant x \leqslant a \end{cases}$$

上述势能分布称为一维方势垒。开始时,若粒子处在 $x<0$ 的区域里,而且其能量 E 又小于势垒的高度 $E_{\mathrm{p}0}$,从经典物理来看,粒子无法越过此高度进入 $x>0$ 的区域,只能逗留在 $x<0$ 的区域里,更不能穿过宽度为 a 的势垒进入 $x>a$ 的区域。以上分析,从经典物理看来确实是无可非议的,因为这是能量转换和守恒所要求的。

然而,量子力学的答案却与此不同。现略去具体的求解过程,直接给出各区域内波函数于图 18-33 中,它表明,即使粒子的能量在 $E<E_{\mathrm{p}0}$ 的情况下,粒子在垒区($0 \leqslant x \leqslant a$)的波函数,甚至在垒后($x>a$)区域的波函数,也都不为零。这就是说,粒子有一定的概率处于势垒内,甚至还有一定的概率能穿透(注意,不是越过)势垒而进入 $x>a$ 的区域。粒子的能量虽不足以超越势垒,但在势垒中似乎有一个"隧

道",能使少量粒子穿过而进入 $x > a$ 的区域。所以人们就形象地称之为隧道效应。

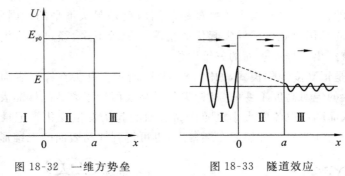

图 18-32 一维方势垒 　　　　图 18-33 隧道效应

微观粒子穿透势垒的现象已被许多实验所证实。例如,原子核的 α 衰变、电子的场致发射、超导体中的隧道结等,都是隧道效应的结果。利用隧道效应已制成隧道二极管(由日本物理学家江崎玲於奈(Esaki)发现半导体中的隧道效应,获得了1973 年诺贝尔物理学奖)、约瑟夫森效应等固体电子元件。利用隧道效应还研制成功扫描隧道显微镜(STM,scanning tunneling microscopy),它是研究材料表面结构的重要工具。

18.8.5　隧道效应应用实例

1. 扫描隧道显微镜

量子隧道效应最辉煌的应用是扫描隧道显微镜。1982 年,美国 IBM 公司的宾尼和罗雷尔研制成功了世界上第一台扫描隧道显微镜(STM)。扫描隧道显微镜有一个极细的针尖,针尖与待测样品的表面形成两个电极,在两电极之间加上偏压 V_b,当针尖与表面间的距离小到纳米数量级时,电子就会因为量子隧道效应从一个电极经过空间势垒到达另一个电极,形成隧道电流,其原理如图 18-34 所示。实验及计算均表明,隧道电流对两极(针尖及样品表面)之间的距离的变化极为敏感,距离变化0.1 nm 原子大小的数量级,隧道电流就要变化 1 个数量级甚至更多,因此可以根据隧道电流与两极之间距离的关系设置工作模式。通常有两种工作模式。

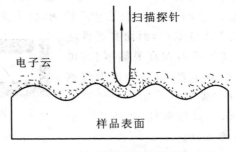

图 18-34　电子隧道效应原理示意图

一种是恒电流工作模式,如图 18-35(a)所示。当针尖在样品表面作二维扫描时,通过电子反馈线路维持隧道电流恒定不变。由于样品的表面是起伏不平的(加工得再光平的样品在原子大小的数量级范围内也是起伏不平的),因此,针尖必须随样品表面的起伏而起伏。针尖起伏的情况被记录下来,经过计算机处理后还原在屏幕上,就给出了样品表面的三维图像。

另一种是恒高度工作模式,如图 18-35(b)所示。针尖在样品表面作二维扫描时,保持针尖的绝对高度不变,这样针尖与样品表面的距离就随样品表面的起伏而发生变化,从而隧道电流的大小也随样品表面的起伏发生变化。记录下隧道电流的变化情况,经计算机处理还原在屏幕上,也可得到样品表面的三维形貌。

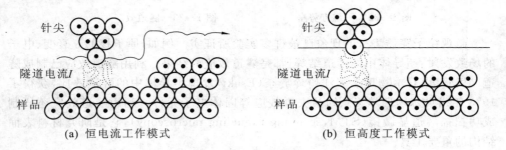

(a) 恒电流工作模式　　　　　　　　(b) 恒高度工作模式

图 18-35　扫描隧道显微镜的两种工作模式

2. 隧道效应加速度计

隧道式电流型加速度计是将微机械加工的硅结构与基于电子隧道效应的新的高灵敏测量技术结合在一起形成的。其基本原理是利用在窄的真空势垒中的电子隧道效应。在距离接近的原子线度针尖与电极之间加一电压,电子就会穿过两个电极之间的势垒,流向另一电极,形成隧道电流。隧道电流对针尖与电极之间的距离变化非常敏感,距离每减小 0.1 nm,隧道电流就会增加一个数量级,由此可做出灵敏度非常高的微机械加速度计。隧道电流型加速度计的结构如图 18-36 所示,当敏感质量块感受输入加速度时,引起针尖和隧道电极之间的距离变化,通过测量隧道电流,即可得到输入加速度的大小。利用隧道效应做成的加速度计,可以得到极高的分辨率,大约在 10^{-9} g;而且由于是电流检测,抗干扰能力很强,温度效应小;由于质量块的机械活动范围小,因而其线性度高,可靠性好,是加速度传感器在高灵敏度、高可靠性方面应用的一个典型代表,也是加速度传感器发展的一个重要方向,成为目前加速度传感器研究的热门之一。但由于其精密性强,造成了加工难度大的问题,成品率不高。

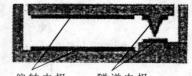

偏转电极　　　　隧道电极

图 18-36　隧道电流型加速度
　　　　　计结构示意图

18.9　氢原子的量子力学处理

氢原子中,电子在核电荷的势场中绕核运动,电场的势能函数为 $E_\mathrm{p}(r)=$
$-\dfrac{e^2}{4\pi\varepsilon_0 r}=0$。设原子核是静止的,则电子在核
周围空间的定态薛定谔方程为

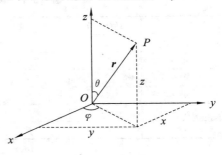

$$\nabla^2\phi+\frac{2m}{\hbar^2}\Big(E+\frac{e^2}{4\pi\varepsilon_0 r}\Big)\phi=0 \quad(18\text{-}59)$$

考虑到势能是矢径 r 的函数,故用球坐标
(r,θ,φ) 代替直角坐标 (x,y,z) 比较方便。取原
子核位置为坐标原点,建立如图 18-37 所示的
球坐标,式(18-59)可化为

图 18-37　球坐标

$$\frac{1}{r^2}\frac{\partial}{\partial r}\Big(r^2\frac{\partial\phi}{\partial r}\Big)+\frac{1}{r^2\sin\theta}\frac{\partial}{\partial\theta}\Big(\sin\theta\frac{\partial\phi}{\partial\theta}\Big)+\frac{1}{r^2\sin^2\theta}\frac{\partial^2\phi}{\partial\varphi^2}+\frac{2m}{\hbar}\Big(E+\frac{e^2}{4\pi\varepsilon_0 r}\Big)\phi=0 \quad(18\text{-}60)$$

求解式(18-60),并考虑到波函数必须满足的标准条件和归一化条件,可得氢原子
中电子的波函数。一般情况下,波函数是 r、θ、φ 的函数,即 $\phi=\varphi(r,\theta,\varphi)$,这里将略
去求解式(18-60)的繁琐过程和波函数的具体形式,而着重介绍一些得到的重要
结论。

18.9.1　能量量子化

求解式(18-36)的过程指出,要使波函数满足单值、有限、连续等物理条件,氢
原子中电子的能量必须是量子化的,即

$$E_n=-\frac{me^4}{8\varepsilon_0^2 h^2}\cdot\frac{1}{n^2},\quad n=1,2,3,\cdots \tag{18-61}$$

式中,n 称为主量子数。n 一经确定,E_n 的值就完全确定。当 $n=1$ 时,得到氢原子
的基态能级 $E_1=-13.6\ \mathrm{eV}$,由于 E_n 与 n^2 成反比,很容易算出 $n=2,3,4,\cdots$ 时各
激发态的能级为 $E_2=-3.40\ \mathrm{eV}$,$E_3=-1.51\ \mathrm{eV}$,……。式(18-61)与玻尔的氢原
子能级公式完全一致。但玻尔的结论依赖于人为的假设,而这里是在求解薛定谔
方程的过程中自然而然地得到能量量子化的结论。

18.9.2　角动量量子化

要使波函数有确定的解,电子的角动量必须满足以下量子化条件,即

$$L=\sqrt{l(l+1)}\hbar,\qquad l=0,1,2,\cdots,n-1 \tag{18-62}$$

式中,l 称为副量子数或角量子数;n 即主量子数。由式(18-62)可见,对同一个 n
值,l 可取从 0 到 $n-1$ 的 n 个可能值,因而电子的角动量就有不同的值。当 $n=1$

时,电子的最小角动量为零。可见,氢原子中电子的状态,必须同时用 n 和 l 两个量子数表征。通常用 s、p、d、f 等字母分别代表 0、1、2、3 等量子状态。例如对 $n=4$,$l=0$、1、2、3 的电子就分别用 $4s$、$4p$、$4d$、$4f$ 表示(详见表 18-1)。

表 18-1　氢原子内电子状态的表示

	$s(l=0)$	$p(l=1)$	$d(l=2)$	$f(l=3)$	$g(l=4)$	$h(l=5)$
$n=1$	$1s$					
$n=2$	$2s$	$2p$				
$n=3$	$3s$	$3p$	$3d$			
$n=4$	$4s$	$4p$	$4d$	$4f$		
$n=5$	$5s$	$5p$	$5d$	$5f$	$5g$	
$n=6$	$6s$	$6p$	$6d$	$6f$	$6g$	$6h$

18.9.3　角动量的空间量子化

在求解薛定谔方程时,要求波函数满足标准化条件,则电子绕核转动的角动量 L 在空间的取向只能取一些特定的方向。因为电子的绕核转动相当于圆电流,而圆电流具有一定的磁矩。电子带负电,所以圆电流磁矩的方向总是与电子运动的角动量方向相反。磁矩在外磁场的作用下有一定的取向,从而使绕核转动的电子的角动量方向有一定的取向。取外磁场方向为 z 轴正方向,薛定谔方程的波函数要求,角动量 L 在外磁场方向的投影是量子化的。

$$L_z = m_l\hbar, \quad m_l = 0, \pm 1, \pm 2, \cdots, \pm l \tag{18-63}$$

式(18-63)即为角动量的空间量子化的表示。式中,m_l 称为磁量子数。图 18-38 所示为 $l=3$ 时电子角动量空间取向的情形。

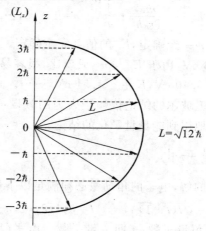

图 18-38　角动量空间量子化示意图

　　由于任一时刻,电子出现在核周围空间哪个地点并不唯一确定,只能按概率分布的不同来说明电子在某处出现的机会大些,在另外某处出现的机会小些。所以引进电子云的概念,用电子云的密度来形象化地说明电子分布的概率密度。如图 18-39所示,电子在某处出现的机会多些,那里的电子云就浓密些,而电子出现机会少些的地方,电子云就稀疏些。

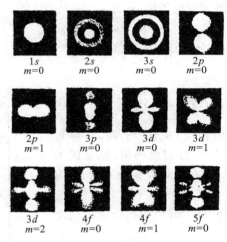

图 18-39　氢原子的电子云图

18.9.4　电子自旋

　　1921 年,施特恩(O. Stem)和盖拉赫(W. Gerlach)从实验中发现一些处于 s 态的原子射线在非均匀磁场中会分裂为两束,其实验装置如图 18-40 所示。图中 C 为银原子射线源,B_1、B_2 为狭缝,N 和 S 为产生不均匀磁场的电磁铁的两极,E 为照相底片。由于 s 态的原子中绕核运动的电子的角量子数 $l=0$,磁量子数也只能取 $m_l=0$,所以其轨道角动量和磁矩都为零,可见这种原子射线的分裂不能用电子轨道运动的空间取向量子化来解释。

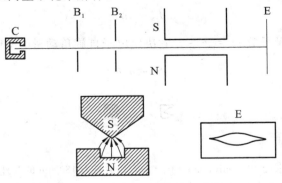

图 18-40　施特恩-盖拉赫实验装置

　　1925 年,乌仑贝克和高德斯米特提出电子自旋假设,认为电子除绕核作轨道运动外,还有绕自身轴线的自旋,因而具有自旋磁矩 μ_s 和自旋角动量 S。根据量子力学计算,电子自旋角动量 S 大小为

$$S=\sqrt{s(s+1)}\hbar=\sqrt{\frac{1}{2}\left(\frac{1}{2}+1\right)}\hbar=\frac{\sqrt{3}}{2}\hbar \tag{18-64}$$

电子自旋角动量在外磁场方向的投影 S_z 为

$$S_z=m_s\hbar \tag{18-65}$$

式中,m_s 为自旋磁量子数,它只能取两个值,即

$$m_s=\pm\frac{1}{2} \tag{18-66}$$

当 $m_s=\frac{1}{2}$ 时表示 S_z 与外磁场方向相同;当 $m_s=-\frac{1}{2}$ 时表示 S_z 与外磁场方向相反(见图 18-41)。施特恩-盖拉赫实验中银原子射线分裂成两束,就是因为电子自旋磁矩只能由和磁场相同或相反两个方向造成。

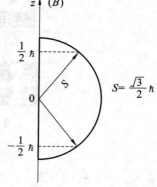

图 18-41　电子自旋角动量
的空间量子化

　　综上所述,氢原子核外电子的运动状态应由四个量子数确定:

　　(1) 主量子数 $n=1,2,3,\cdots$。它决定电子在原子中的能量

$$E=-\frac{me^4}{8\varepsilon_0^2 h^2}\cdot\frac{1}{n^2}$$

　　(2) 角量子数 $l=0,1,2,3,\cdots,n-1$。它决定电子绕核运动的角动量

$$L=\sqrt{l(l-1)}\hbar$$

　　(3) 磁量子数 $m_l=0,\pm1,\pm2,\cdots,\pm l$。它决定电子绕核运动的角动量矢量在外磁场中的空间取向

$$L_z=m_l\hbar$$

　　(4) 自旋磁量子数 $m_s=\pm\frac{1}{2}$。它决定电子自旋角动量的空间取向

$$S_z=m_s\hbar$$

习　　题

一、填空题

　　1. 钨的红限波长是 230 nm(1 nm=10^{-9} m),用波长为 180 nm 的紫外光照射时,从表面逸出的电子的最大动能为_____eV。

2. 中子的德布罗意波长为 2Å,它的动能为_____(中子质量为 1.67×10^{-27} kg)。

3. 低速运动的质子和 α 粒子,若它们的德布罗意波长相等,则它们的动能之比为_____,动量之比为_____。

4. 粒子 A 和 B 的波函数分别如图 18-42 所示。两者中_____的位置的不确定量较大;_____的动量的不确定量较大。

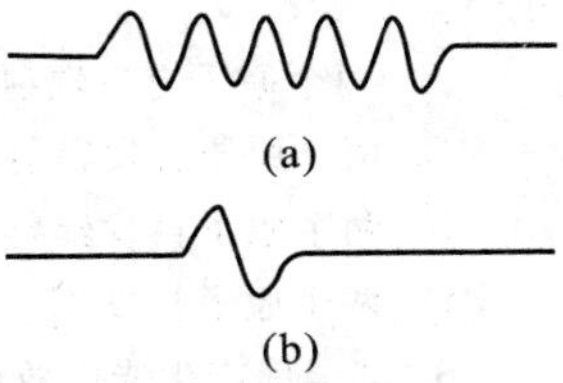

5. 设描述微观粒子的波函数为 $\Psi(r,t)$,则 $\Psi(r,t)\Psi(r,t)^*$ 表示_____,$\Psi(r,t)$ 需满足的标准化条件是_____,其归一化条件是_____。

图 18-42

6. 玻尔氢原子理论中的定态假设的内容是_____

_____。

7. 在主量子数 $n=2$,自旋磁量子数 $m_s = \frac{1}{2}$ 的量子态中,能够填充的最大电子数是_____。

8. 激光器的基本结构包括三部分,即_____、_____和_____。

9. 太阳能电池中,本征半导体锗的禁带宽度是 0.67 eV,它能吸收的辐射的最大波长是_____。

二、选择题

1. 关于光电效应有下列说法:

(1) 任何波长的可见光照射到任何金属表面都能产生光电效应。

(2) 若入射光的频率均大于给定金属的红限频率,则该金属分别受到不同频率的光照射时,释出的光电子的最大初动能也不同。

(3) 若入射光的频率均大于给定金属的红限频率,则该金属受到不同频率、强度相等的光照射时,单位时间释出的光电子数一定相等。

(4) 若入射光的频率均大于给定金属的红限频率,则当入射光频率不变而强度增大一倍时,该金属的饱和光电流也增大一倍。

其中正确的是( )。

A. (1)、(2)、(3)　　　　　　　　　B. (2)、(3)、(4)

C. (2)、(3)　　　　　　　　　　　 D. (2)、(4)

2. 已知一单色光照射到钠表面上,测得光电子的最大动能是 1.2 eV,而钠的红限波长是 540.0 nm,那么入射光的波长是( )。

A. 535.0 nm　　　B. 500.0 nm　　　C. 435.0 nm　　　D. 355.0 nm

3. 某种金属在光的照射下产生光电效应,要想使饱合光电流增大,则需增大照射光的( )。

A. 波长　　　　　B. 强度　　　　　C. 频率　　　　　D. 照射时间

4. 当单色光照射到金属表面产生光电效应时,已知金属的逸出电压为 U_0,则单色光的波长 λ 一定要满足的条件是( )。

A. $\lambda \leqslant \dfrac{hc}{eU_0}$　　　　B. $\lambda \geqslant \dfrac{hc}{eU_0}$　　　　C. $\lambda \leqslant \dfrac{eU_0}{hc}$　　　　D. $\lambda \geqslant \dfrac{eU_0}{hc}$

5. 按照原子的量子理论,原子可以通过自发辐射和受激辐射的方式发光,它们所产生的光的特点是(　　)。

A. 两个原子自发辐射的同频率的光是相干的,原子受激辐射的光与入射光是不相干的

B. 两个原子自发辐射的同频率的光是不相干的,原子受激辐射的光与入射光是相干的

C. 两个原子自发辐射的同频率的光是不相干的,原子受激辐射的光与入射光是不相干的

D. 两个原子自发辐射的同频率的光是相干的,原子受激辐射的光与入射光是相干的

6. 某金属产生光电效应的红限波长为 λ_0,今以波长为 $\lambda(\lambda < \lambda_0)$ 的单色光照射金属,金属释放出的电子(质量为 m_e)的动量大小为(　　)。

A. $\dfrac{h}{\lambda}$　　　　B. $\dfrac{h}{\lambda_0}$　　　　C. $\sqrt{\dfrac{2m_e hc}{\lambda_0}}$　　　　D. $\sqrt{\dfrac{2m_e hc(\lambda_0 - \lambda)}{\lambda \lambda_0}}$

7. 如果两种不同质量的粒子,其德布罗意波长相同,则这两种粒子的(　　)。

A. 动量相同　　　　B. 能量相同　　　　C. 速度相同　　　　D. 动能相同

8. 关于不确定关系 $\Delta p_x \Delta x \geqslant \hbar(\hbar = h/(2\pi))$,有以下几种理解:

(1) 粒子的动量不可能确定。

(2) 粒子的坐标不可能确定。

(3) 粒子的动量和坐标不可能同时准确地确定。

(4) 不确定关系不仅适用于电子和光子,也适用于其他粒子。

其中正确的是(　　)。

A. (1)、(2)　　　　B. (2)、(4)　　　　C. (3)、(4)　　　　D. (1)、(4)

9. 在康普顿散射中,散射光频率(与入射光的频率比较)减少到最多时,其色散角 φ 等于(　　)。

A. 0　　　　B. $\pi/2$　　　　C. π　　　　D. $\pi/4$

10. 在 X 射线散射实验中,若散射光波长是入射光波长的 1.2 倍,则入射光子能量 E_0 与散射光光子能量 E 之比 $\dfrac{E_0}{E}$ 为(　　)。

A. 0.8　　　　B. 1.2　　　　C. 1.6　　　　D. 2.0

11. 电子显微镜中的电子从静止开始通过电势差为 U 的静电场加速后,其德布罗意波长是 0.4 Å,则 U 约为(　　)。

A. 150 V　　　　B. 330 V　　　　C. 630 V　　　　D. 940 V

12. α 粒子散射实验证明了原子中(　　)。

A. 能级的存在　　　　B. 核的存在　　　　C. 中子的存在　　　　D. 电子的存在

13. 有下列四组量子数:

(1) $n=3, l=3, m_l=0, m_s=\dfrac{1}{2}$　　　　(2) $n=3, l=3, m_l=1, m_s=\dfrac{1}{2}$

(3) $n=3, l=1, m_l=-1, m_s=-\dfrac{1}{2}$　　　　(4) $n=3, l=0, m_l=0, m_s=-\dfrac{1}{2}$

其中可以描述原子中电子状态的(　　)。

A. 只有(1)和(3)　　　　B. 只有(2)和(4)

C. 只有(1)、(3)和(4)　　　　D. 只有(2)、(3)和(4)

14. 氢原子中处于 $3d$ 量子态的电子,描述其量子态的四个量子数 (n,L,m_l,m_s) 可能取的值为(　　)。

A. $\left(3,0,1,-\dfrac{1}{2}\right)$　　B. $\left(1,1,1,-\dfrac{1}{2}\right)$　　C. $\left(2,1,2,\dfrac{1}{2}\right)$　　D. $\left(3,2,0,\dfrac{1}{2}\right)$

15. 硫化镉(CdS)晶体的禁带宽度为 2.42 eV,要使这种晶体产生本征光电导,入射到晶体上的光的波长不能大于(　　)。

A. 650 nm　　　　B. 628 nm　　　　C. 550 nm　　　　D. 514 nm

三、计算题

1. 宇宙大爆炸遗留在宇宙空间的均匀背景热辐射相当于 3 K 辐射。

(1) 此辐射的单色辐射本领在什么波长下有极大值?

(2) 地球表面接收此辐射的功率是多大?

2. 光电管的阴极金属材料的红限波长 $\lambda_0=500$ nm,今以波长 $\lambda=250$ nm 的紫外线照射到金属表面,试求:

(1) 该金属的逸出功 A;

(2) 产生光电效应时,光电子的初动能是多少?

(3) 要使光电流为零,需要加多大的遏止电压?

3. 从钠中移去一个电子所需的能量是 2.30 eV,(1) 用橙光($\lambda=680.0$ nm)照射,能否产生光电效应?(2) 用紫光($\lambda=400.0$ nm)照射,情况又如何?若能产生光电效应,光子的能量有多大?(3) 对紫光的截止电压为多大?

4. 一波长 $\lambda=2.0$ Å 的 X 光照射到碳块上,由于康普顿散射,频率改变了 0.04%。求:(1) 散射光子的散射角;(2) 反冲电子获得的能量。

5. 在一次康普顿散射中,传递给电子的最大能量为 45 keV,求入射光子的波长。

6. 一电子以初速 $v_0=6.0\times10^6$ m/s 逆着场强方向飞入电场强度为 $E=500$ V/m 的匀强场中。问该电子在电场中要飞行多长的距离 d,可使得电子的德布罗意波长为 1 Å。

7. 氢原子第一激发态的平均寿命是 $\tau=10^{-8}$ s,试计算氢原子第一激发态的能级宽度,氢原子光谱中的赖曼系中波长最长的谱线频率和波长的不确定范围。

8. 试利用不确定关系估算氢原子基态的结合能和第一玻尔半径。

9. 计算氢原子中的电子从量子数 n 的状态跃迁到量子数 $k=n-1$ 的状态时所发射的谱线的频率。试证明当 n 很大时,这个频率等于电子在量子数 n 的圆轨道上转动的频率。

10. 已知一维无限深势阱中粒子的波函数为 $\varphi_n(x)=\sqrt{\dfrac{2}{a}}\sin\dfrac{n\pi x}{a}$,$a$ 为阱宽,试求:(1) 粒子处于 $n=2$ 的定态时,粒子出现概率密度最大的位置;(2) 粒子处于 $n=2$ 的定态时,粒子出现概率密度最小的位置;(3) 当 n 很大时,两相邻概率密度最小值之间的距离。